Hermann Burmeister, Emile Maupas

Description Physique de la République Argentine d'après des Observations

Personelles et Étrangères

Hermann Burmeister, Emile Maupas

Description Physique de la République Argentine d'après des Observations
Personelles et Étrangères

ISBN/EAN: 9783337384593

Printed in Europe, USA, Canada, Australia, Japan

Cover: Foto ©berggeist007 / pixelio.de

More available books at **www.hansebooks.com**

DESCRIPTION PHYSIQUE

DE LA

RÉPUBLIQUE ARGENTINE

D'APRÈS DES OBSERVATIONS PERSONNELLES ET ÉTRANGÈRES

PAR

LE D' H. BURMEISTER

Directeur du Museo Público de Buénos-Ayres
Membre correspondant des Académies des sciences de Berlin, St-Pétersbourg, Turin,
Washington et de l'Université de Santiago du Chili, etc., etc., etc.

TRADUITE DE L'ALLEMAND AVEC LE CONCOURS DE

E. DAIREAUX

Avocat, Membre de plusieurs Sociétés littéraires

TOME II

Contenant la Climatologie et le Tableau géognostique du pays

avec une carte géognostique.

PARIS

LIBRAIRIE F. SAVY

77, BOULEVARD SAINT-GERMAIN, 77

Près la rue Hautefeuille

1876

Tous droits réservés.

dans le septième celle des mollusques et autres animaux inférieurs, et dans les trois restants, pour compléter le nombre de dix énoncés : la Botanique dans les huitième et neuvième et dans le dixième la Géognosie spéciale. Chaque volume devait être accompagné de la partie correspondante de l'Atlas de cent planches, que j'avais promis dans la préface du tome 1er.

Je dois renoncer à mon projet, et en raison des circonstances que j'ai relatées, conserver en carton tous ces matériaux déjà réunis depuis longtemps, et jusqu'aux dessins, dont 24 feuilles grand in-folio, contenant les vues pittoresques du pays, sont déjà prêtes et dessinées la plupart par moi-même.

Tous ceux qui se sont occupés de publications de ce genre savent, en effet, quels frais considérables exige la réalisation d'une pareille entreprise ; ils sont au-dessus des forces d'un particulier, et ne sauraient être couverts sans le secours du gouvernement que la publication intéresse.

Les lecteurs qui désireraient connaître la description des mammifères éteints et des animaux vertébrés actuellement existants, devront donc recourir pour l'étude des premiers aux *Anales del Museo Público de Buenos Aires*, publiées par mes soins, en langue espagnole, en 2 tomes in-4°, avec planches, de 1866 à 1874, et pour les seconds, au second volume de mon *Voyage*, publié en langue allemande à Halle, en 1861.

Buénos-Ayres, le 20 août 1876.

H. BURMEISTER.

DESCRIPTION PHYSIQUE

DE LA

RÉPUBLIQUE ARGENTINE

LIVRE TROISIÈME

Climatologie

Les observations sur la constitution météorologique de la République Argentine, dont je vais donner ici les résultats, me sont presque toutes personnelles. Il n'existait, avant mes publications de 1861, que quelques observations faites à Buénos-Ayres par divers savants, de temps en temps, presque depuis le commencement du siècle. J'ai publié, le premier, un résumé de ces observations, il y a déjà plus de quinze ans, dans les *Actes de la Société d'Histoire naturelle de Halle*, tome VII (1863), pour connaître les résultats qu'elles donnaient et les comparer à ceux de mes propres observations, faites antérieurement à Mendoza, Paraná et Tucuman, et publiées dans les mêmes *Actes*, tome VI (1861). Depuis cette époque, je me suis occupé chaque jour d'observations semblables à Buénos-Ayres. J'ai, de temps en temps, signalé les phénomènes les plus remarquables, dans le *Journal de la Société Géographique de Berlin* (voyez tome XIX, page 366, de 1865, et tome II de la nouvelle série de 1867), et je vais donner à présent le résultat de ces observations, faites pendant une durée de dix ans, c'est-à-dire du printemps de 1862 jusqu'à la fin de l'hiver de 1874, seulement interrompues quelques fois par mon changement de domicile du Musée public de Buénos-Ayres, à cause des nouvelles constructions exécutées dans cet établissement, ou par des voyages scientifiques, qui me forçaient à quitter Buénos-Ayres pour quelques mois, et même pendant plus d'une année entière.

Je commencerai donc ma description de la climatologie argentine par celle de Buénos-Ayres, dont je comparerai les résultats à ceux des observations faites antérieurement à Mendoza, Paraná et Tucuman, de la même manière que dans les *Actes* cités plus haut [1] — (*).

I

BUÉNOS-AYRES

Le climat de Buénos-Ayres, que Sancho del Campo, l'un des premiers conquérants du pays, venu au Rio de la Plata en 1535, avec l'expédition de D. Pedro de Mendoza, avait désigné assez emphatiquement sous le titre qui est devenu le nom de la ville, n'est pas en réalité aussi agréable que son nom *(bon air)* l'indique. L'atmosphère y est rarement tranquille, et les vents dominants du Sud ou Sud-Ouest (*Pamperos*), généralement assez forts, entraînent avec eux une grande quantité de poussière qui pénètre dans les maisons par les ouvertures les plus petites et par les moindres fissures. Ces vents, ainsi que ceux du Sud-Est et du Nord, se transforment de temps en temps en ouragans, et il ne se passe presque pas d'années sans que la rade et la ville même n'aient à souffrir de grands

(*) Voir les annotations à la fin du livre.

dommages. Les belles journées, avec un ciel pur et une atmosphère tranquille, sont rares ; l'air est généralement en mouvement, avec plus ou moins de force; sa température, en été, est chaude; en hiver elle est humide, et toute la constitution atmosphérique assez irrégulière, passant rapidement d'un extrême à l'autre, comme l'a déjà dit le premier observateur M. PIERRE A. CERVIÑO dans le *Registro estadístico del Estado de Buenos Aires* (tome I, page 28, 1857), ne pas avoir trouvé huit journées tranquilles dans toute l'année. C'est aussi à peu près l'opinion d'AZARA, l'un des meilleurs observateurs de la constitution physique et des coutumes du pays, quand il prétend que le climat de Buénos-Ayres est dominé moins par la température, que par les vents qui courent sur ses plaines.

Mais, malgré ces inconvénients, le climat de Buénos-Ayres est sain ; les habitants jouissent en général d'une bonne santé, les étrangers s'acclimatent facilement, et la plupart des immigrants vivent ici, aussi bien portants et sans avoir tant à redouter les maladies régnantes, que dans l'ancien monde. La fièvre jaune, il est vrai, a paru à Buénos-Ayres en 1871, et le choléra a visité deux fois (1867 et 1874) le pays, faisant d'assez grands ravages ; mais il est à supposer que ces maladies contagieuses, ni aucune de ce genre, ne deviendront pas permanentes chez nous, parce que la disposition générale du pays n'est pas favorable à leur développement [1]. L'auteur parle, au sujet de la santé, d'après sa propre expérience; sa constitution physique, assez débilitée en Europe par les nombreux changements de temps qui précèdent et suivent l'hiver, s'est beaucoup améliorée ici, et l'influence du climat de Buénos-Ayres l'a rajeuni considérablement.

L'aspect général de la nature, aux environs de Buénos-Ayres, est à présent complétement européen. Formé primitivement par une plaine immense, que nous avons décrite dans le premier tome, page 154, etc., sans autre végétation que les graminées originaires de la Pampa, sauf quelques saussaies mêlées d'autres bosquets, qui bordent le fleuve près des embouchures de divers petits ruisseaux qui s'y jettent de distance en distance, il a aujourd'hui complétement changé de caractère : des arbres fruitiers et des jardins bien cultivés, nommés ici *Quintas*, entourent la ville jusqu'à de grandes distances, et les petites villes et villages voisins ont le même aspect. La plupart des arbres ont été introduits par les colons européens ; les plus nombreux sont, parmi les arbres fruitiers, les pêchers (*Amygdalus persica*), et parmi les arbres d'agrément, le *Melia Azedarach*, nommé ici *Paraiso*. Beaucoup de grands arbres d'ornement européens, comme le marronnier d'Inde, le platane, l'érable, le frêne, le tilleul, etc., ne peuvent être cultivés à Buénos-Ayres : le sol de la Pampa ne leur convient pas, et les nombreux essais tentés pour les acclimater ont échoué. Le grand *Ombu* (*Phytolaca diocca*), que l'on cultive surtout pour son ombre, dans les villages et aux environs de la ville, à côté des maisons pauvres, le peuplier (*Populus dilatata*) et le saule du Levant (*Salix babylonica*) sont les arbres d'ornement les plus communs. Dans les cinq dernières années on a beaucoup cultivé l'*Eucalyptus* d'Australie, qui semble devenir très-utile au pays. Tous les arbres fruitiers européens ont été introduits, mais la plupart ne donnent pas d'aussi bons fruits qu'en Europe ; ceux surtout appartenant au centre de l'Europe, tels que les cerisiers, pruniers, poiriers et pommiers ne réussissent pas très-bien. On cultive avec plus de succès les pêchers, les abricotiers, les figuiers et la vigne ; le climat est trop froid pour les orangers. Parmi les petites plantes à fruits, les seules dont on s'occupe sont les melons avec les autres cucurbitacées et les fraises. Les framboises, les groseilles, les groseilles vertes ne sont pas tout à fait inconnues dans ce pays, mais on ne les cultive pas en masse et on ne les vend pas dans les marchés.

Cette prépondérance de la végétation européenne, qui s'étend même aux mauvaises herbes des chemins, des murailles et des toits des maisons, donne aux différentes saisons le même aspect général qu'elles ont en Europe. Pendant l'hiver, les arbres perdent leurs feuilles, sauf l'ombu et quelques autres arbres originaires introduits ici de l'intérieur du pays, qui conservent toujours leur feuillage, et le printemps s'annonce aussi par l'ouverture des bourgeons des saules et des peupliers, en septembre. Les pêchers donnent les premiers leurs fleurs; ils commencent à ouvrir leurs boutons en août, et quelques arbres, bien exposés au soleil et abrités contre les vents du Sud, montrent déjà leurs fleurs à la fin de juillet; mais le moment régulier de la floraison générale est en septembre, où les pêchers et les cerisiers commencent à ouvrir leurs boutons. Un peu plus tard, viennent les poiriers, et les dernières fleurs qui se montrent dans ce mois sont celles des pommiers qui, bien souvent, ne paraissent qu'au commencement d'octobre. Pendant ce mois, les orangers et les cucurbitacées se couvrent aussi de fleurs, mais la vigne ne commence pas à fleurir avant le milieu du mois de novembre. Les premiers fruits sont les fraises, les cerises et les abricots, que l'on mange à la fin du même mois, ainsi que tous les légumes, parmi lesquels les artichauts sont les plus agréables; mais les plus désagréables sont les asperges, vertes, minces, amères et absolument désagréables pour un palais européen [3].

Tous les autres produits végétaux ne peuvent mûrir avant la fin de décembre, où se fait ici la récolte générale des céréales européennes. En même temps, on a des pêches, et bientôt aussi, en janvier, des melons et des citrouilles; les figues paraissent à deux reprises : les vertes *(brèves)* au milieu de décembre, et les bleues en février; les raisins viennent plus tard, à la fin de janvier, et l'on n'en fait pas la récolte générale avant février, et même mars dans les jardins ouverts; c'est aussi le moment de la récolte du maïs dans la campagne. Les poires et les pommes viennent également dans ces deux mois : les poires en février, les pommes en mars ; mais elles ne sont, ni les unes ni les autres, aussi parfaites qu'en Europe. On a ici, il est vrai, de bonnes poires ; mais elles viennent de la Bande Orientale; de même, les meilleures pommes viennent de l'intérieur, des environs de Cordova, où on les cultive avec plus de succès qu'ici. Après le mois de mars la végétation commence à se ralentir. Avril a déjà quelques journées assez froides ; mais en mai, la température s'abaisse plus sensiblement, et invite ainsi la végétation à son sommeil régulier. A la fin de mai, les arbres ont perdu leurs feuilles, et bientôt l'aspect de l'hiver se montre partout ; seulement, les orangers qui se cultivent dans les cours des maisons conservent leurs feuilles et se décorent aussi agréablement avec leurs « pommes dorées » pendant l'hiver [1].

Il m'a paru convenable, pour caractériser le climat de Buénos-Ayres, de jeter un regard sur ces phénomènes si remarquables de la végétation, et assez prononcés pour marquer les saisons. Le règne animal présente des phénomènes correspondants ; j'ai parlé dans mon premier article sur le climat argentin, cité plus haut, de quelques signes ostensibles qui se manifestent dans le changement de vêtement des animaux ; je dirai seulement ici que les chauves-souris et les hirondelles disparaissent pendant l'hiver, comme tous les oiseaux qui vivent d'insectes; ils remontent alors au Nord, vers les régions plus tempérées du continent. Le printemps les ramène, et leur retour régulier n'a pas lieu avant la seconde moitié de septembre ou le commencement d'octobre ; il arrive cependant quelquefois, exceptionnellement, qu'on voit déjà quelques hirondelles vers la fin d'août ou dans le courant de septembre, mais elles disparaissent de nouveau avec les journées froides. Les chauves-souris sont un peu plus délicates ; elles ne quittent pas leur retraite, où elles dorment d'un sommeil léthargique, pendant tout l'hiver, et n'en sortent qu'au milieu et même à la fin d'octobre. Aussi les insectes, sauf les plus ordinaires, comme les cousins et les mouches, se cachent depuis mai et juin, et ne reviennent en masse que vers octobre ou novembre, principalement dans ce dernier mois, après une pluie chaude qui a suivi des jours froids [5].

1. TEMPÉRATURE

J'ai fait mes observations avec des thermomètres très exacts, de la fabrique J. G. GREINER, mécanicien bien connu de Berlin, gradués d'après la méthode RÉAUMUR. J'ai plusieurs de ces instruments de la même construction et de la même marche, placés en différentes localités, afin d'éviter l'influence de la réfraction solaire pendant les différentes heures du jour, et d'obtenir exactement la véritable température de chaque heure. Au dehors de la ville la température du matin et du soir est généralement plus basse, et pendant la nuit on trouve ici des gelées assez souvent même au printemps et en automne où elles sont inconnues dans la ville [6].

Pour montrer clairement le mouvement de la température quotidienne, j'ai mis en regard les trois jours suivants : l'un, le plus froid, les deux autres les plus chauds que j'ai observés jusqu'à présent.

TABLEAU DES EXTRÊMES.

HEURES	14 JUILLET 1862			25 DÉCEMBRE 1865			14 DÉCEMBRE 1870		
	THERMOMÈTRE	BAROMÈTRE	VENT	THERMOMÈTRE	BAROMÈTRE	VENT	THERMOMÈTRE	BAROMÈTRE	VENT
6 heures matin....	— 2°	765,0	Ouest, toute la journée	21°	756,0	Ouest	19°	756,8	Ouest, suivant au Nord-Ouest
9 » »	+ 0°,2′	765,5		27°,7′	755,9		26°	757,0	
Midi..............	+ 4°	765,5		28°,3′	755,3		28°	756,4	
2 heures soir......	+ 5°	765,5		30°,2′	755,0		30°,2′	755,5	
5 » »	+ 4°	765,5		28°	754,0	Orage de Sud	28°	755,0	
7 » »	+ 2°,5′	766,0		27°	756,3	Sud-Est	26°	755,8	
9 » »	+ 1°,5′	766,7		18°	758,6		24°	756,0	
10 » »	+ 1°,1′	767,0		17°	759,4		22°,8′	756,2	

Je n'ai jamais observé, qu'une seule fois, une température aussi basse que le 14 juillet 1862; les températures les plus basses des autres années ne vont pas au-dessous de 1°,8, la température, à midi, s'élevant à + 6°. La température la plus haute du 25 décembre 1865 s'est reproduite d'autres fois; elle a été atteinte le 14 décembre 1870, jour dont la température moyenne est même plus élevée, le changement rapide de vent, indiqué au 25 décembre 1865, ne s'étant pas produit. La température moyenne du 25 décembre 1865 est seulement de 24°,6, celle du 14 décembre 1870 est de 25°,25. L'amplitude de la différence des deux températures moyennes extrêmes est considérable à 23°,2', puisque celle du jour le plus froid n'est que de 2°,04. — Quand la température s'abaisse ainsi, l'eau se congèle à la surface, et j'ai même observé quelquefois, à sept heures du matin, des vapeurs glacées sur les vitres de ma fenêtre; par exemple, le 26 juillet 1871, la température n'était pas au-dessous de 1°,0, et à midi elle s'élevait jusqu'à 6°.

Mais avant de parler des extrêmes, je dois indiquer les phénomènes réguliers et, avant tout, le mouvement de la température quotidienne, assez bien représenté par les températures indiquées du jour le plus froid et des deux jours les plus chauds. Nous voyons par ces trois tableaux que la température la plus basse du jour se présente le matin, immédiatement avant et après le lever du soleil; qu'elle s'élève assez rapidement, de ce moment jusqu'à neuf heures du matin pendant l'été, mais moins rapidement en hiver, et que de neuf heures à midi cet accroissement est presque égal (4 degrés) durant les deux saisons opposées. De midi à deux et trois heures, le thermomètre monte peu, mais presque du double en été qu'en hiver, et après trois heures, il descend de nouveau, quoique très-peu dans les premières heures qui suivent sa plus haute élévation; il conserve jusqu'à cinq heures la même hauteur qu'à midi. Plus tard, depuis cinq heures en hiver et six heures en été, l'abaissement est plus fort, mais moins rapide en été qu'en hiver. Dans ces deux saisons, la température est toujours un peu plus haute à dix heures du soir qu'à cinq et six heures du matin, et le changement le plus fort de la nuit ne commence pas avant minuit. Depuis minuit jusqu'au lever du soleil, la température est presque la même; mais immédiatement avant et après ce moment, on observe encore un abaissement peu considérable, pourtant assez remarquable, qui donne la température la plus basse du jour.

Pour continuer l'étude des phénomènes réguliers de l'année, je donne, ci-joint, le résultat de mes onze ans d'observations, interrompues quelques fois par les causes énoncées plus haut. Le tableau qui suit contient les moyennes de tous les mois observés, les moyennes des saisons et des années, enfin la moyenne des moyennes annuelles, qui peut être regardée comme la température régulière de Buénos-Ayres. Les températures qui surpassent ces moyennes, ou leur sont inférieures, sont exceptionelles, et ne représentent pas la véritable température du pays en question [7].

TABLEAU GÉNÉRAL DE LA TEMPÉRATURE.

TABLEAU I.

	1861	1862	1865	1866	1867	1868	1869	1870	1871	1872	1873	MOYENNES PAR MOIS
Septembre 1861	11,0	9,0		10,1	10,7	10,1		11,3	9,8	8,9	11,2	10,2
Octobre »	12,1	11,8		14,4	12,1	12,6		11.8	12,8	12,4	15,1	12,8
Novembre »	15,0	15,4		16,3	15,0	16,2		14,5	11,3	14,1	15,5	14,8
PRINTEMPS....	12,7	12,1		13,6	12,6	13,0		12,5	11,3	11,8	13,9	12,6
Décembre 1861	17,4	17,8		19,2	18,2	17,7		17,5	19,3	17.6	17,7	18,0
Janvier.. 1862	20,0			19,3	19,0	19,1		18,4	19,1	18,8	19,7	19,2
Février.. »	17,9			18,5	18,4	18,9		19,3	18,9	17,5	17,9	18,4
ÉTÉ	18,4			19,0	18,5	18,6		18,4	19,1	18,0	18,4	18,5
Mars 1862	17,7			16,6	18,5	16,5	15,1	17,1	16,9	14,8	16,0	16,7
Avril .... »	15,6			13,9	13,2	12,7		12,9	12,0	14,1	12,7	13,9
Mai...... »	12,0			9,6	11,5	10,1	9,5	10,6	9,9	8,8	9,9	10,2
AUTOMNE.....	15,1			13,3	14,4	13,1		13,5	12,9	12,6	12,9	13,5
Juin..... 1862	9,9			10,4	7,3	7,3	7,1	8,0	8,3	8,0	8,9	8,3
Juillet... »	6,9			8,2	8,1	6,7	5,5	7,0	7,0	7,3	6,9	7,1
Août .... »	7,3			8,2	8,2	8,4	8,6	7,2	8,6	9,2	9,7	8,3
HIVER........	8,0			8,9	7,9	7,5	7,1	8,1	8,0	8,2	8,5	7,9
Moyennes par année.......	13,8			13,7	12,9			13,0	12,8	12,6	13,6	13,2

Ce tableau montre d'une façon évidente : que le mois le plus chaud est celui de janvier et le plus froid celui de juillet; que la différence entre ces deux mois est de 12°,1 ; que la température du mois le plus chaud est supérieure à la température moyenne de 6°,0, et que celle du mois le plus froid est plus basse que celle de 6°,1; que la température la plus haute de toutes, de 30°,2, s'élève au-dessus de la moyenne de 17°,0, et que celle de —2°,0, qui est la plus basse, descend de 15° au-dessous de la température moyenne !

Parmi les dix autres mois, décembre et février ont une température presque égale, ainsi que juin et août ; les premiers sont les deux plus chauds après janvier, les derniers les deux plus froids après juillet ; mais la différence ne s'élève pas en général à plus de 1°. Les trois mois du printemps ont à peu près la même température que les trois mois de l'automne, avec la différence que mars est plus chaud que novembre, et avril un peu plus qu'octobre, tandis que septembre a presque la même température que mai. Octobre et avril ont presque la même moyenne que l'année, et ces deux mois sont, ainsi que mars et novembre, les plus agréables du climat de Buénos-Ayres.

Pour montrer encore mieux le mouvement de la température annuelle, nous donnons la plus haute et la plus basse température de chaque mois, et nous déduisons de ces faits secondaires les moyennes des deux températures extrêmes.

TABLEAU DES MAXIMA ET MINIMA.

TABLEAU II

MAXIMUM

	1861	1862	1865	1866	1867	1868	1869	1870	1871	1872	1873	MOYENNES
Septembre 1861	17,6	16,0		16,8	17,0	16,0		21,8	17,5	19,0	19,0	18,7
Octobre... »	20,3	17,0		21,5	22,5	20,0		19,0	20,8	19,0	19,0	20,3
Novembre. »	22,1	24,5		26,0	24,0	26,0		25,0	24,4	20,8	22,5	24,0
Décembre. »	25,0	26,0		30,2	24,8	26,3		27,4	30,2	27,0	24,0	24,1
Janvier.... 1862	27,0			27,5	25,5			27,4	26,8	29,0	26,8	27,1
Février.... »	27,5			25,0	25,5	25,5		25,5	25,8	25,8	26,2	27,0
Mars....... »	25,0			25,2	27,5	26,5		23,0	25,0	23,0	25,0	25,7
Avril....... »	23,5		21,0	21,0	19,2			18,6	21,6	20,8	22,5	24,7
Mai........ »	18,5		16,2	20,1	15,4		14,4	16,8	16,0	14,0	20,0	20,8
Juin....... »	16,7		17,0	13,0	14,0		13,8	15,0	17,0	17,0	17,0	16,4
Juillet..... »	14,6		14,0	14,5	14,5		14,2	14,5	15,5	15,0	16,5	15,4
Août....... »	14,5		15,2	14,5	16,0		16,0	15,4	18,0	15,5	18,5	15,2

MINIMUM

	1861	1862	1865	1866	1867	1868	1869	1870	1871	1872	1873	MOYENNES
Septembre 1861	2,9	-0,4		3,0	2,4	2,0		3,3	3,0	1,0	3,0	2,2
Octobre... »	4,0	3,4		5,0	3,2	6,5		5,0	5,0	4,0	6,5	4,7
Novembre. »	4,8	6,7		4,0	8,0	5,5		5,7	5,0	4,5	5,0	5,5
Décembre. »	9,8	8,8		10,5	12,0	10,0		9,5	12,5	9,0	8,5	10,1
Janvier.... 1862	12,0			11,4	8,0			9,0	9,6	8,5	11,5	10,0
Février.... »	9,0			10,8	8,9	9,0	2,9	12,0	11,6	9,5	10,0	10,1
Mars....... »	7,0			9,0	7,0	5,0	0,0	8,9	9,7	6,8	7,0	7,5
Avril....... »	7,0		4,8	3,2	4,0			3,8	2,5	3,0	4,0	4,0
Mai........ »	2,5		3,0	1,0	2,0			1,0	1,0	1,5	-0,3	1,9
Juin....... »	0,8		-0,2	-1,0	-1,4		-1,5	-0,5	0,5	1,0	0,0	-0,1
Juillet..... »	-2,0		-0,5	1,5	-0,6			0,2	-1,0	-1,0	1,0	-0,1
Août....... »	0,0		0,5	2,0	2,0		2,0	-1,0	1,5	2,0	1,5	1,1

Il est prouvé par ce tableau que les extrêmes de la température s'accordent en général avec les moyennes de la température, c'est-à-dire que les températures les plus élevées tombent en janvier, et les plus basses en juillet, sauf pourtant quelques exceptions. La température de 30°,2 RÉAUMUR (presque 38° CELSIUS et 100° FARENHEIT), la plus haute observée jusqu'à présent à Béunos-Ayres, tombe, les deux fois qu'elle s'est produite, non pas en janvier, mais en décembre, et l'on trouve aussi des cas d'un extrême, plus haut en février qu'en janvier. L'hiver présente la même exception : dans quelques années, la température la plus basse se trouve en juin, d'autres fois, plus rarement, en août. Mais, en prenant la moyenne de toutes les températures extrêmes, la régularité de l'élévation et de l'abaissement en janvier et juillet ressort clairement, et prouve qu'une température au-dessus de 27° est déjà anormale à Buénos-Ayres, de même qu'une température au-dessous de —0°,3; que les extrêmes de 28, 29 et 30 degrés s'élèvent au-dessus de l'extrême normale, et la basse température de —2°,0 (—2°,50 CELSIUS et 27°,50 FARENHEIT), est aussi un extrême irrégulier. Notre tableau nous montre, en même temps, que les extrêmes varient assez dans les mêmes mois des différentes années ; nous trouvons, par exemple, en septembre, une différence remarquable de 4° entre les années 1861 et 1869, et la même différence en novembre des années 1861 et 1865. Dans le mois de décembre, cette différence s'élève à 5° pour les années 1861, 1865 et 1869. On ne trouve nulle part une aussi grande différence entre les minimum des mois ; la différence est rarement de plus de 3° et se maintient généralement entre 3° et 2°. Ce sont aussi les mois de l'été, et surtout décembre et février qui présentent les différences les plus grandes et les plus remarquables. Des températures au-dessous de 10° sont anormales dans ces trois mois, quoique nous en trouvons qui descendent jusqu'à 9°, et d'autres qui s'élèvent jusqu'à 12°.

Il est digne de remarque que les moyennes des saisons sont aussi très variables, comme le prouve notre tableau I. Considérant les différences annuelles, nous voyons que la température du printemps, dont la moyenne est de $12°,6$, présente des variations de $11°,3$ à $13°,9$; celle de l'été, dont la moyenne est de $18°,5$, varie très-peu, de $18°,0$ à $19°,1$; mais celle de l'automne, avec une moyenne de $13°7$, présente des différences de $12°,6$ jusqu'à $16°,1$; celle de l'hiver, enfin, est moins variable: sa moyenne étant de $7°,9$, elle se maintient entre $7°,1$ et $8°,9$. Les plus petites différences sont fournies par les moyennes des différentes années; la température moyenne générale est de $13°,1$, et les variations annuelles oscillent entre $12°,6$ et $13°,9$. L'année anormale de 1861-62, ayant la moyenne de $13°,9$, est la plus chaude, et l'année de 1872, avec la moyenne de $12°,6$, la plus froide. Si nous prenons la température moyenne de toutes les années comme base, pour appeler chaudes celles dont la température s'élève au-dessus, et froides celles dont la température est au-dessous de $13°,1$, l'année 1870 est la seule qui ait la véritable température normale ; parmi les autres années, deux (1862 et 1866) sont chaudes, et trois (1867, 1871 et 1872) froides, avec une température au-dessous de $13°,0$. Il est aussi remarquable que les températures les plus hautes de $30°,2$ (voir le tableau II), ne tombent pas dans les années les plus chaudes, et que la température la plus basse de $-2°,0$ se trouve, exceptionellement, dans l'année la plus chaude de 1861-62. Toutes ces variations, caractères naturels du climat tempéré, ne sont pas particulières à celui de notre pays et n'ont rien d'extraordinaire; la température de Buénos-Ayres a, au contraire, une marche assez régulière, et n'offre pas d'autres phénomènes que celle des pays placés sur notre terre dans la même situation géographique.

Nous terminerons nos indications par quelques autres remarques sur la saison la plus chaude et sur la plus froide, dont nous donnons les résultats dans le tableau ci-joint :

TABLEAU DES EXTRÊMES SEMAINIERS.

TABLEAU III

ANNÉES	JANVIER				JUILLET				TEMPÉRATURE LA PLUS HAUTE DE L'ANNÉE	TEMPÉRATURE LA PLUS BASSE DE L'ANNÉE
	1re semaine	2e semaine	3e semaine	4e semaine	1re semaine	2e semaine	3e semaine	4e semaine		
1862.....	17,7	19,7	21,0	20,5	8,4	6,4	3,9	9,0	17 février... 27°,5	14 juillet. —1°,8
1865.....	»	»	»	»	5,7	8,3	9,2	9,1	25 décembre 30°,2	6 id. —0°,5
1866.....	17,8	19,8	21,2	18,7	8,0	7,7	8,0	8,5	19 janvier.. 27°,5	21 juin... —1°,0
1867.....	20,1	19,5	18,6	17,9	5,8	9,3	6,8	5,6	14 mars.... 27°,5	7 id. —1°,4
1869.....	»	»	»	»	5,5	6,3	4,7	5,8	»	17 juillet. —1°,5
1870.....	20,1	15,7	18,8	18,5	9,1	11,0	7,5	8,9	14 décembre 30°,2	19 août... —1°,0
1871.....	20,0	19,8	19,6	18,3	7,4	7,8	9,1	8,9	19 id. 27°,0	26 juillet. —1°,0
1872.....	17,6	19,4	18,3	19,5	5,4	7,4	9,6	6,8	26 janvier.. 29°,0	28 id. —1°,0
1873.....	18,5	21,9	18,7	19,5	5,7	5,7	7,5	6,8	10 id. 26°,2	31 mai... —0°,3
Moyennes.	18,8	19,4	19,4	19,0	6,8	6,8	7,4	7,1		

On a intérêt à savoir, non-seulement, quels sont les mois les plus chauds et les plus froids de l'année, mais aussi dans quelle partie de ces deux mois se trouvent régulièrement les jours extrêmes. Pour le savoir, il est nécessaire de chercher la moyenne de chaque semaine, et de déduire de ces moyennes la moyenne des jours. Le tableau ci-dessus donne les résultats de ces calculs et prouve : qu'en janvier, la température moyenne la plus haute des jours se trouve dans les seconde et troisième semaines ; la température la plus basse des jours, en juillet, dans la première et la seconde semaines. Ces températures moyennes sont remarquablement différentes de la température la plus haute et de la plus basse de l'année, car la première s'élève à 7°,7 et la seconde à 6°,9, sur l'extrême moyenne correspondante. Mais la température extrême n'est fixée sur aucun mois, elle tombe irrégulièrement tantôt avant, tantôt après le mois dont la température est la plus haute, sans suivre aucune règle, et par conséquent aussi sans se prêter à aucune prévision ; tous les pronostics de la température sont aussi incertains que les prophéties du temps en général.

En comparant, pour conclure, mes résultats actuels sur la température de Buénos-Ayres à ceux de ma publication antérieure de l'année 1863, il se trouve une petite différence dans l'élévation, supérieure à celle que j'obtiens aujourd'hui de 0°,5 jusqu'à 1°,5, dans les différentes saisons. Il faut admettre que cette différence, si elle ne vient pas du changement de la localité où ont été faites les observations antérieures, confirme le fait, déjà constaté en divers endroits de l'Europe, par des observations continuées pendant un laps de temps assez long, que la température change légèrement à des intervalles plus ou moins grands, et peut aussi bien s'élever que s'abaisser, dans le cours d'un certain nombre d'années. Pour montrer clairement ces différences, je place ici les résultats antérieurs en regard des résultats actuels.

	RÉSULTATS ANTÉRIEURS DE 1862			RÉSULTATS ACTUELS DE 1874		
	RÉAUMUR	CELSIUS	FAHRENHEIT	RÉAUMUR	CELSIUS	FAHRENHEIT
Printemps....	13,4	16,7	62,2	13,2	15,8	60,38
Été.........	18,6	23,3	74,0	18,5	23,2	73,62
Automne.....	14,2	17.7	63,4	13,7	17,05	62,89
Hiver........	9,2	11,4	52,3	7,9	9,25	49,74
Année.......	13,8	17,3	63,1	13,2	16,5	61,70
Maximum....	27,2	34,0	93,2	30,2	37,53	100,70
Minimum.....	— 2,4	— 3,0	26,6	— 2,0	— 2,5	26,98

Une chose remarquable, c'est que la plus haute et la plus basse température notée par les observateurs antérieurs, sont au-dessous de celles que j'ai observées moi-même, malgré que les autres températures soient toutes plus élevées. Il semble qu'une température s'élevant à 30°,2, ou s'abaissant jusqu'à —2°,4, se produise très-rarement à Buénos-Ayres, chacune constituant une exception étonnante pour notre pays.

2. HUMIDITÉ

Buénos-Ayres est connu comme une localité assez humide; WOODBINE PARISH a dit déjà, dans son ouvrage bien estimé, que sous notre climat les objets de cuir se couvrent bientôt de moisissures, si l'on n'a pas soin de les mettre au soleil de temps en temps et de les nettoyer à des intervalles de dix ou quinze jours. On peut voir ici ce phénomène toutes les années, mais principalement en hiver et au printemps; il est aussi désagréable pour les habitants, durant ces deux saisons, que la poussière pendant l'été et l'automne.

Les observations sur l'humidité, faites avec le psychromètre, et qui sont à ma disposition, se bornent aux quatre années 1857, 1861, 1867 et 1868; elles n'ont pas été exécutées par moi-même, mais je les emprunte au *Registro estadístico de la República Argentina*, publié ici depuis 1864 par le département statistique du gouvernement national. Dans le tableau ci-dessous, sont indiquées, en centigrades, les moyennes du thermomètre sec, pour trois heures du jour de chaque mois, et à côté les différences du thermomètre mouillé, qui est presque toujours, comme tout le monde scientifique le sait, plus bas que le sec.

TABLEAU IV

MOIS	1857 MATIN Sec	Mouillé	MIDI Sec	Mouillé	SOIR Sec	Mouillé	MOYENNES Sec	Mouillé	1861 MATIN Sec	Mouillé	MIDI Sec	Mouillé	SOIR Sec	Mouillé	MOYENNES Sec	Mouillé
Septembre	14,0	1,4	16,7	1,6	15,5	1,5	15,4	1,5	11,5	1,4	16,6	3,1	13,6	1,4	13,9	2,0
Octobre	16,1	2,5	19,2	2,5	17,5	2,1	17,6	2,4	13,9	1,8	16,6	2,1	15,2	1,7	14,9	1,6
Novembre	19,1	1,6	24,9	6,3	23,0	3,2	22,5	3,9	16,3	2,6	22,5	6,1	18,5	3,1	19,1	4,0
Décembre	20,8	3,1	25,4	5,0	22,6	4,8	22,9	4,3	20,0	3,5	25,6	6,0	20,9	2,4	22,1	3,9
Janvier	22,3	1,5	26,8	6,0	25,7	4,4	24,9	3,3	20,9	3,2	27,5	6,9	23,2	4,0	23,9	4,7
Février	20,7	1,7	24,7	2,9	22,0	1,6	22,5	1,9	19,5	1,9	29,2	8,4	22,0	4,7	23,5	4,6
Mars	20,6	3,2	21,4	4,7	21,7	3,4	22,2	2,1	16,5	2,7	27,7	8,9	20,7	4,3	21,6	5,3
Avril	16,4	4,1	19,1	2,6	16,2	1,6	17,2	2,8	15,0	1,6	22,4	4,4	17,0	1,9	18,1	2,6
Mai	13,8	2,1	16,3	1,8	15,1	2,4	15,0	2,1	9,2	1,6	16,2	5,0	11,9	2,2	12,4	2,2
Juin	12,3	0,9	15,2	1,3	12,3	0,8	13,3	1,1	7,4	0,5	14,1	3,1	9,3	0,4	10,2	1,3
Juillet	11,2	0,8	14,7	1,4	13,3	0,7	12,7	0,6	4,7	0,5	12,3	2,7	8,5	1,8	8,7	1,8
Août	11,1	1,2	15,8	2,2	13,0	1,5	13,3	1,7	12,3	0,5	17,3	2,7	14,0	1,4	14,5	1,5
Moyennes de l'année							18,2	2,3							16,9	2,9

ANNÉES OBSERVÉES.

TABLEAU IV *(suite)*

MOIS	1867									1868								
	MATIN		MIDI		SOIR		MOYENNES		MATIN		MIDI		SOIR		MOYENNES	
	Sec	Mouillé	Sec	Mouillé	Sec	Mouillé	Sec	Mouillé	Sec	Mouillé	Sec	Mouillé	Sec	Mouillé	Sec	Mouillé
Septembre	12,6	2,3	15,3	3,1	14,1	2,5	14,0	2,6	12,4	1,4	15,6	1,9	13,7	1,3	13,9	1,6
Octobre	15,7	2,7	18,9	4,3	16,6	2,9	17,0	3,3	17,6	2,5	17,4	0,0	20,7	4,3	18,5	2,3
Novembre	19,2	5,4	23,5	5,7	21,4	4,3	21,3	5,1	22,3	4,1	23,1	5,2	19,5	2,8	20,2	1,8
Décembre	21,2	4,1	25,4	6,1	23,7	4,5	23,4	4,9	20,4	3,0	23,7	4,8	23,7	5,9	22,6	4,6
Janvier	21,2	3,9	25,7	6,2	21,9	3,0	22,9	4,3	23,7	4,1	28,2	5,9	25,8	5,4	25,9	5,2
Février	20,6	3,5	25,3	6,4	21,7	3,9	22,5	4,6	22,6	3,3	26,0	6,6	23,0	10,7	21,4	3,6
Mars	17,3	3,4	21,5	3,7	18,0	3,5	18,9	3,5	19,5	2,7	24,0	5,0	20,8	3,0	21,4	3,6
Avril	12,8	2,3	16,6	2,2	14,6	2,0	14,6	2,1	15,7	2,0	19,1	3,3	17,5	2,3	17,4	2,5
Mai	12,5	2,0	15,0	2,9	14,2	2,1	13,9	2,3	12,7	1,6	17,2	3,4	15,0	2,1	14,9	2,0
Juin	8,0	1,6	12,2	2,5	9,7	1,7	9,9	1,9	10,3	1,3	13,7	1,9	12,3	2,0	12,1	1,9
Juillet	8,0	1,7	11,7	2,4	8,9	2,0	9,5	2,0	8,4	2,6	16,6	7,0	9,9	1,9	11,6	3,8
Août	10,1	2,0	13,9	3,0	12,2	2,6	12,0	2,5	10,4	2,0	14,4	3,3	11,6	1,9	12,0	2,3
Moyennes de l'année							16,6	3,2							17,6	2,9

Moyenne des 4 années : 2,8.

D'après ces observations, j'ai calculé, au moyen des tables psychrométriques de M. August, les relations suivantes sur l'humidité de notre air pendant les quatre années observées :

	1857	1861	1867	1868	MOYENNES DES QUATRE ANNÉES
Température moyenne....	18°,2' (14°,5' R.)	16°,9' (13°,6' R.)	16°,6' (13°,3' R.)	17°,6' (14°,0' R.)	»
Pression de la vapeur....	5,28	4,50	4,23	5,48	4,87
Point de la rosée........	11,3	9,3	8,6	11,8	10,25
Saturation	0,77 pr. ct.	0,72 pr. ct.	0,82 pr. ct.	0,72 pr. ct.	0,73 pr. ct.
Quantité d'eau évaporée { Loth.....	0,025	0,022	0,024	0,023	0,023
{ Grammes.	0,416	0,366	0,406	0,397	0,397

La considération des quantités obtenues prouve que, correspondant à celles de la température, l'humidité de l'atmosphère, à Buénos-Ayres, présente des différences remarquables; qu'une année est plus humide que l'autre, et qu'on ne peut pas donner de loi générale s'appliquant également à toutes, quoique la différence des années soit assez petite.

L'augmentation et la diminution de l'humidité journalière sont plus régulières. Notre tableau fait voir que la différence entre les thermomètres sec et mouillé est plus grande à midi que le matin et le soir, et qu'elle est généralement un peu plus forte le soir que le matin. Ces différences montrent que la soirée est moins humide que la matinée, et que le moment le moins humide du jour est à midi, parce que la différence entre les thermomètres sec et mouillé indique la rapidité et la hauteur de l'évaporation, et par conséquent le peu d'humidité de l'atmosphère. La loi générale se confirme donc aussi complétement à Buénos-Ayres.

Les différences des mois de l'année sont d'un plus grand intérêt, parce qu'elles présentent beaucoup de particularités dans les différentes localités de la surface du globe. Dans les environs de Buénos-Ayres, la différence la plus grande entre les thermomètres sec et mouillé ne se trouve pas régulièrement dans le même mois, mais elle est toujours en été, ou dans les mois les plus voisins. Ainsi, en 1857, le mois le plus sec est décembre; en 1861, c'est mars; en 1867, novembre, et en 1868, janvier. Le mois le plus humide varie moins: il paraît être juillet ou juin, la différence la plus petite entre les deux thermomètres se trouvant dans l'un ou l'autre de ces deux mois, c'est-à-dire dans l'hiver. En 1857, le plus humide est juillet; en 1861, 1867 et 1868 c'est juin. Comparant, enfin, les douze mois de l'année entre eux, on peut dire, d'après la grandeur des différences observées, que novembre, décembre, janvier, février et mars sont les mois secs, et les autres les mois humides : la différence entre les deux thermomètres s'élevant dans les mois secs au-dessus de 3°,0, et restant généralement, dans les mois humides, au-dessous de 3°,0.

La différence la plus grande entre les thermomètres sec et mouillé, observée jusqu'à présent à Buénos-Ayres, est de 12°,5 Celsius, ou 10° Réaumur. Une telle différence se présente très-rarement, et je ne l'ai pas observée moi-même ; mais l'observateur, dont je parle plus haut, m'a dit l'avoir constatée pendant la saison très-sèche de février 1868, qui a une différence moyenne, pour le soir, s'élevant encore à 10°,7. D'un autre côté, il n'est pas rare, en juin et juillet, quand les jours sont brumeux et qu'il tombe toute la journée une bruine fine, vaporeuse, de voir les deux thermomètres à la même hauteur, ou même une hauteur plus grande dans le mouillé que dans le sec, quand l'air est saturé au-delà par les vapeurs aqueuses, et contient en suspension des gouttes d'eau condensée. Des journées semblables se présentent plusieurs fois à Buénos-Ayres, en juin, et même au commencement de juillet, quoique de véritables pluies ne soient pas rares dans ces deux mois d'hiver.

Le phénomène indiqué n'est pas le brouillard, mais plutôt une pluie très-fine ; le véritable brouillard blanc est rare dans le climat de Buénos-Ayres, et se montre seulement le matin, au commencement de l'automne et en hiver, environ vers sept heures.

Dans de tels jours avec le vent du Nord-Ouest, le soleil se lève clair, mais une heure après le brouillard commence à se former au haut de l'atmosphère et descend doucement jusqu'au sol, où il reste sur la rivière plus longtemps que sur la terre. Ici il se perd généralement à dix heures ; très-rarement il se conserve jusqu'à une heure. Je n'ai vu du brouillard, à d'autres heures du jour, que quelquefois, exceptionnellement le soir. Mais la rosée est très-commune pendant l'automne, l'hiver et le printemps ; principalement avec le vent du Nord on voit tous les objets couverts d'une fine couche humide et surtout dans les rues du côté opposé au Sud, et même de grosses gouttes tomber des arbres et des herbes élevées. Cette rosée se transforme pendant l'hiver en gelée blanche, qui couvre aussi, presque régulièrement, pendant cette saison, les toits de la ville d'une couche superficielle ; mais dans la campagne, où la température de la nuit descend, en hiver, jusqu'à — 3° RÉAUMUR, j'ai vu, le 12 juillet 1865, une couche de gelée blanche poreuse, d'un pouce d'épaisseur, qui couvrait tout le sol, les herbes et les arbres, comme une couche de neige [8].

3. NUAGES

La configuration des nuages, à Buénos-Ayres, ne m'a rien offert de particulier : le phénomène se produit dans toute sa régularité. Ici, les nuages ne sont généralement pas si accumulés que dans les régions les plus froides du midi de l'Europe ; le temps est rarement couvert une journée entière, et plus rarement encore plusieurs jours consécutifs ; le ciel de Buénos-Ayres est ordinairement pur et très-souvent sans aucun nuage, surtout en été (décembre-février), et c'est sans doute à cette limpidité et à la présence constante du soleil que fait allusion la phrase bien connue de SANCHO DEL CAMPO, déjà citée ci-dessus, qui a donné son nom à notre ville. Dans la saison d'été, les matinées et les soirées même sont généralement claires ; on ne voit aucun nuage au lever du soleil, et cet état se maintient toute la journée, jusqu'au soir. Quelquefois des nuages se montrent à l'horizon, vers six ou sept heures du soir, et s'élèvent même plus haut, mais ils disparaissent de nouveau quand la nuit arrive, et celle-ci est en général aussi claire que la journée. Il y a pourtant des jours où le ciel se couvre de nuages grands ou petits, blancs, généralement de la forme que l'on nomme « *Cumulus* », qui poussés par le vent vont se perdre à l'horizon, où ils se condensent en une couche nuageuse uniforme ; l'autre phénomène d'une couche entière de la figure « *Stratus* » est beaucoup plus rare, et plus rare encore la forme particulière du « *Cirrus* » que j'ai vue seulement par exception.

En décrivant ainsi la constitution nuageuse de Buénos-Ayres, je ne considère que les phénomènes réguliers et ordinaires ; ici, on a aussi des journées complétement nuageuses, qui se répartissent, à certains intervalles, dans tous les mois de l'année. En été, ce sont les jours de pluie, et en hiver les jours de brume ; dans l'une et l'autre saison, ils sont également produits par les vents froids du Sud ou Sud-Ouest, nommés ici *Pamperos*. Les vents condensent les vapeurs suspendues dans l'air, où les apportent ceux du Sud-Est, Est, et Nord-Est, et donnent en très-peu de temps à l'atmosphère un aspect tout différent. Les vents de Sud et Sud-Ouest arrivent presque toujours d'une façon soudaine ; ils entraînent avec eux une atmosphère assez chargée et sont de deux catégories, tantôt pluvieux, tantôt secs. Les premiers sont les vrais *Pamperos* ; les seconds, les *Pamperos sucios*. Ceux-ci soulèvent au-dessus du sol une quantité énorme de poussière, qui obscurcit quelquefois la lumière du jour, au point qu'il semble nuit. Nous parlerons plus tard de ces vents violents, nous bornant à dire ici qu'ils sont toujours accompagnés d'explosions électriques très-violentes. Une couche très-obscure de nuages couvre tout l'horizon, au Sud et au Sud-Ouest, jusqu'à une hauteur qui grandit de moment en moment. Cette couche est d'un bleu presque noir en cas de véritable *Pampero* pluvieux, mais jaunâtre et jaune gris obscur en cas de *Pampero sucio* ; des éclairs électriques sillonnent la masse, et l'orage arrive rapidement sur nous. Aussitôt, le ciel se couvre entièrement de nuages obscurs s'avançant avec rapidité et versant la pluie ou la poussière sur la campagne, avec une violence incroyable ; mais ce phénomène ne dure pas longtemps, et après un quart-d'heure ou une demi-heure tout est fini.

Les nuages qui accompagnent ce phénomène étonnant sont, en général, de deux sortes : les uns, plus élevés et plus épais, mais les plus clairs suivent la direction du courant de l'Equateur, du Nord au Sud ; les autres, plus déchirés, en masses séparées, plus obscurs et plus bas, marchent avec le courant polaire opposé, du Sud au Nord ; ceux-ci sont les plus lourds, qui portent la pluie condensée par la température plus froide, du courant inférieur polaire, qui les force à marcher dans une direction opposée, pour rétablir l'équilibre dans l'atmosphère. Aussi les autres nuages ne sont pas homogènes dans leur masse ; on voit dans chacune des accumulations plus denses, séparées par des parties plus claires, et on distingue d'une manière évidente des groupes compacts et plus pesants, et des intervalles plus minces, formant çà et là de véritables interruptions, dans lesquelles marchent les nuages opposés, que le courant polaire plus bas n'a pas encore atteints.

Quand l'orage est terminé, les nuages continuent à passer, mais dans des conditions qui varient. Quelquefois le ciel s'éclaircit en peu de temps, les nuages blancs supérieurs dominent, les inférieurs disparaissent, on voit çà et là le bleu du ciel à travers les éclaircies qui se produisent, et peu à peu l'atmosphère devient plus pure et plus limpide qu'avant la tempête ; d'autres fois, au contraire, les nuages dominants sont les gris inférieurs ; ils couvrent le ciel sans cependant l'obscurcir autant qu'au début, et une pluie modérée tombe toute la nuit, ou toute la journée si la tempête a éclaté la journée et non le soir comme c'est l'ordinaire. Règle générale, les tempêtes commencent ici entre six ou sept heures du soir ; si elles arrivent plus tôt, la température a subi auparavant une élévation excessive, comme le 17 février 1862, où le thermomètre atteignait à une heure et demie la hauteur extraordinaire de 27°,5, la plus élevée de l'année entière.

Tous les phénomènes indiqués se montrent seulement en été ou à la fin du printemps et au commencement de l'automne. Il se produit aussi en hiver des mouvements très-forts, de véritables tempêtes, mais très-rarement des orages électriques. Dans cette saison, les nuages sont plus étendus et un peu plus épais; il y a des jours entiers où le ciel est complètement couvert de nuages gris ou blanchâtres, mais les différences, dans toutes les journées, sont moins grandes et moins fortement tranchées.

Quant aux moments du jour et de l'année où dominent l'une ou l'autre des diverses formes de nuages, je puis affirmer que les *Stratus* se montrent plus souvent le matin, et les *Cumulus* le soir. Les nuages de pluie, nommés par quelques auteurs *Nimbus*, paraissent à toute heure du jour, mais les orages électriques, ordinairement, comme nous l'avons déjà dit, au coucher du soleil, un peu avant où après ce moment. En hiver, où les orages électriques sont très-rares et manquent même généralement, les nuages stratifiés sont les plus communs et varient entre les deux formes *Cirrus* et *Stratus*, se transformant quelquefois en *Nimbus*, c'est-à-dire en nuages de pluie, sans manifestations électriques. Les nuages les plus épais et les plus considérables sont amenés, en hiver, par les vents du Sud-Est, en été par ceux du Nord-Est; les vents du Nord-Ouest, et surtout d'Ouest, sont en toute saison des vents clairs; ils sont aussi les plus rares dans le pays.

4. VENTS

Nous avons déjà dit, au commencement de notre esquisse climatologique de Buénos-Ayres, que l'air est ici très-rarement tranquille et généralement en mouvement assez fort. Les vents, résultats de ce mouvement, sont par conséquent presque toujours permanents à Buénos-Ayres, et ils ont quelquefois une force et une vitesse si extraordinaires qu'ils méritent réellement le nom d'ouragans. Avant de parler des vents qui atteignent cette violence, nous devons d'abord en expliquer le cours régulier et montrer quelle est, sous notre climat, leur direction dominante.

Toutes mes observations constatent que les vents les plus fréquents à Buénos-Ayres sont ceux du Nord et du Sud, mais tous deux inclinant sensiblement, le Nord vers l'Est, le Sud généralement vers l'Ouest ou autrefois vers l'Est. Les trois vents du Nord-Est, Sud-Est et Sud-Ouest soufflent le plus souvent, les vents d'Est et de Sud beaucoup plus rarement, mais bien plus rarement encore celui d'Ouest ; ce dernier est celui qui souffle le moins à Buénos-Ayres. Mes observations prouvent aussi qu'il y a une certaine régularité dans les changements de direction du vent ; le vent du Sud-Ouest tourne généralement au Sud, Sud-Est, Est, Nord-Est et Nord ; il n'est pas très-rare d'observer aussi une marche opposée du Nord au Sud par l'Est ou du Sud au Sud-Ouest. Dans ce cas, le vent du Sud-Ouest ne suit pas, comme l'indique la règle, vers l'Ouest, mais il saute le plus souvent d'un seul coup au Nord-Est, et de tous les vents ce sont les deux qui changent le plus souvent de direction entre eux. Cette observation, assez souvent répétée, confirme l'existence de deux courants principaux : le polaire qui vient du Sud et celui du Nord qui vient de l'Équateur ; ils sont en opposition perpétuelle et la rotation de la terre fait obliquer leur direction vers le Nord-Est et le Sud-Ouest.

J'ai donné dans mon essai antérieur sur le climat de Buénos-Ayres un tableau des vents pour une demi-année, et je vais en donner ici un autre pour l'année entière de 1872, afin de mieux prouver, par des chiffres, ce que

30 TABLEAU DES DIFFÉRENTS VENTS DE L'ANNÉE.

j'ai dit sur la direction des vents, que je prends le matin, à midi et le soir de chaque jour.

MOIS	NORD	N.-OUEST	OUEST	S.-OUEST	SUD	SUD-EST	EST	N.-EST
Janvier....	19	8	6	8	5	11	10	12
Février....	13	6	2	12	3	4	8	8
Mars.......	13	8	4	9	8	13	4	15
Avril.......	12	5	9	12	3	19	10	12
Mai.........	14	19	11	14	7	11	2	7
Juin........	17	10	9	13	8	10	4	2
Juillet.....	9	26	18	10	3	2	7	5
Août........	16	7	4	10	9	14	13	12
Septembre	5	11	7	4	10	12	13	18
Octobre...	15	2	4	7	7	7	9	8
Novembre.	8	7	4	16	9	8	12	12
Décembre.	11	12	7	12	2	8	13	6
Année....	152	121	85	127	74	119	105	117

Le tableau ci-dessus prouve que le vent du Nord est le vent dominant de l'année, et que janvier, le mois le plus chaud, est aussi celui où il souffle le plus souvent. Après le vent du Nord, vient celui du Sud-Ouest qui règne surtout à la fin de l'automne et en hiver. Les trois vents du Nord-Ouest, Sud-Est et Nord-Est se montrent presque aussi souvent l'un que l'autre, mais ceux de pur Sud et d'Ouest moins fréquemment. C'est une exception remarquable que le vent d'Ouest ait soufflé plus souvent, durant cette année, que celui du Sud ; d'après la règle générale c'est le contraire qui a lieu ; le vent d'Ouest est généralement le plus rare de tous à Buénos-Ayres, sauf en hiver, où il souffle plus fréquemment que pendant les autres mois de l'année.

Pour connaître mieux encore le véritable mouvement des vents, nous avons aussi calculé les autres années, d'après la même méthode, et nous donnons ici les résultats de ce calcul, communiquant seulement les sommes obtenues pour les différents vents, dans chaque année, qui sont les suivantes :

	NORD	N.-OUEST	OUEST	S.-OUEST	SUD	SUD-EST	EST	NORD-EST
1871.....	185	90	75	170	129	120	140	139
1870.....	186	121	68	171	107	132	102	178
1869..... (Second semestre)	107	67	48	108	84	86	56	70
1867.....	142	110	50	143	113	105	119	183
1866.....	151	136	43	195	85	168	99	197
1865.....	164	82	41	138	58	61	64	198
1862.....	178	95	92	183	109	141	148	149

Ces sept années prouvent qu'il y a entre les différents vents, dans chaque année, une relation tout-à-fait correspondante ; dans toutes, le vent d'Ouest est le plus rare, et les trois vents de Nord, Nord-Est et Sud-Ouest sont ceux qui dominent. On peut prouver ce résultat encore plus clairement par la moyenne des huit années observées que je donne enfin ci-dessous :

Moyenne des huit années	NORD	N.-OUEST	OUEST	S.-OUEST	SUD	SUD-EST	EST	NORD-EST
	158	103	63	154	95	117	104	154

Ce petit tableau montre d'une façon évidente que le vent dominant est celui du Nord ; qu'après lui les vents de Sud-Ouest et de Nord-Est sont ceux qui règnent le plus souvent ; que celui de Sud-Est se rapproche beaucoup de ces deux derniers ; que ceux de Nord-Ouest et d'Est pur soufflent chacun un nombre presque égal de fois, mais moins souvent, et que le vent d'Ouest est de beaucoup le plus rare de tous : il atteint seulement la moitié du nombre de Sud-Est et reste de beaucoup inférieur à la moitié de la somme des cas de vent du Nord.

On voit aussi par mes observations quels sont les moments du jour où dominent les différents vents. En été, le courant d'Équateur comme vent du Nord, Nord-Est et Nord-Ouest domine le matin jusqu'à l'après-midi ; depuis cinq heures il se change en courant polaire qui dure jusqu'au soir, souvent s'annonçant par des décharges électriques. Le contraire a lieu en hiver, où les vents du Sud dominent le matin et ceux du Nord le soir ; le commencement de l'automne se rapproche de l'été, la fin, de l'hiver, et le printemps se comporte d'une façon opposée. Notre tableau montre encore que les vents du Sud et d'Ouest soufflent le plus souvent en hiver, mais ceux d'Est en automne et au printemps, et ceux du Nord en été.

Le mouvement régulier de l'atmosphère, dans notre pays, est troublé de temps en temps par des phénomènes anormaux très-violents, c'est-à-dire par des orages. Ces orages se produisent généralement à la fin de l'été, en mars, ou à la fin de l'hiver en août; le 30 août, jour de Santa Rosa, est surtout bien connu comme jour de vents violents d'Est ou de Sud-Est, car les orages viennent presque toujours du Sud: tantôt du Sud-Est, tantôt du Sud-Ouest. Les premiers sont des orages purs, sans poussière, parce qu'ils viennent du côté de la mer, dans la direction de l'embouchure du fleuve, où ils causent souvent de grands dommages dans la rade. On peut dire qu'il ne se passe pas ici une seule année sans que quelque navire soit détruit par ces tempêtes. Le vent soulève l'eau de la rivière, qui remonte sur les rivages et couvre de grands espaces dans les parties basses des côtes; il démolit de petites maisons situées trop près des bords, et j'ai même vu, le 27 octobre 1866, un de ces orages bouleverser les établissements du chemin de fer du Nord, pourtant bien construits. Les autres orages de poussière viennent du Sud ou plus généralement du Sud-Ouest; c'est pour cela qu'ils sont connus sous le nom de *Pamperos;* mais ils viennent quelquefois aussi du Nord ou du Nord-Ouest; ils entrainent avec eux une telle quantité de fines particules de terre que le ciel en est complétement obscurci, et produisent quelquefois même une nuit complète au milieu de la journée. Ces orages éclatent généralement le soir avant le coucher du soleil; j'en ai pourtant vu commencer dans l'après-midi, et le plus violent de tous commença à cinq heures du soir. Pour mieux faire connaitre ces deux catégories d'orages, je vais donner ici mes observations détaillées sur chacune, en décrivant le plus fort que j'ai observé à Buénos-Ayres depuis 1861.

Les orages purs, sans poussière, sont plus fréquents que ceux de poussière; ils sont souvent accompagnés de fortes décharges électriques, et s'annoncent par des accumulations de nuages bleuâtres, obscurs, formés à l'horizon vers le Sud, Sud-Ouest et Sud-Est, ou, plus rarement, le Nord et Nord-Est. Quelquefois ils éclatent avant midi, mais le plus souvent après, à deux ou trois heures, et aussi le soir entre six et sept heures ; quelquefois encore, au commencement de la nuit, vers 9 ou 10 heures ; le matin ils sont plus rares. C'est de septembre à mars que ces orages éclatent le plus souvent ; sur 41 cas que j'ai comptés pendant mes observations, j'en trouve : 5 en septembre, 3 en octobre, 8 en novembre, 7 en décembre, 4 en janvier, 3 en février, 4 en mars et exceptionnellement 2 en avril et 5 en août, aucun en juin et juillet. Les plus violents se trouvent généralement en mars ; presque chaque année il s'en produit dans ce mois, mais en 1870 on y trouve les deux plus fortes tempêtes de ce genre.

La première, formée de plusieurs explosions semblables, dura du 7 au 11 mars.

Le 7, à 6 heures du matin, le thermomètre marquait 18°, le baromètre 759,0, le vent venait du Nord, le ciel était tout clair. Vers 7 heures, des *Nimbus* se montrèrent au Nord, marchant en direction du Nord-Ouest, et à 8 heures tout le ciel fut couvert. A ce moment, le thermomètre marquait 17°,5, le baromètre 760,8. Bientôt un orage violent se déchaîna, il tomba quelques gouttes d'eau très-grosses, peu abondantes, sans décharges électriques, et tout fut fini en dix minutes. Un vent d'Ouest-Sud-Ouest dispersa alors les nuages, le thermomètre atteignit 22°,9 à midi et descendit à 17°,0 jusqu'à 9 heures du soir ; le baromètre suivit sa marche régulière, descendant à 760,2 à 3 heures, et remontant à 761,5 à 9 heures. La nuit fut claire et tranquille, le vent Sud-Ouest.

Le 8, à 7 heures, le vent n'avait pas changé de direction, le ciel était pur, le thermomètre à 12°5, le baromètre à 764,5 ; la journée s'avançait sans trouble ; à midi la température ne s'élevait pas au-dessus de 19°, et le baromètre tombait à 763,5 jusqu'à 2 heures après-midi. Quelques nuages clairs se levèrent ensuite au Nord, et bientôt le vent tourna au Nord-Est, les nuages s'élevaient davantage et couvraient tout le ciel en prenant une teinte plus obscure. Cet état se prolongea jusqu'à 10 heures du soir ; le ciel était couvert, le thermomètre marquait 17°,0, le baromètre 763,0, et le vent, qui venait du Nord-Est, continuait sa marche rétrograde à Est pur.

Le 9, avant le lever du soleil, il commença à tomber une petite pluie ; il faisait en même temps un léger vent d'Est ; à 7 heures, le ciel était couvert et le vent passait au Nord-Est ; le baromètre avait conservé sa hauteur de 763,0, le thermomètre marquait 15°,5, et à 2 heures il s'était élevé à 16°,5, le baromètre, au contraire, était descendu rapidement à 758,0, indiquant clairement l'approche de l'orage. Bientôt un vent violent souffla de l'Est, accompagné d'une pluie assez forte ; ce vent ne cessa d'augmenter horriblement d'heure en heure, jusqu'à 9 heures du soir, où il cessa. Pendant cette forte averse, on distinguait facilement une double couche de nuages ; la plus haute venant avec le courant d'Equateur du Nord-Ouest, et la plus basse marchant avec le courant polaire en sens inverse, de Sud-Est. La température descendit peu à peu jusqu'à 14°,0, le baromètre à 756,0, et le vent passa bientôt de l'Est au Sud-Est. Enfin, à 10 heures et demie, le vent avait acquis une force extraordinaire ; le baromètre était tombé à 754,0, mais le thermomètre était resté à 14°0.

La journée du 10 fut calme ; au commencement la température et la hauteur barométrique n'avaient pas changé, mais le vent avait passé au Nord-Ouest et les nuages couvraient toujours le ciel. A midi, le vent tourna au Sud-Ouest, la température s'éleva à 15°5, et le baromètre à 755,0 ; mais le soir l'orage revint encore une fois ; le vent souffla avec la même furie et la température tomba à 10°,0 alors que le baromètre montait à 756°,0.

Enfin, le 11 commença avec une hauteur barométrique de 759,7 et une température de 11°, malgré que le même vent de Sud-Ouest durât toute la journée ; ce vent continua jusqu'au 12, où il tourna à l'Est et au Nord-Est. La soirée du 11 fut claire, ainsi que la matinée du 12 jusqu'à midi, mais le 12, après cette heure, le temps se couvrit de nouveau.

Il est digne de répéter qu'il n'y eut aucune manifestation électrique pendant ces cinq jours d'orage; je n'ai pas vu d'éclairs, et n'ai pas entendu de tonnerre, ni rapproché, ni dans le lointain. Les dommages sur la rade ainsi que dans la ville et ses environs furent considérables, et la force de l'eau, courant dans quelques rues très en pente, si grande, que les voitures même ne pouvaient pas passer; le cheval d'un cabriolet, qui voulut couper le courant, fut tué dans la rue.

L'orage que je viens de décrire, le plus fort de tous ceux que j'ai observés moi-même, est surtout très-remarquable par l'absence de décharges électriques; car ces orages sont généralement accompagnés de forts coups de foudre qui en signalent le commencement. Parmi les 41 orages que j'ai notés dans mes journaux, il en est très-peu sans manifestations de ce genre. Je vais donner la description d'un de ces orages électriques, survenu dans le même mois de mars 1870, le 31 de ce mois, vingt jours seulement après le précédent. Il fut précédé de deux jours par un des plus violents orages de poussière observés à Buénos Ayres.

L'orage de poussière du 29 fut court; il commença à 8 heures du matin, venant du Nord-Ouest, avec une température de $16°7$, et une pression barométrique de $754,0$; à 6 heures, immédiatement après le lever du soleil, la pression barométrique n'était pourtant que de $751,5$, mais la température déjà de $16°3$ et le vent Nord-Est. L'orage ne dura pas plus d'un quart-d'heure, le ciel se couvrit de nuages, et à 9 heures il commença à tomber une pluie fine qui dura jusqu'à midi; à 2 heures, le ciel s'éclaircit, la température était de $18°,0$, la pression barométrique de 752,8, et le vent Nord-Nord-Ouest. La journée continua ensuite régulièrement jusqu'au soir. A 10 heures, la température était de 14°0, la pression barométrique de 754,5 et le vent Nord-Ouest.

Le lendemain ne présenta rien de particulier; la température, qui était de 12°4 le matin, s'éleva à 20°0, à midi, et descendit le soir à 17°5; le baromètre marqua les hauteurs suivantes : 756,3 le matin, 757,0 à midi, 758,0 le soir; et le vent qui soufflait le matin de l'Ouest passa au Nord-Ouest à midi et continua ainsi jusqu'au soir.

Le 31 commença aussi sans nuages, avec un vent du Nord régulier, une température de 16°8, et une pression barométrique de 757,5; mais de midi à 2 heures la température s'éleva à 22°4, hauteur anormale à cette époque de l'année, le baromètre conservant la même hauteur. A 5 heures, le ciel se couvrit de nuages assez obscurs qui, montant du Nord, s'élevèrent peu à peu davantage et voilèrent tout le firmament; mais l'orage ne devint violent qu'à 9 heures et demie. A ce moment, le vent passa à l'Est-Sud-Est, les décharges électriques devinrent épouvantables; les éclairs sillonnaient l'espace de minute en minute et le grondement du tonnerre ne discontinuait pas; la pluie tombait à torrents, accompagnée d'énormes grêlons de la grosseur d'une balle de fusil, d'une noix, et quelques-uns même d'un œuf de pigeon, lesquels eurent bientôt cassé les vitres des fenêtres du Musée exposées au Sud. La pluie avait inondé toute la rue devant notre établissement du côté du Nord. Pendant cet ouragan violent, le thermomètre marquait 16°,3, et le baromètre 756,5. Cet état dura pendant une heure environ, puis les grêlons cessèrent de tomber; mais la pluie continua, diminuant peu à peu d'intensité jusqu'à minuit. Le lendemain fut aussi orageux; le matin, des nuages couvraient le ciel, le même vent de Sud-Est soufflait, la température était de 12°,5, mais le baromètre était remonté à 760,0. A

10 heures du matin, il tomba une pluie assez forte, venant de Sud-Sud-Est, sans que la température et la pression barométrique éprouvassent de changement; enfin, à une heure le vent passa au Nord-Nord-Est et le ciel commença à s'éclaircir ; mais à 3 heures le vent tourna instantanément au Sud-Sud-Ouest, une pluie fine recommença de tomber, le baromètre monta à 762,0, et le thermomètre à 14°0. La journée continua ainsi jusqu'à la nuit, et à 10 heures la température était de 13°,0, la pression barométrique de 764,0, et le vent Sud-Sud-Ouest.

Le phénomène de la grêle, qui se produisit pendant le plus fort orage décrit, n'est pas fréquent à Buénos-Ayres ; je n'en ai noté que sept cas dans mes journaux ; trois se presentent en octobre, un en décembre, deux en janvier et un en mars ; c'est celui dont je parle plus haut. Dans la plupart des cas, la grosseur des grêlons ne dépassait pas celle d'un pois, et généralement ils étaient plus petits, ayant 1 $^1/_2$ à 2 lignes de diamètre.

Les orages à poussière sont plus rares que les orages purs; j'en ai noté 25, qui se trouvent surtout dans l'été des différentes années ; j'en compte 7 en décembre et autant en janvier, 5 en février, 2 en mars et 4 en novembre ; aucun dans les autres mois. Ils commencent avec les mêmes symptômes que les orages purs, sauf la coloration des nuages qui est jaunâtre, et viennent encore plus régulièrement du Sud-Ouest, très-rarement du Nord ou Nord-Ouest. Le plus fort de ceux que j'ai observés, et que je décris ici, eut lieu le 19 mars 1866.

Au début, la journée était couverte, avec une température rare de 21° et une pression barométrique de 757,2 à 7 heures du matin; il faisait vent du Nord. Cette température excessive pour la saison me surprit et j'observai d'heure en heure les mouvements de mes instruments; mais les phénomènes suivirent régulièrement leur cours jusqu'à 5 heures après-midi ; le thermomètre monta jusqu'à 2 heures et s'éleva jusqu'à 25°,1, et de ce moment jusqu'à 5 heures, il s'éleva à 28°,0 ; le baromètre tomba peu, comme il le fait presque régulièrement à cette époque, de 9 heures du matin à 5 heures du soir, descendant de 757,0 à 753,0 ; le vent se maintint au Nord. A partir de 5 heures des nuages très-obscurs s'élevèrent au Sud-Ouest et le vent prit cette même direction, en tournant par Nord-Ouest et Ouest ; les nuages s'avancèrent alors avec une telle rapidité que le ciel fut tout noir en 5 minutes ; la lumière du soleil fut entièrement voilée, et l'obscurité était telle que je fus forcé d'allumer une lampe pour continuer mes observations. A ce moment le thermomètre marquait 15°,0, le baromètre 756,5 ; ce dernier était monté de 3,5 millimètres en 2 minutes. L'obscurité dura environ 9 minutes, et au bout de 10 le temps commença à s'éclaircir, mais avec moins de rapidité qu'il n'en avait mis à s'obscurcir. On apercevait alors des éclairs vers le Sud, et l'on entendait au loin le tonnerre ; mais je n'ai observé aucune manifestation électrique rapprochée de nous. Le ciel s'éclaircit ensuite et le baromètre continua de monter ; à 7 heures il marquait 757,0 ; la température, au contraire, était descendue à 13°,1 et le ciel était complétement couvert ; il y avait pourtant quelques lacunes entre les nuages gris inférieurs emportés du Sud au Nord par le courant polaire, qui permettaient d'observer des nuages moins obscurs, plus élevés, suivant la direction du Nord au Sud du courant de l'Equateur. A 7 heures, il commença une forte pluie qui dura d'ailleurs à peine une heure et demie, et à 9 heures du soir l'atmosphère était tranquille, le vent Sud-Est, la température était revenue à 16°,0, et le baromètre, qui continuait à monter, marquait 757,6 à 9 heures et demie, 758,5 à 10 heures et 761,0 le lendemain matin à 7 heures ; la température était alors de 13°0, et le vent avait repassé au Sud-Ouest [0].

Aucun des autres orages de poussière que j'ai observés n'a atteint une pareille violence; je n'en ai jamais vu obscurcir le ciel aussi complétement et causer un abaissement de température presque instantané de 10 degrés ; pourtant, dans tous les cas, la température a baissé en moindre proportion, le baromètre montait, et la pluie suivit l'orage ; autrefois, cependant, après des orages presque aussi violents, il ne pleuvait pas, et cette catégorie n'est pas plus rare que l'autre, finissant en pluie.

Sur la violence ou l'intensité des vents je ne pouvais pas faire des observations, mais elles existent, faites par des observateurs habiles, dont j'ai donné les résultats dans la note 9.

5. PLUIE

Il est bien constaté que la pluie se forme par l'influence des vents froids du courant polaire sur les vents chauds et humides du courant de mousson, qui règne dans les régions intertropicales de la terre ; l'air froid condense les vapeurs et les fait tomber en forme de gouttes.

De cette influence résulte la variabilité de la pluie.

On sait bien à Buénos-Ayres que la quantité de pluie, qui y tombe annuellement, n'est soumise à aucune loi fixe, et qu'elle varie très-considérablement d'une année à l'autre ; la population distingue positivement des années sèches et des années humides, d'après la quantité d'eau tombée de l'atmosphère. L'observation exacte confirme entièrement cette opinion générale; on voit ici des années où il tombe à peine le tiers de la quantité de pluie tombée dans d'autres, et une différence de près du double entre deux années consécutives est chose presque régulière ; on donne ici comme règle, d'après l'observation populaire faite sans précaution scientifique, que sur cinq années, il y en a une sèche, trois régulières et une pluvieuse. Nous allons voir si des observations exactes, faites d'après les règles de la science, confirment ce dire.

J'ai donné dans mon essai antérieur sur le climat de Buénos-Ayres (Halle, 1863-64) un petit tableau de six années d'observations exactes, faites par MM. Mossotti et Eguia, qui confirme complétement cette irrégularité ; de ces six années, trois sont régulières, avec une hauteur de l'eau tombée de 32 à 35 pouces ; deux sèches, avec 16 et 20 pouces, et une pluvieuse avec 51 pouces.

Les observations faites ici depuis 1861, époque de mon arrivée à Buénos-Ayres, n'ont pas été exécutées par moi, mais par l'observateur déjà nommé, M. Eguia, qui les a publiées dans le *Registro estadistico Argentino*, cité plus haut. Le manque d'instrument au début ; plus tard les conditions peu favorables de mon domicile dans le Musée public à l'installation d'un pluviomètre, m'ont empêché de faire moi-même ces observations ; mais j'en ai été consolé en voyant l'exécution des observations pluviométriques entre les mains d'un observateur assez exact pour qu'on puisse s'en rapporter à lui. Voici donc le résultat de ses observations pendant 8 ans, de 1861 à 1868, donné en millimètres, dans le tableau suivant.

TABLEAU DES HUIT ANNÉES

	1861	1862	1863	1864	1865	1866	1867	1868	MOYENNE DES MOIS
Janvier	11,3	13,0	107,9	36,1	52,1	14,2	10,4	64,2	38,65
Février	31,0	102,6	98,9	49,5	7,3	50,3	33,3	175,5	68,55
Mars	30,4	68,2	71,8	85,0	50,2	31,4	38,3	108,8	60,51
Avril	73,0	49,2	12,5	97,1	108,0	75,6	124,0	45,4	73,10
Mai	3,1	144,0	74,2	80,2	71,7	131,9	30,0	Manquant	76,44
Juin	17,8	124,0	71,2	76,2	115,0	74,4	69,9	85,7	79,60
Juillet	12,3	74,2	25,2	36,9	62,6	158,0	69,6	5,4	55,52
Août	55,5	32,0	66,4	44,2	63,7	54,2	9,0	80,2	50,65
Septembre	63,6	77,6	42,0	104,2	69,8	35,6	29,7	90,5	64,12
Octobre	150,5	124,0	14,6	33,0	63,0	247,7	6,0	147,7	98,38
Novembre	17,6	85,6	22,4	39,9	14,6	56,7	76,2	99,5	51,56
Décembre	117,8	153,4	91,5	60,8	40,4	80,9	95,2	162,8	100,35
Somme	583,9	1047,8	701,6	743,1	719,0	1010,9	591,6	1065,7	831,67
En pouces	25" 7'''	46" 4'''	31" 1'''	32" 9'''	31" 8'''	44" 1'''	26" 1'''	47" 2'''	35" 6'''

Ce qui ressort, tout d'abord, de notre tableau, c'est l'inégalité des quantités d'eau tombée dans un mois donné, pendant les diverses années, quantité qui peut être 10, 12 et 15 fois plus grande. Ainsi, janvier varie entre 11 et 107 millimètres, février entre 7 et 175, et mai entre les limites encore plus éloignées de 3 et 144. On peut conclure, avec raison, de cette grande différence, qu'il n'y a pas de rapport approximatif certain entre les hauteurs d'eau qui tombent dans un même mois de diverses années, et en prenant pour chaque mois la moyenne des hauteurs d'eau tombée, nous avons trouvé une hauteur tout à fait artificielle, ne représentant nullement la quantité probable d'eau qui doit tomber dans chacun.

Mais, si la moyenne des hauteurs d'eau pour les différents mois n'indique pas la hauteur d'eau qui tombe dans chacun, elle peut du moins servir à établir, avec une approximation certaine, la relation des mois entre eux. On voit ainsi que janvier est le mois le plus sec, et décembre celui où il pleut le plus ; après janvier, qui n'a pas plus que le tiers environ de la quantité d'eau tombée en décembre, les mois les plus pauvres en pluie sont juillet, août et novembre, dans lesquels il tombe une hauteur d'eau égale, à peu près, à la moitié de celle de décembre. On voit aussi que février, mars et septembre ont des hauteurs d'eau presque égales, ainsi que avril, mai et juin, dans lesquels pourtant il tombe un peu plus d'eau que dans les trois mois nommés d'abord. Enfin, octobre est après décembre le mois où les pluies sont les plus abondantes. Exprimant ces faits d'une autre façon, en se basant sur les saisons de l'année, on peut dire :

La saison où il pleut le plus, à Buénos-Ayres, c'est le printemps ; celle où il pleut le moins, l'hiver ; il pleut beaucoup plus en automne qu'en hiver, et la quantité d'eau qui tombe en cette saison est même plus considérable que celle qui tombe en été. Si nous prenons 35"6'" comme moyenne de la hauteur d'eau tombée dans l'année, cette moyenne se décompose ainsi : printemps 9″5‴, automne 9″1‴, été 9″ et hiver 8″. Quoique ces rapports ne soient pas invariables, ils donnent une idée approximative certaine de la quantité d'eau tombée pendant chaque saison.

Il est digne de remarque que, d'après les observations de Mossotti, la quantité d'eau tombée dans une année peut se réduire à 16″8‴ et atteindre 51″5‴, hauteurs qui ne se sont jamais présentées pendant les 8 années comprises entre 1861 et 1868. Les rapports des saisons entre elles sont, du reste, les mêmes ; la hauteur d'eau la plus grande se trouve aussi, d'après cet auteur, dans le printemps, la plus petite en hiver, et l'automne est aussi plus pluvieux que l'été. Prenant la moyenne des cinq années observées antérieurement, nous trouvons 34″5‴, qui se répartissent ainsi dans les saisons : été 6″6‴, automne 9″8‴, hiver 5″6‴ et printemps 12″5‴. Ces rapports des saisons diffèrent beaucoup plus entre eux que ceux donnés par les observations postérieures, indiquées plus haut, et prouvent que l'opinion générale des habitants de Buénos-Ayres sur les différences remarquables des diverses saisons, sous le rapport de la pluie, est bien fondé et qu'il est impossible de donner une loi générale du caractère pluvieux, applicable partout.

La même fluctuation se présente, si nous considérons la hauteur de pluie tombée dans chaque mois ; nous trouvons dans notre tableau des mois qui n'ont quelquefois presque pas de pluie, et qui dans d'autres années en sont riches. C'est le cas de février, qui en 1865 a une hauteur d'eau de 7, 3 millimètres ($2^1/_2$‴) seulement, et dans l'année 1868 la hauteur assez considérable de 175, 5 millimètres (7″8‴), une des plus grandes différences observées dans le même mois, pendant le courant des années, à Buénos-Ayres. Il y a seulement en octobre 1866 une hauteur plus grande, qui atteint 247, 7 millimètres (11″), et c'est la plus considérable notée pendant les 8 années d'observations.

Cette hauteur ne se trouve pas indiquée dans les observations antérieures; la plus grande qu'elles donnent, observée en septembre 1830, est de 10″3‴ anglais, c'est-à-dire environ 10 pouces français ou 225, 2 millimètres.

Les jours et les heures de la pluie sont aussi très-différents; parfois il pleut toute la journée, et même trois ou quatre jours de suite, d'autres fois, au contraire, la pluie ne dure pas plus d'une demi-heure. Cette différence, pourtant, est généralement unie à une différence remarquable dans la force de la pluie; lorsqu'il pleut des journées entières, il tombe une pluie faible ou médiocrement forte; quand la pluie ne dure qu'une heure ou une demi-heure, elle est généralement très-forte et accompagnée de décharges électriques plus ou moins violentes. Cette différence dans les pluies de Buénos-Ayres les divise naturellement en deux groupes assez distincts.

Les pluies du premier groupe, sans décharges électriques, sont les plus nombreuses à Buénos-Ayres; j'ai noté dans mes journaux, pour les huit années de mes observations, les cas suivants des deux catégories:

1862		1865		1866		1867	
Sans tonnerre	Avec tonnerre	Sans tonnerre	Avec tonnerre	Sans tonnerre	Avec tonnerre	Sans tonnerre	Avec tonnerre
48	19	34	10	57	17	40	15

1869		1870		1871		1872	
Sans tonnerre	Avec tonnerre	Sans tonnerre	Avec tonnerre	Sans tonnerre	Avec tonnerre	Sans tonnerre	Avec tonnerre
31	8	43	10	58	7	58	9

On voit, par ces chiffres, que les pluies pures sont beaucoup plus nombreuses que les pluies électriques, et que le nombre de ces dernières dépasse rarement le tiers du nombre des autres.

Concernant le caractère particulier des pluies pures, elles se préparent en général doucement, pendant une journée entière ; le ciel se couvre de nuages, d'abord de *Stratus* interrompus, un peu accumulés, et peu à peu ces groupes s'unissent en une couche générale, peu obscure, et composée évidemment de parties plus ou moins interrompues. Ces préparatifs de pluie commencent souvent la veille du jour où elle tombe, mais généralement ils se font de midi au soir ; le lendemain, soit avant le lever du soleil, ou un peu après, les nuages se condensent en pluie ; au début, la pluie est très-faible, et elle grossit peu à peu, à mesure que le soleil s'élève ; de 9 à 2 heures, elle augmente, pourtant pas excessivement, et elle finit en général complétement après 5 ou 6 heures. Ces pluies viennent presque toujours avec un vent d'Est, soit Sud-Est, soit Nord-Est ; avec le le Nord-Est en hiver, avec le Sud-Est en été ; elles durent quelquefois plusieurs jours de suite, mais elles sont bientôt finies quand le vent passe au Sud-Ouest, et elles se terminent alors par une averse très-forte. Le courant polaire froid condense en peu de temps les vapeurs de l'atmosphère, et un *Pampero* violent nettoie le ciel. Si le *Pampero* ne souffle pas, la température et la hauteur barométrique changent très-peu ; le thermomètre descend, sous l'influence de la pluie, et le baromètre commence à monter ; mais si le *Pampero* vient, tous deux changent rapidement de position, le thermomètre descend, le baromètre monte. Cependant, ce changement ne dépasse que très-rarement 5° Réaumur et 5 millimètres hauteur barométrique ; généralement il se borne à 2-3 millimètres, et 2-3 degrés.

Les pluies accompagnées de décharges électriques ont un aspect tout différent. Elles se préparent plus rapidement ; on voit s'élever à l'horizon une couche obscure de nuages, et bientôt le tonnerre annonce l'arrivée de l'ouragan, accompagné d'une pluie très-forte et très-violente. D'abord, quelques grosses gouttes tombent éparses, mais au bout d'un instant, une véritable chute d'eau, nommée par les habitants *Aguacero*, se répand sur la plaine; l'eau court avec force, et aussitôt toutes les rues de la ville sont complétement inondées. Mais cette violence ne dure pas longtemps : au bout d'un quart-d'heure tout est fini, si l'orage est venu du Sud avec un fort *Pampero*. Si les nuages électriques sont venus du Nord, du Nord-Ouest ou du Nord-Est, la pluie continue quelquefois, en se modérant bientôt, et elle dure ainsi jusqu'au moment où le courant polaire l'emporte. Alors, le ciel s'éclaircit rapidement, et un *Pampero* froid et sec nettoie presque en un instant les rues de la ville.

Nous n'avons pas répété la description des nuages, leurs variations et les grandes différences graduelles qui existent entre eux dans les orages, renvoyant le lecteur à celle que nous avons déjà donnée plus haut. Les nuages obscurs et épais sont toujours accompagés de décharges électriques plus ou moins fortes, et généralement encore plus fortes avec la pluie.

Les différences décrites, entre les pluies, ne permettent pas de donner une loi générale sur la quantité d'eau qui tombe pendant un temps déterminé, par exemple pendant une heure. En général, nos pluies ne sont pas très-fortes, et, par conséquent, la hauteur d'eau tombée n'est pas très-grande. D'après les observations à ma disposition, il tombe, comme maximum, pendant les pluies excessivement fortes, jusqu'à 6 millimètres en une heure, et ordinairement la hauteur, dans un même temps, ne s'élève pas au-dessus de 5 millimètres. On peut dire que c'est là la règle pendant les pluies régulièrement fortes de notre pays. Pendant la pluie assez forte du 5 août 1865, il tomba de 10 heures et demie du matin à 9 heures du soir une hauteur d'eau de 60 millimètres, ce qui donne 5 millimètres par heure ; mais, comme la pluie ne fut pas régulièrement forte pendant toute la journée, on peut dire que les 5 millimètres furent surpassés durant les heures de la plus forte pluie. Je ne crois pas que la hauteur de 6 millimètres en une heure soit jamais dépassée à Buénos-Ayres.

Enfin, nous aurions à parler des précipitations humides qui ne sont pas des véritables pluies ; mais nous avons déjà donné plus haut une description suffisante de ces phénomènes, et nous ne répéterons pas ici ce que nous avons dit de la rosée du matin et du soir, ayant déjà expliqué ce phénomène régulier en parlant de l'humidité de l'air. Il en est de même pour le brouillard, qui se produit quelquefois le matin dans les mois d'automne et d'hiver. Nous ne reviendrons pas non plus sur les bruines vaporeuses qui tombent parfois en hiver, même pendant une journée entière, car ce phénomène a aussi été expliqué au chapitre de l'humidité, comme une chose assez régulière dans notre pays. Une question plus importante est de savoir si la pluie se forme en neige dans quelques mois ou années du climat de Buénos-Ayres. J'ai parlé plusieurs fois sur la neige dans mes communications antérieures, affirmant une fois qu'elle se produisait à Buénos-Ayres, le niant une autre fois. Il est vrai que jusqu'au moment de mes publications antérieures, n'ayant jamais vu de neige ici, je me fondais seulement sur les rapports des personnes, auxquelles je croyais pouvoir me fier ; mais enfin, j'ai toujours trouvé que ces rapports étaient inexacts, et que, en réalité, il n'était pas tombé de neige [10]. Pourtant, après dix ans de rapports faux et contradictoires, j'ai vu, moi-même, le 1ᵉʳ septembre 1871, de véritables flocons de neige tomber au milieu de la journée, à 2 heures et demie, mais ils étaient très-rares, et disparaissaient presque au moment où ils touchaient le sol. Cette journée présenta un caractère particulier ; elle commença avec une température de

2°, très-basse pour la saison, et une pression barométrique de 763 ; le ciel était couvert de nuages, le vent venait de l'Ouest. Jusqu'à 2 heures, la température s'éleva à 7° et le baromètre descendit à 762,0. Un peu plus tard, commença une petite pluie accompagnée de nuages très-obscurs vers l'Ouest, et bientôt il tomba des flocons de neige mêlés à la pluie; mais le phénomène ne dura pas plus de quelques minutes, sans former de couche de neige, parce que les flocons disparaissaient bientôt après avoir touché le sol. Le thermomètre tomba, pendant cette chute de neige, à 3° et le baromètre monta de nouveau à 763,0. Au Sud-Ouest, l'horizon était clair, mais de tous les autres côtés il était couvert de nuages, dont ceux de l'Ouest étaient les plus obscurs. A 3 heures, un *Pampero* assez fort commença à éclaircir le ciel et à 4 heures il avait déjà fini ; le ciel resta clair, mais parsemé çà et là de grands groupes de nuages : *cumulus*; le thermomètre avait repris sa hauteur de 7°. Depuis cette heure, jusqu'à la nuit, la journée continua régulièrement, sans phénomène particulier.

6. PRESSION DE L'AIR [11].

Les observations barométriques faites par moi-même, à Buénos-Ayres, donnent la certitude que la pression de l'air est ici entièrement conforme à la loi générale du mouvement barométrique universel; l'instrument suit une marche presque régulière dans la journée ; il atteint sa plus grande hauteur le matin à 9 heures ; il descend alors peu à peu jusqu'à 5 heures après-midi, et monte de nouveau doucement jusqu'à minuit, où il prend une position généralement tranquille. Je n'ai vu que très-rarement une seconde baisse entre minuit et le lever du soleil ; en général j'ai trouvé le baromètre presque sans mouvement, entre 3 et 7 heures du matin, où il commençait son ascension, pour atteindre à 9 heures sa position la plus élevée. Quoique je n'aie pas fait beaucoup d'observations nocturnes, je crois pouvoir affirmer, par la comparaison des hauteurs barométriques du soir avec celles du lendemain matin, qu'une seconde baisse pendant la nuit, suivie d'une ascension, n'est pas régulière ici; que le baromètre commence à monter le soir et pendant la nuit où, une heure avant ou après minuit, il devient complétement immobile, jusqu'au lever du soleil. En comparant la hauteur barométrique du soir à celle du lendemain matin, je n'ai trouvé, très-souvent, aucune différence; d'autres fois, et plus souvent encore, une ascension, et quelquefois, mais très-rarement, une décadence remarquable, quoique petite. Ces différences dépendent principalement de la direction du vent; si celui-ci reste le même pendant toute la nuit et le matin suivant, le mouvement du baromètre est régulier; mais si le vent change, et surtout s'il va du Nord au Sud, ou *vice-versa*, le baromètre prend un mouvement particulier, montant avec le vent du Sud, descendant avec celui du Nord. La comparaison de toutes mes observations entre elles confirme ce que j'ai dit auparavant sur le mouvement barométrique à Mendoza, page 41 de la publication séparée de 1864; exposition à laquelle je renvoie le lecteur, pour ne pas répéter ici la même chose. Comme à Mendoza, il se produit à Buénos-Ayres beaucoup d'exceptions à la règle générale; le baromètre peut descendre pendant une journée entière, il peut aussi monter depuis le matin jusqu'au soir; mais la règle est qu'il monte à 9 heures du matin, pour descendre ensuite jusqu'à 5 heures de l'après-midi, et recommencer à monter depuis cette heure jusqu'au commencement de la nuit, pendant laquelle il reste généralement en repos jusqu'à une heure après le lever du soleil, où il commence doucement son ascension du matin. Une seconde baisse entre minuit et le lever du soleil n'est pas la règle, dans ce pays.

Pour prouver ce que je viens de dire, je donne ici les mouvements barométriques de quelques journées observées.

MOUVEMENT JOURNALIER BAROMÉTRIQUE.

TABLEAU V

	22 MARS 1862	28 MARS 1862	19 JUILLET 1863	23 NOVEMBRE 1867	24 MARS 1868	23 AOUT 1871	7 NOVEMBRE 1872	23 MARS 1873
5 heures matin..	754,8	763,3 Est	762,0	761,5	765,0	766,0	761,5 Est	760,0
7 —	755,5	762,9 Est	763,0	761,4	764,5	766,2	761,5 Est	760,7
9 —	756,2	763,0 Est Orage Sud-Ouest	764,4	761,4	764,5	766,6	760,5 Est	761,1
Midi..........	757,0	764,0 S.-E.	766,0	760,5	763,1	766,0	759,5 Est	761,0
3 heures soir..	759,0	762,0 Est	766,5	760,5	762,0	764,0	757,0 Est Orage Sud	761,0
5 —	759,9	761,4 N.-E.	767,0	760,5	761,5	763,5	759,0 S.-E.	761,0
7 —	761,0	761,2 N.-E.	768,0	760,5	761,3	763,6	759,2 S.-E.	761,0
9 —	762,7	761,7 N.-E.	769,4	760,5	761,0	764,5	758,8 S.-E.	762,5
Minuit.........	765,0	761,9 N.-E.	769,0	760,9	761,0	764,9	758,6 S.-E.	763,0
3 heures (lendemain matin)	766,0	761,9 N.-E.	769,8	761,3	761,0	765,1	758,7 S.-E.	764,0
5 heures ... —	766,8	761,8 N.-E.	770,0	762,0	761,0	765,8	758,5 S.-E.	765,8
VENT...........	Sud-Ouest	E. S-O. S.-E. N-E	Sud. S.-Ouest	Nord	Nord-Est	N.-O. O. S.-O.	E. S. S.-O.	Sud-Ouest

Ce petit tableau peut aussi servir à connaître les différences de hauteur barométrique d'un jour, que l'on nomme amplitude quotidienne du mouvement barométrique. Nous voyons, par l'examen de notre tableau, que cette amplitude quotidienne, quand l'instrument suit sa marche régulière, varie entre 1,0 et 3,0 millimètres; mais si le mouvement de la journée est irrégulier, elle peut s'élever jusqu'à 5,0 ou 6,0 millimètres. Quand les conditions de la pression changent brusquement dans l'atmosphère, l'amplitude barométrique s'accorde aussi à ce changement; j'ai vu, le 22 septembre 1872, le niveau du mercure descendre en une heure de 753,5 à 748,0, le vent de Nord-Est ayant passé au Nord après un petit orage, et la température s'élever en même temps de 13°,5 à 15°,0. Mais en général ces changements rapides sont rares et ne se voient que les jours d'orage, de pluie et de tempête, alors que des mouvements irréguliers se produisent subitement dans l'atmosphère.

Quant aux effets de la pluie sur le baromètre, j'ai toujours vu l'instrument baisser avant que la pluie commence, rester sans mouvement pendant que l'eau tombe, et monter vers la fin de la pluie, ou après qu'elle a cessé, lorsque le *Pampero* arrive et nettoie le ciel. Avec le courant polaire du vent de Sud-Ouest et de Sud, le baromètre monte toujours, et il descend avec le courant d'Equateur de Nord-Est et de Nord, quoique la baisse la plus grande du 30 avril 1862 (745,0) se soit produite par un vent d'Est pur, et l'élévation la plus haute (780,0) du 26 juin 1872, non avec un vent de Sud-Ouest, mais avec un vent de Sud-Sud-Est.

Des extrêmes aussi considérables dans l'amplitude barométrique sont généralement rares; je n'ai jamais vu le baromètre au-dessous de 756,0, ou au-dessus de 779,0, qu'en juillet 1869 et 1872; on peut dire avec raison qu'un abaissement au-dessous de 750,9 est aussi anormal qu'une élévation au-dessus de 775,9, dans l'atmosphère de Buénos-Ayres. Une pression de 743,9, que Mossotti donne comme la plus basse observée par lui, ne s'est jamais présentée à mon observation ; mais j'ai vu plusieurs fois des pressions supérieures à celle de 776,1, que le même auteur donne comme la plus considérable observée par lui ; mes journaux me fournissent sept jours avec une pression au-dessus de 777,0 ; quatre avec une pression au-dessus de 778,0 ; trois avec une pression au-dessus de 779,0, et un avec 780,0, pendant les huit années embrassées par mes observations.

Mais avant de parler des extrêmes du mouvement barométrique, je dois décrire la marche régulière du baromètre à Buénos-Ayres ; je donne donc dans le tableau suivant les moyennes des mois pendant mes dix années d'observations, sauf quelques interruptions que je n'ai pu éviter pour les causes mentionnées plus haut. Ces chiffres sont, comme tous les autres des observations barométriques, sans réduction au zéro et indiquent la marche sous l'influence de la température quotidienne qui règne à Buénos-Ayres et dans les autres localités observées.

TABLEAU DE LA MARCHE BAROMÉTRIQUE.

TABLEAU VI

MOIS	1862	1863	1865	1866	1867	1868	1869	1870	1871	1872	1873	MAXIMUM	MINIMUM	MOYENNES	MOYENNES DES SAISONS
Décembre 1861	762,0	759,7	760,2	761,5	760,8		758,7	760,1	760,3	758,7				760,2	ÉTÉ
Janvier........ 1862	759,8		762,4	761,6	759,3		760,2	760,4	760,5	761,0				760,8	760,7
Février......... »	761,0		762,2	762,0	759,8		761,5	762,4	760,6	761,9				761,3	(337,0''')
Mars .... »	762,2		762,5	762,7	762,9		762,0	760,8	762,9	762,7				762,3	
Avril........... »	763,5		763,1	763,9	764,0		764,2	764,2	764,6	764,3				763,9	AUTOMNE
Mai............ »	762,0		762,5	762,8	762,4		765,9	763,4	764,7	762,2			745,0 (30-1862)	763,4	763,2 (338,4''')
Juin........... »	762,2		764,1	766,1	762,9		763,9	763,0	765,7	762,6		780,0 (20-1862)		763,8	
Juillet......... »	755,3		764,2	761,6	765,0		765,6	764,8	764,1	762,9				763,6	HIVER 763,2 (338,5''')
Août........... »	764,5		764,2	762,1	764,5		763,4	767,1	763,0	762,4	763,6			764,2	
Septembre...... »	766,5		764,7	764,8	766,9		765,3	761,1	764,3	764,3	764,0			765,1	PRINTEMPS 763,6 (338,4''')
Octobre .... »	762,7		762,4	762,4	764,3		763,2	763,3	761,5	763,5	764,3			763,0	
Novembre ...... »	760,6		763,2	761,2	763,4		762,6	762,2	762,7	760,7	762,5			762,7	
ANNÉES...	761,8		762,9	763,5				763,6	762,6	762,8	763,3			762,8	762,8 (338,0)

On voit facilement que la pression de l'air atteint son maximum en septembre et son minimum en décembre, et qu'à partir de ce mois elle augmente mensuellement jusqu'à l'hiver, dont les trois mois, juin, juillet et août ont presque la même pression ; la différence qu'ils présentent est très-faible et se trouve tantôt dans l'un, tantôt dans l'autre de ces trois mois, quoique les moyennes donnent à août la pression la plus grande et à juillet la plus petite de l'hiver. Il résulte de ce mouvement d'élévation se produisant jusqu'à l'hiver, que cette saison est celle où la pression de l'air est la plus forte; que celle du printemps s'en rapproche beaucoup, à cause de la haute pression de septembre ; que l'automne a une pression un peu plus faible, et que la pression de l'été diffère beaucoup de celle des trois autres saisons, à laquelle elle est assez inférieure. Ma publication antérieure, d'après les observations de Mossotti, donne une différence assez remarquable pour les hauteurs barométriques de chaque mois, mais le résultat est le même, à l'exception que l'automne (761,6) est un peu plus haut que le printemps (761,4); mais l'été (758,8) est encore beaucoup plus bas que l'hiver (763,1). Ces observations donnent pour moyenne de l'année 761,5. La hauteur moyenne la plus grande des mois se trouve aussi en juillet (763,2) et non en septembre, où nous l'avons trouvée. De toute manière nos observations réunies prouvent que le mouvement barométrique suit à Buénos-Ayres une marche simple, ascendante et descendante; que l'instrument atteint son niveau le plus bas au commencement de l'été (décembre) et se met en ascension jusqu'au milieu de l'hiver, ou même au commencement du printemps, où il arrive à sa plus grande hauteur de l'année.

Voilà enfin, pour compléter l'aspect de la marche du baromètre, les hauteurs extrêmes observées dans chaque mois des dix années d'observations.

TABLEAU DU MAXIMUM BAROMÉTRIQUE.

TABLEAU VII

MAXIMUM

MOIS	1862	1865	1866	1867	1868	1869	1870	1871	1872	1873	MOYENNES
Janvier	766,2		769,0	768,0			767,8	771,0	769,0	766,0	768,1
Février	766,8		768,0				767,5	771,0	766,2	770,0	768,1
Mars	771,4		768,5	770,1			769,9	766,2	771,0	773,0	770,3
Avril	711,1	770,0	771,0	769,9	767,5		769,4	772,5	774,0	768,2	770,8
Mai	769,0	772,0	773,7	771,0	772,6	771,0	770,0	773,0	776,0	769,0	771,6
Juin	770,8	773,4	775,5	773,4		772,8	775,0	771,5	780,0	773,0	773,9
Juillet	774,9	773,6	778,6	774,0		779,8	773,4	773,3	770,5	774,0	774,4
Août	776,5	771,6	772,0	778,5		769,0	777,8	773,0	773,0	773,4	773,6
Septembre	777,4	772,4	774,0	771,5		774,0	775,5	773,0	771,0	772,0	773,4
Octobre	772,8	770,0	771,0	773,0		770,0	773,0	769,5	773,0	771,0	771,3
Novembre	770,0	771,4	769,8	771,7		769,8	772,0	770,0	767,0	771,0	770,4
Décembre	764,6	757,8	767,7	767,0		764,0	769,5	766,0	766,0	769,0	765,8

TABLEAU DU MINIMUM BAROMÉTRIQUE.

TABLEAU VII *(suite)*

MINIMUM

MOIS	1862	1865	1866	1867	1868	1869	1870	1871	1872	1873	MOYENNES
Janvier.........	754,9		756,0	752,0			749,0	751,0	751,2	751,0	752,1
Février.........	754,0		756,0				755,0	756,8	754,5	754,5	754,4
Mars............	752,5		753,0	757,0			751,5	750,0	754,0	759,0	753,4
Avril...........	745,0	754,8	754,0	758,0	750,0		758,1	757,0	757,0	753,0	754,6
Mai.............	746,2	751,5	755,8	757,0	750,0	760,0	754,0	755,0	755,5	751,0	754,0
Juin............	753,0	752,5	755,0	748,2		756,8	752,5	756,0	758,5	755,0	754,2
Juillet.........	756,4	750,0	753,8	750,2		756,0	752,5	753,5	750,0	754,0	752,9
Août............	752,0	746,5	749,6	754,0		753,5	756,5	749,0	752,5	748,5	751,3
Septembre.......	754,0	757,0	754,0	757,0		754,0	757,6	752,5	748,0	753,5	754,1
Octobre.........	755,0	753,0	750,5	756,8		756,0	754,0	752,2	756,0	755,0	754,3
Novembre........	751,6	754,8	750,5	755,5		755,0	749,9	754,0	755,0	754,0	753,4
Décembre........	751,0	749,4	753,0	754,0		754.3	754,0	753,7	752,2	750,5	752,5

AMPLITUDE BAROMÉTRIQUE DES MOIS.

Les résultats fournis par ce tableau ne sont pas tout à fait conformes à ceux qu'indique la marche barométrique générale; la baisse la plus grande de 745,0 millimètres se trouve en avril 1862 et la hauteur la plus considérable de 780,0 millimètres en juin 1872 ; ces deux cas donnent une amplitude de 35,0 millimètres. Mais considérant les moyennes des mois, les extrêmes tombent en août, avec une amplitude de 22,8 millimètres. Enfin, prenant chaque mois séparément, dans le petit tableau ci-joint, nous voyons que l'amplitude la plus grande tombe aussi pendant l'hiver, en juin et en août, et la plus petite en décembre, en accord complet avec la moyenne des mois entiers, confirmant ainsi l'exactitude de la loi générale. L'amplitude des extrêmes barométriques monte et descend avec la même gradation que la moyenne des mois; elle est la plus petite en décembre et la plus grande en juin et août.

MOIS	HAUT	BAS	AMPLITUDE
Janvier	771,0	749,0	22,0
Février	771,0	750,0	21,0
Mars	773,0	750,0	23,0
Avril	774,0	745,0	29,0
Mai	776,0	746,2	29,8
Juin	780,0	748,0	32,0
Juillet	779,8	750,0	29,8
Août	778,5	746,5	32,0
Septembre	77,48	748,0	29,4
Octobre	773,0	750,5	22,5
Novembre	773,0	749,9	23,1
Décembre	769,5	749,4	20,1

Nous croyons avoir expliqué assez clairement, par les tableaux donnés, le mouvement barométrique de Buénos-Ayres. Occupé spécialement de recherches scientifiques d'une nature assez différente, de zoologie descriptive, nous ne pouvions dépenser beaucoup de temps à des observations météorologiques, et nous les donnons comme nous les avons faites, espérant que le savant mieux informé pourra tirer de notre travail déposé ici des résultats meilleurs.

II

MENDOZA

Nous joignons à la description du climat de Buénos-Ayres celle du climat de Mendoza, pour montrer clairement la différence qui existe entre le climat de la côte et le climat continental, parce que ces deux villes sont situées sur une latitude très-voisine, mais éloignées l'une de l'autre de 10°30'. Mendoza a une latitude d'à peu près 32°53' et Buénos-Ayres une latitude de 34°36' 12; la première est donc plus rapprochée de l'Equateur, d'environ 1°43', que la seconde; mais cette différence est contrebalancée par l'élévation assez grande de Mendoza au-dessus du niveau de la mer; la plaine de Mendoza est élevée de 772 mètres, d'après la température de l'eau bouillante que j'ai observée, et qui est de 78°,4 Réaumur, et celle de Buénos-Ayres ne s'élève pas à plus de 50 pieds au dessus du niveau de l'Océan Atlantique. Le voisinage de la grande chaîne des Cordillères influe aussi beaucoup sur le climat de Mendoza; un des pics les plus élevés des Andes, l'Aconcagua, en est presque à la même distance que l'Océan Atlantique de Buénos-Ayres.

Malgré cette grande différence de situation, l'aspect général des saisons est à peu près le même; le printemps commence à Mendoza avec les mêmes phénomènes organiques qu'à Buénos-Ayres; l'été et l'automne ne diffèrent pas très-sensiblement, et l'hiver seul présente une différence plus remarquable, par la présence de la neige, qui tombe régulièrement à Mendoza une ou plusieurs fois chaque année. Mais considérant plus attentivement les caractères du climat des deux villes, on trouve des différences assez prononcées, et c'est l'explication de ces différences spéciales qui fera le sujet de la description qui va suivre. Nous nous basons, dans cette description, sur nos propres observations faites pendant notre séjour dans la ville, depuis le mois de mars 1857 jusqu'à celui d'avril 1858, reproduisant ici les résultats de notre travail antérieur, publié dans les *Actes de la Société d'histoire naturelle de Halle, de l'année 1861* (tome VI), avec quelques abréviations que nous nous permettrons, pour faciliter le coup d'œil général [13].

I. TEMPÉRATURE

Les observations thermométriques faites par moi à Mendoza ont été exécutées avec les mêmes instruments qui m'ont servi à Buénos-Ayres, et complétement d'après la même méthode. En général, j'ai observé la température de deux en deux heures pendant la journée, excepté quand j'en étais empêché par d'autres occupations, et principalement par mes excursions entomologiques aux environs de mon domicile. Je donne pour la comparaison, ainsi que j'ai fait en parlant de Buénos-Ayres, le mouvement thermométrique des deux jours les plus extrêmes, observés par moi-même.

	4 JUILLET 1857			2 JANVIER 1858		
	Thermomètre	Baromètre	Vent	Thermomètre	Baromètre	Vent
5 heures matin...	—2°,6			19°,2	697,9	
7 — — ...	—2°,0		Ouest	21°,0	696,0	
9 — — ...	+3°,0			24°,0	696,3	
11 — — ...	5°,0			25°,0	695,5	Ouest
1 heure soir.....	7°,0	Manquant	Sud-Ouest	27°,0	695,0	
3 heures —	7°,4			27°,4	694,0	
5 — —	5°,0			25°,0	693,2	
7 — —	3°,5			23°,0	692,8	Orage à l'Ouest
9 — —	2°,0		Nord-Est	21°,0	692,0	
11 — —	1°,7			20°,0	691,5	Est
1 heure matin....	0°,0			19°,0	692,8	

Il faut observer que je n'ai jamais vu à midi une température au-dessous de 7°, dans la ville même ; mais un autre observateur, M. GUILLAUME TROSS, qui habitait la campagne, aux environs de Mendoza, a observé deux fois (les 16 et 18 juin) une température de 4°, au milieu de la journée. La température la plus haute que j'ai observée à midi dépassait 27°,4 et s'élevait jusqu'à 28°,0, et M. TROSS a observé deux fois (les 28 et 29 décembre 1851) une température de 30°. La température de 28° que j'ai observée s'est produite le 23 janvier ; mais le matin et le soir de ce jour furent moins chauds que ceux du jour noté. Une température au-dessous de —2°,7 n'a jamais été observée ni par M. TROSS ni par moi ; il est donc évident que le thermomètre ne descend jamais ici jusqu'à —3°.

Considérant le mouvement journalier de la température,

on retrouve à Mendoza exactement la même loi générale qu'à Buénos-Ayres ; la température la plus basse de la journée se trouve le matin, un peu avant le lever du soleil, et la plus haute, presque toujours entre 2 ou 3 heures de l'après-midi ; la température descend de nouveau après 3 heures, et le soir à 10 ou 11 heures elle est un peu plus haute que le matin à 7 heures. Après 10 ou 11 heures, l'abaissement de la température est faible mais constant, et après 3 heures du matin elle atteint sa position extrême et s'y maintient jusqu'au lever du soleil, où généralement elle baisse encore un peu et atteint immédiatement avant le lever sa position la plus basse de la journée.

Je ne veux pas insister davantage sur ces phénomènes généraux bien connus, mais donner ici les résultats des observations faites par M. Tross et moi, pendant les années observées [14].

TABLEAU VIII

	1852	1853	1855	1857	1858	MOYENNES PAR MOIS
Septembre	10,79			10,54		10,67
Octobre	14,46			12,91		13,68
Novembre	16,25		14,93	17,76		16,31
PRINTEMPS	13,83			13,73		13,55
Décembre	19,20		16,41	19,43		18,34
Janvier	18,65	19,99		20,00	21,01	19,91
Février	18,94			19,15	18,58	18,89
ÉTÉ	18,93			19,52		19,04
Mars	16,69			15,89	17,45	16,67
Avril	14,68			12,27		13,47
Mai	10,76			9,19		9,97
AUTOMNE	14,04			12,45		13,37
Juin	5,58			6,78		6,18
Juillet	6,35			5,58		5,96
Août	8,46			7,47		7,96
HIVER	6,79			6,61		6,70
Moyennes par années	13,39			13,07		13,16

Il résulte de la comparaison du résultat donné par ces observations avec celui que fournissent les observations faites à Buénos-Ayres, que la température moyenne de l'année est presque la même, mais que celle des saisons présente une assez grande différence. A Mendoza, le printemps est un peu plus chaud (12°,6 à Buénos-Ayres), mais l'hiver sensiblement plus froid (7°,9 à Buénos-Ayres), tandis que les températures moyennes de l'été (18°,5 à Buénos-Ayres) et de l'automne (13°,7 à Buénos-Ayres) se rapprochent davantage : celle de l'été étant un peu plus élevée à Mendoza, et celle de l'automne un peu plus élevée à Buénos-Ayres. De cette différence de température entre les saisons, ressort le véritable caractère du climat de la côte maritime et du climat continental ; le printemps et l'été étant plus chauds à Mendoza, l'automne et l'hiver moins froids à Buénos-Ayres que les saisons correspondantes de la localité opposée. Cette différence fait que l'on cultive la vigne avec plus de succès à Mendoza qu'à Buénos-Ayres ; mais le climat de l'une aussi bien que de l'autre est trop froid pour les orangers.

Quant aux extrêmes de la température à Mendoza, la plus haute et la plus basse température sont déjà indiquées dans le tableau des deux jours extrêmes. Il est digne de remarque que la plus haute température de 30°, observée par M. Tross les 28 et 29 décembre 1851, ne se trouve pas dans le mois de janvier, qui est le plus chaud, ainsi que pour le climat de Buénos-Ayres, mais dans celui qui précède le mois extrême. Sauf cette exception remarquable, les extrêmes de tous les mois observés suivent une marche correspondante à celle de la température moyenne, comme le montre le tableau suivant :

EXTRÊMES DE LA TEMPÉRATURE.

TABLEAU IX

MOIS	MAXIMUM					MINIMUM				
	1852	1855	1857	1858	MOYENNE	1852	1855	1857	1858	MOYENNE
Septembre	$22°$		$21°,5$		$21°,7$	$3°$		$-1°$		$+1°$
Octobre	$27°$		$22°,5$		$24°,7$	$6°$		$4°$		$5°$
Novembre	$26°$	$23°$	$24°,5$		$24°,5$	$6°$	$7°$	$8°$		$7°$
Décembre	$28°$	$26°$	$28°$	$27°,5$	$27°,3$	$8°$	$9°$	$11°$	$9°,6$	$9°,3$
Janvier	$29°$	$28°$		$27°,8$	$28°,2$	$8°$	$12°$	$17°$	$9°$	$12°,3$
Février	$28°$			$24°,5$	$27°,9$	$12°$			$4°$	$10°,8$
Mars	$25°$			$22°,3$	$24°,7$	$9°$				$9°$
Avril	$22°$		$18°$		$22°,15$	$8°$		$3°$		$6°$
Mai	$21°$		$16°$		$19°,5$	$4°$		$-2°$		$3°,5$
Juin	$11°$		$14°,5$		$13°,5$	$0°$		$-2°,7$		$-1°$
Juillet	$18°$		$19°,5$		$16°,2$	$-2°$		$-1°$		$-2°,3$
Août	$18°$				$18°,7$	$+1°$				$0°$

Je regrette que les observations faites par moi, à Mendoza, n'embrassent pas un temps assez long pour pouvoir, comme à Buénos-Ayres, calculer avec certitude la moyenne des semaines dans le mois le plus chaud et dans le plus froid. Ayant été absent de la ville du 6 au 16 janvier 1858, jours les plus chauds du mois, en général, je ne puis rien dire de certain sur la différence des températures moyennes des quatre semaines du mois d'après mes propres observations ; mais considérant les observations de M. Tross et du *Registro estadístico*, tome III, on trouve entre les semaines de janvier et de juillet, à Mendoza et à Buénos-Ayres, un parallélisme assez prononcé, indiqué dans le tableau suivant pour Mendoza.

ANNÉES	JANVIER				JUILLET			
	1re semaine	2e semaine	3e semaine	4e semaine	1re semaine	2e semaine	3e semaine	4e semaine
1852	20,3	17,4	17,8	19,4	6,2	5,7	6,1	6,0
1853	20,0	19,5	20,1	19,9				
1857					3,4	5,9	5,8	6,0
1858	21,2	22,5	21,6	20,7				
Moyennes..	20,5	19,8	19,8	20,0	4,8	5,8	5,9	6,0

Ce petit tableau établit des différences assez grandes entre les mois de janvier des diverses années, différence surtout considérable pour l'année 1852, dont le mois de janvier a une température très-basse qui doit être regardée comme exceptionelle. Considérant l'année 1858, nous voyons que, comme à Buénos-Ayres, la seconde semaine a quelquefois les jours les plus chauds ; mais, d'après la moyenne de trois années, les jours de la seconde et de la troisième semaines ont une température égale, ainsi que cela arrive à Buénos-Ayres. C'est un fait particulier à

Mendoza, que les jours de la première et de la quatrième semaine soient plus chauds que ceux des deux semaines intermédiaires ; à Buénos-Ayres ils sont, au contraire, moins chauds. Une autre différence se montre dans les semaines du mois le plus froid, car les jours les plus froids se trouvent, à Mendoza, dans la première semaine de juillet, et à Buénos-Ayres, dans la deuxième. Il est aussi digne de remarque que la hauteur de la température moyenne des jours des seconde et troisième semaines de janvier, est presque la même à Mendoza qu'à Buénos-Ayres, tandis que celle des jours des première et quatrième est beaucoup plus élevée à Mendoza. Pour juillet, le résultat de la comparaison est différent; les jours de chaque semaine sont plus froids de 1°,2 jusqu'à 2°,1 qu'à Buénos-Ayres ; le caractère continental de Mendoza se montre évidemment dans cette diversité remarquable.

Reprenant enfin les résultats obtenus, nous avons trouvé pour température moyenne à Mendoza 13°,7, moyenne presque égale à celle de Buénos-Ayres ; de même, la température la plus haute de 30° et la plus basse de —2°,7 sont aussi à peu près égales. Une différence remarquable se montre seulement dans les saisons, dont les rapports sont inverses pour les deux villes, le printemps et l'été étant plus chauds à Mendoza, l'automne et l'hiver moins froids à Buénos-Ayres; mais la différence est petite entre l'été et l'automne et assez remarquable entre le printemps et l'hiver.

2. PLUIE

On trouve une différence très-éclatante, en comparant la constitution pluviale de Mendoza à celle de Buénos-Ayres: Mendoza a un climat très-sec, et la quantité de pluie qui y tombe annuellement ne s'élève pas à plus du tiers de celle qui tombe, en moyenne à Buénos-Ayres.

Pendant l'année 1857-1858, que je passai à Mendoza, il plut 39 fois dans la ville et les environs, mais la plupart de ces pluies étaient si courtes qu'elles ne duraient pas une heure, et quelques-unes seulement plus de deux heures. Les mois d'hiver, juin, juillet et août furent sans pluie, on vit seulement tomber deux ou trois fois une bruine fine, vaporeuse, qui dura même toute la journée, et transforma la poussière du sol en une boue épaisse, très-incommode pour les habitants. Mais M. Tross a vu tomber plusieurs fois de la pluie pendant l'hiver de l'année 1852, et il a même compté pendant les trois mois 5 jours de pluie, dans l'un desquels (le 16 juin) il tomba aussi de la neige. Ce phénomène est régulier à Mendoza; il passe rarement une année sans qu'il y tombe de la neige, et moi-même j'en ai vu tomber le 3 septembre 1857, dans le premier mois du printemps. Déjà, depuis deux jours, le ciel était couvert et l'air humide, mais sans véritable bruine; enfin, le troisième jour, la neige commença à tomber vers midi et elle tomba jusqu'à 3 heures après-midi; le lendemain, tout le sol était couvert d'une couche de neige de 3 à 4 pouces, épaisseur qui augmenta constamment jusqu'à midi. A une heure, le soleil se montra à travers les nuages; bientôt la neige commença à fondre et continua ainsi jusqu'au soir, où elle avait complétement disparu. Mais sur les montagnes voisines, on vit encore de la neige pendant quelques jours; on en voit ainsi de temps en temps, même pendant les jours les plus chauds de janvier, quoique le sommet des montagnes de la sierra d'Uspallata n'atteigne pas la ligne des neiges perpétuelles. Des vents froids de Sud-Ouest qui passent sur les pics voisins des Cordillères, couverts de neiges perpétuelles, refroidissent pour quelque temps les sommets des montagnes du côté occidental de Mendoza, et transforment les nuages en neige. J'ai vu plusieurs fois ce phénomène, même en janvier. Il va sans dire que pendant l'hiver, ces montagnes sont couvertes de neige pour quelques mois, non-seulement sur leurs sommets, mais encore dans les vallées de l'intérieur, qui les séparent des véritables Cordillères.

La grêle tombe encore plus souvent, à Mendoza, que la neige. Moi-même, je n'ai vu qu'une seule fois une chute de grêle, le 18 décembre 1857; elle était accompagnée de pluie et commença à 5 heures après-midi. Les grêlons n'étaient pas très-abondants et leur grosseur ne dépassait pas celle d'un pois. Cependant, durant mon voyage à Mendoza, j'ai observé une forte chute de grêle le 5 mars 1857, tout près de *San José del Morro*, et M. Tross a vu deux fois en l'année 1855, le 1ᵉʳ avril et le 19 novembre, des grêlons de la grosseur d'un œuf de poule, qui tuèrent, dans un champ de maïs, tout près de son domicile, jusqu'à 50 perroquets (*Conurus patagonicus*). Le phénomène de la grêle se répète annuellement avec autant de régularité que celui de la neige, mais il n'est pas aussi exactement fixé sur la même saison, car la neige tombe seulement pendant la durée de l'hiver et jusqu'au commencement du printemps, et la grêle au printemps et en été [15].

Aucune chute de neige si forte n'a jamais été observée à Buénos-Ayres ni dans les provinces orientales de la République; mais au centre, plus élevé, il neige aussi quelquefois, et moi-même j'en ai vu tomber à Cordova, le 16 juillet 1859, à mon départ de la ville.

Les 39 jours de pluie observés par moi à Mendoza se distribuent entre neuf mois de l'année, les trois d'hiver n'en ayant aucun, de la manière indiquée dans le tableau ci-dessous. J'ai joint à mes observations celles de M. Tross, de l'année 1852, pour montrer que le nombre des pluies est presque le même et que leur chiffre annuel en est probablement voisin.

Malheureusement, M. Tross ne pouvait pas mesurer la

hauteur d'eau tombée, et ma propre observation doit seule servir de mesure à cet égard.

	NOMBRE DES JOURS DE PLUIE	HEURES DE PLUIE	HAUTEUR D'EAU		JOURS DE PLUIE OBSERVÉS PAR M. TROSS 1852
			EN LIGNES	EN POUCES	
Septembre.. 1857	7	10	15	1″,3‴	2
Octobre...... »	6	9	16	1″,4‴	4
Novembre... »	1	» ½	1	0″,1‴	2
Décembre... »	4	3	6	0″,6‴	8
Janvier....... 1858	5	12 ½	20	1″,8‴	9
Février....... »	9	16	24	2″	3
Mars......... »	3	5	8	0″,8‴	0
Avril......... »	2	4	6	0″,6‴	2
Mai .... »	2	3	5	0″,5‴	2
Hiver.............					5
Sommes.........	39	63	101	8″,5‴	37

On voit, par ce tableau, que le printemps a 14 (8) jours de pluie, avec une hauteur d'eau de 2″,8‴ ; que l'été est plus riche en pluie, avec 18 (20) jours et une hauteur d'eau de 3″,2‴ ; que l'automne n'a pas plus de 7 (4) jours de pluie, avec une hauteur d'eau de 1″,7‴, et que l'hiver a presque le même nombre de pluie (5 jours), ou qu'il n'en a pas du tout. En conséquence, c'est l'été qui est la saison la plus riche en pluies à Mendoza, le printemps est moins riche, l'automne encore plus pauvre, et l'hiver souvent sans aucune véritable pluie. Un chiffre plus haut de 48 pluies indique les observations dans le *Registro estadístico* ; elles donneront peut-être une hauteur d'eau tombée de dix pouces pour l'année [16]. Mais il est digne de remarque qu'il ne se produit pas, à Mendoza, seulement de véritables pluies : il s'y forme aussi des précipitations humides d'une autre espèce, comme les bruines fines déjà indiquées plus haut. En outre, j'ai observé assez souvent, à Mendoza, ces précipitations connues sous le nom de rosée, surtout le matin de bonne heure ; mais manquant de la tranquillité, des instruments et des préparations nécessaires, il m'a été impossible de faire des observations exactes. Le seul fait certain que je puisse donner, c'est que la rosée est moins forte à Mendoza qu'à Buénos-Ayres, et qu'elle disparaît, par conséquent, assez rapidement après le lever du soleil. Durant les mois d'avril à septembre, j'ai observé la rosée, le matin, sous forme de gelée blanche, la première fois le 22 avril et la dernière le 22 septembre ; mais elle n'est non plus jamais si forte qu'à Buénos-Ayres, où j'ai vu toute la campagne couverte de gelée blanche aussi complétement que par une couche de neige.

Les pluies de Mendoza sont assez faibles, en comparaison de celles de Buénos-Ayres ; il tombe à Mendoza des gouttes non-seulement plus petites, mais encore moins abondantes ; jamais je n'ai observé à Mendoza de giboulées aussi fortes qu'à Buénos-Ayres, et si je cherche la pluie la plus forte de Mendoza, d'après la hauteur d'eau tombée, je ne trouve jamais plus de 2 lignes. Prenant les 63 heures de pluie observées et les 101 lignes de hauteur d'eau que j'ai mesurées, la hauteur moyenne, pour une heure, est de 1,6 lignes, c'est-à-dire à peu près 4 millimètres.

3. NUAGES ET ORAGES

Il est évident, à cause de la rareté des vapeurs dans l'atmosphère de Mendoza, que le ciel y est presque toujours clair et rarement couvert de nuages. On voit çà et là sur le ciel un *Cumulus* blanc emporté par le vent, mais une véritable accumulation des nuages sur tout l'horizon est une exception très-rare et visible seulement les jours de pluie ou de décharges électriques.

Les jours de la seconde catégorie ne sont pas nombreux: au contraire, ils sont assez rares ; j'ai noté dans mes journaux 19 jours avec décharges électriques, mais toutes ne se produisaient pas sur la ville ; dans plusieurs de ces journées, les orages passaient sur les montagnes voisines, à l'Ouest, les décharges se produisant dans leurs vallées, sans toucher l'horizon de Mendoza. Les forces électriques ne sont pas puissantes ici; les nuages obscurs s'accumulent peu à peu, en se formant le plus souvent au Sud, et quelquefois au Nord, et marchant dans une direction opposée, avec le courant d'Equateur ou le courant polaire, pour venir se décharger dans le voisinage de la ville, mais assez souvent sans la toucher elle-même. J'ai vu, à Mendoza, en étudiant avec attention le développement des orages, les mêmes phénomènes déjà décrits pour Buénos-Ayres, et ne veux pas répéter ce que j'ai dit plus haut. Ils se forment rapidement, pendant des journées très-chaudes, sans être annoncés par autre chose que l'accroissement de la pression atmosphérique, causé par l'accumulation électrique, et se déchargent bientôt, après une ou deux heures, accompagnés généralement des vents forts, correspondant aux *Pamperos* de Buénos-Ayres, qui viennent ici plus souvent du Sud que du Sud-Ouest.

Pour montrer plus clairement le caractère des orages de Mendoza, je donne ici la description particulière de tous ceux que j'ai observés moi-même.

Le premier orage que je vis après mon arrivée à Mendoza, en mars 1857, eut lieu le 1er septembre ; il se forma à l'Ouest, à 1 heure et demie de l'après-midi, sur les montagnes de la chaîne d'Uspallata, et ne toucha pas la ville. Le vent soufflait de Sud-Sud-Ouest, et assez fort. A 2 heures, des éclairs longs et nombreux descendaient perpendiculairement sur la vallée d'Uspallata, on voyait la pluie, qui tombait aussi sur la ville, tomber dans la même direction ; le vent prit pendant quelque temps une violence d'ouragan, et le thermomètre descendit de 14° à 9°, à 4 heures, au moment où le vent était le plus fort. Après 6 heures, tout fut fini.

Le second orage éclata le 21 septembre et annonça le printemps ; il se dirigeait à l'est de la ville, se formant peu à peu, après un jour tout entier couvert de nuages obscurs, surtout vers les montagnes. A 8 heures du matin, commença une pluie faible qui ne dura pas 2 heures ; mais à 3 heures après-midi, une forte giboulée accompagnée de tonnerres se produisit à l'Est ; elle se renouvela encore une fois plus tard, dans la nuit, et continua aussi, avec quelques interruptions, pendant tout le lendemain, sans qu'il se reproduisît du vent fort dans aucune direction. Après cette pluie, la végétation présenta les signes les plus manifestes du printemps : les peupliers ouvrant leurs bourgeons jusqu'alors fermés, malgré que les saules eussent déjà bourgeonné depuis quinze jours.

En octobre, j'ai observé un seul orage, le 3 de ce mois ; il passa à l'Ouest, sur la chaîne des montagnes d'Uspallata ; en novembre, je n'en ai point observé, et en décembre aussi un seul, le 12 du mois ; il vint du Nord, et se déchargea à 8 heures du soir, avec un fort vent du Nord ; mais il finit avant 10 heures.

Je compte en janvier 5 orages : les deux premiers éclatèrent à l'Ouest, sur les montagnes ; le troisième au Nord-Est ; le quatrième au Sud, le cinquième, qui fut le plus fort, en même temps au Nord-Ouest et au Sud-Ouest, mais aussi sans toucher la ville.

Le mois le plus riche en orages est février, durant lequel j'en ai observé 9 dans toutes les directions ; pendant le huitième, la foudre tomba sur toute la circonférence de la ville, depuis 6 heures jusqu'à 9 heures du soir. Le vent soufflait du Sud, mais sans violence, et la pluie qui tombait était aussi faible, sauf pendant un quart-d'heure, à 6 heures et quart, où elle tomba avec violence.

Le dernier orage que j'ai observé eut lieu le 8 mars. Depuis 7 heures du soir, le ciel se couvrait de nuages, et à 8 heures un fort vent de Sud-Ouest souffla, poussant devant lui des nuages très-obscurs, accompagnés d'éclairs et de tonnerres assez éloignés de la ville. A 10 heures, la tempête était très-violente, et il tombait quelques grosses gouttes de pluie, mais bientôt tout fut fini.

M. Tross a aussi observé, en 1852, 19 orages avec décharges électriques, qui se répartissent ainsi : 2 en octobre, 1 en novembre, 6 en décembre, 5 en janvier, 3 en février, 1 en mars et 1 en avril. En 1853, les mois de décembre et janvier furent les plus riches en orages de cette nature; on en trouve 5 dans le premier et 8 dans le second. La plus forte tempête observée par M. Tross est celle du 1ᵉʳ avril 1855, accompagnée d'une forte chute de grosses grêles, dont nous avons déjà parlé plus haut.

De même, d'après les observations contenues dans le *Registro estadístico*, les orages avec décharges électriques tombent tous dans le printemps et l'été. Il résulte donc, des observations faites à Mendoza, que le printemps et l'été sont les véritables saisons des manifestations électriques, que l'automne en présente aussi quelques-unes, et que, de même qu'il est généralement sans pluie, l'hiver passe aussi sans éclairs et sans tonnerres.

4. VENTS

Le mouvement de l'air, à Mendoza, n'est ni aussi fort ni aussi généralement sensible qu'à Buénos-Ayres; au contraire, la tranquillité dont jouit le plus souvent son atmosphère est troublée, seulement de temps en temps, par de véritables vents, et surtout par de petits tourbillons qui

soulèvent la poussière du sol en lui donnant la forme d'une
vis ou d'une coquille allongée, marchant sur la plaine
dans une position perpendiculaire et généralement en
droite ligne du Sud au Nord ou *vice-versa*. Ces tourbillons isolés se produisent, de préférence, pendant les mois
les plus chauds, et même par des journées tranquilles; on
les observe aussi dans la ville, où je les ai vus plusieurs
fois passer dans les rues et sur les places ouvertes, au
grand désagrément des personnes qui se promenaient au milieu de ces vents incommodes. Il est bien connu que ces
vents tourbillonnants son produits par l'opposition de deux
courants d'air de force égale, et comme ils se dirigent
presque toujours du Sud au Nord, ou *vice-versa*, on pourrait croire que c'est aussi l'opposition du courant d'Equateur
et du courant polaire qui forme les tourbillons que nous
venons de décrire. Mais la faiblesse de ces tourbillons ne
permet pas d'admettre cette opinion, et prouve qu'ils sont
des produits moindres dus à une influence purement locale. Sauf ces petits vents locaux, très-peu étendus,
l'atmosphère de Mendoza est tranquille; on observe assez
rarement de fortes tempêtes, et celles qui se produisent
viennent toujours avec de grands changements électriques
dans l'atmosphère, accompagnés d'éclairs, de tonnerres et
de pluie. Mais on voit aussi quelquefois, à Mendoza, des
vents purs, assez forts, qui soufflent soit du Nord, soit
du Sud, et soulèvent, comme à Buénos-Ayres, une grande
quantité de poussière. Les premiers sont bien connus, par
les incommodités qu'ils causent aux habitants : une température suffocante qui les accompagne pénètre dans l'intérieur des maisons, ainsi que la poussière soulevée sur
leur passage, et cause à chacun des douleurs de tête et
un abattement général qui rendent tout le monde incapable
d'aucun travail. On nomme ce vent du Nord si incommode *Zondo* (qu'on prononce : *Sondo*); il dure généralement 24 heures, et souffle 2 ou 3 fois pendant les jours

les plus chauds de l'été, se formant dans la vallée ouverte et sèche située entre les Cordillères et les chaînes de montagnes sortant du plateau au Nord, d'où il passe par les provinces de Catamarca, de la Rioja et de San Juan, conduit par le courant d'Equateur, dominant pendant l'été dans ces régions.

J'ai observé un cas remarquable de ce vent *Zondo* le 21 février 1858. Il s'était déjà annoncé la veille, mais à 7 heures du soir une petite décharge électrique avait fait baisser un peu la température, qui était à 4 heures de 25°,5, avec une pression barométrique de 690,3. Durant la nuit, le vent renforça, passa du Nord-Ouest au Nord-Est, et le matin à 6 heures il avait assez de force; l'air était pur, la pression barométrique de 688,0 et la température de 21°,2. Jusqu'à 8 heures, le vent tourna peu à peu au Nord pur, le thermomètre monta à 24°,3, mais le baromètre conserva sa hauteur de 688,0. Cet état se maintint jusqu'à 6 heures du soir, où le vent passa au Sud, et insensiblement l'atmosphère reprit sa tranquillité ; le thermomètre, qui à 2 heures s'était élevé jusqu'à 27°,5 tandis que le baromètre était descendu à 687,5, baissa alors jusqu'à 19°, le baromètre remontant pendant le même temps à 690,4. Ce changement continua jusqu'à 10 heures du soir, où le thermomètre était à 13° et le baromètre à 692,0.

Examinant avec attention la direction des vents, à Mendoza, on peut se convaincre, quoique les courants soient souvent assez faibles, que la loi générale de succession des vents de Sud au Nord par l'Est, et du Nord au Sud par l'Ouest se confirme également ici ; mais les vents intermédiaires, qui durent généralement très-peu de temps, sont difficiles à observer à cause de la prépondérance des vents du Nord et du Sud. Mes observations montrent que si le vent, dans une journée, ne conserve pas la même direction tout le jour, il passe de préférence à la direction opposée.

Très-souvent j'ai observé que le vent étant au Nord le matin, passait au Sud le soir, sans rester longtemps à l'Ouest. Les vents d'Est pur sont très-rares, on observe plus souvent des vents d'Ouest, à l'inverse de ce qui à lieu à Buénos-Ayres, où le vent d'Ouest est le plus rare. C'est sans doute le voisinage de la grande chaîne des Cordillères qui produit cette différence, en faisant obstacle au courant polaire de Sud-Est, et le détournant dans la direction opposée d'Ouest ou de Sud-Ouest. Le vent dominant est celui du Sud, qui vient généralement avec les orages et les décharges électriques ; il est connu dans toute la province sous le nom de *Pampero*, nom donné à Buénos-Ayres au vent de Sud-Ouest. La formation rapide d'un orage de *Pampero* est une chose très-remarquable et très-facile à observer, à cause de l'immense étendue de la plaine nue de la Pampa vers le Sud. On voit se former des nuages bleuâtres sur tout le Sud de l'horizon, et bientôt, avant qu'on puisse entendre le tonnerre, on aperçoit des éclairs dans ces nuages ; ceux-ci s'élèvent rapidement au Zénith, et en peu de temps l'ouragan violent les répand sur la plaine entière. Les animaux fuient de toute leur vitesse devant les grands nuages de poussière qui accompagnent ces orages, et quand la pluie les atteint, ils se tournent tous dans la même direction, s'arrêtant sur place, la tête tournée en avant et le dos opposé au courant violent qui les heurte. Ils restent ainsi immobiles jusqu'à la fin de l'ouragan.

Ces phénomènes anormaux de l'atmosphère ne se produisent pas pendant la saison froide ; ils sont l'apanage des mois chauds de l'été, où ils se renouvellent de quinze en quinze jours, et même à des intervalles plus courts ; c'est dans les mois de novembre, décembre, janvier et février que les orages se produisent, et c'est aussi le moment des vents les plus violents; les jours équinoxiaux sont plus tranquilles, ainsi que l'hiver, durant lequel le ciel est très-beau et presque toujours clair, sauf les jours où les brouillards vaporeux dont nous avons parlé couvrent le ciel, et ceux où la neige s'est formée dans l'atmosphère.

Pour terminer, je donne un petit tableau des vents comme je les ai observés durant les douze mois que j'ai passés à Mendoza, en 1857 et 1858.

	NORD	NORD-OUEST	OUEST	SUD-OUEST	SUD	SUD-EST	EST	NORD-EST
Mai 1857	6	3	5	9	7	4	3	7
Juin......... »	7	7	3	4	5	2	1	6
Juillet....... »	4	3	4	4	5	3	1	4
Août .... »	6	3	6	5	4	3	1	7
Septembre... »	5	4	2	3	5	4	2	8
Octobre...... »	6	5	3	4	7	5	2	7
Novembre.... »	3	5	6	3	5	7	1	6
Décembre.... »	4	2	5	4	9	4	7	9
Janvier....... 1858	8	2	6	4	11	3	3	6
Février...... »	6	8	5	2	4	3	5	7
Mars .... »	2	3	3	4	4	5	4	5
Avril........ »	4	2	2	2	4	3	1	4
Sommes........	61	47	50	48	70	46	31	76

Il faut observer, quant aux vents d'Ouest notés pour les douze mois représentés, que ces vents généralement très-faibles ne duraient jamais bien longtemps et remplissaient seulement les courts intervalles régnant entre les vents dominants du Nord et du Sud, qui durent le plus. Les vents du Sud-Est, Sud-Ouest, Nord-Ouest, soufflent presque un nombre égal de fois, mais moins souvent que ceux du Nord-Est, Nord et Sud, et le vent d'Est est, de tous les vents, le plus rare à Mendoza.

5. PRESSION DE L'AIR

Mes observations barométriques à Mendoza n'embrassent malheureusement pas l'année entière ; mon instrument, brisé par accident pendant mon absence, ne put être reconstruit ici ; mais les trois mois (janvier, février et mars), durant lesquels j'ai pu faire des observations, prouvent évidemment que le mouvement barométrique suit la même règle qu'à Buénos-Ayres et sur la surface du globe en général. La marche journalière du baromètre est déjà connue par la description que nous en avons faite pour Buénos-Ayres, et nous pouvons dire en peu de mots que l'instrument atteint sa hauteur la plus grande à 9 heures du matin environ ; que depuis ce moment, il descend jusqu'à 5 heures après-midi, et monte ensuite de nouveau jusqu'à minuit, demeurant en repos jusqu'au lever du soleil, sauf quelquefois vers 3 heures, où il subit une nouvelle baisse, pour remonter doucement jusqu'à 9 heures. Généralement quelques heures avant et après minuit, la pression barométrique reste invariable, mais parfois il se produit à 3 heures du matin une légère baisse qui s'efface doucement à mesure que le soleil monte. J'ai observé cette seconde baisse seulement une fois le 14 mars, mais il est très-vraisemblable que le même mouvement se reproduit plusieurs fois dans d'autres jours. Mon observation du 14 mars me donnait à 2 heures du matin 308,4, et 5 heures plus tard, 308,3 ; la veille, à 11 heures du soir, la hauteur était de 308,7, et le lendemain à 9 heures de 308,5.

A Paraná, comme à Buénos-Ayres, j'ai observé la même chose : une seconde baisse suivie d'ascension, pendant la nuit, peut se produire, mais ce n'est, d'après mes observations, ni la règle ni le cas ordinaire, ainsi que cela a lieu dans la région tropicale, où tous les phénomènes atmosphériques obéissent à des lois plus certaines que dans les régions des phénomènes variables ; et si je dois suivre mes propres observations, je puis dire que les exceptions à la règle indiquées pour le second mouvement de baisse et d'ascension, sont encore plus nombreuses sur l'hémisphère austral que sur l'hémisphère boréal. Il arrive que le baromètre descend depuis le matin de bonne heure jusqu'au soir, et que cette baisse continue même le lendemain, comme je l'ai vu les 17 et 18 février et les 22 et 23 janvier, mais je n'ai jamais observé d'ascension durant ainsi plusieurs jours ; ce mouvement se produit toujours par oscillations, l'instrument éprouvant de petits mouvements de baisse momentanés.

En comparant le mouvement du baromètre à celui du thermomètre, on voit que ces mouvements sont opposés ; le baromètre monte quand le thermomètre descend et *vice-versa*. On aperçoit en général bien clairement cette opposition des deux instruments, car le baromètre subit sa plus forte baisse quelques heures après la culmination du soleil, quand la température atteint sa plus grande hauteur, et il monte quand la température baisse. Les saisons sont aussi soumises à la même loi ; les hauteurs barométriques les plus considérables se trouvent en hiver et les plus basses en été, ainsi que nous l'avons déjà vu plus haut par l'examen des observations faites à Buénos-Ayres. Je regrette de ne pouvoir prouver aussi pour Mendoza l'existence de cette loi, par mes propres observations, mais il n'y a aucune raison de douter qu'elle n'y trouve aussi son application, car mes observations [17] prouvent que la plus grande baisse observée se produisit le 21 février avec le vent chaud *(Zondo)* dont j'ai parlé plus haut. Le baromètre marquait 304,5 lignes le matin du jour où souffla le Zondo, et il descendit jusqu'à 5 heures, marquant alors 304,2. A six heures le vent passa au Sud, et aussitôt le baromètre commença son ascension ; à 10 heures il marquait 306,5, mais le lendemain à 7 heures il était descendu à 305,0 malgré que le vent du Sud continuât de souffler. Depuis ce moment, il ne cessa pas de descendre, sans que le vent changeât de direction; il marquait à 9 heures 304,6; à 10 heures le vent repassant au Nord-Ouest, il marquait 304,1; à midi 303,6 et à 2 heures 303,5, hauteur la plus faible observée par moi à Mendoza. Il est évident que le baromètre avait déjà senti le courant chaud d'Equateur de Nord-Ouest, qui court plus élevé que le courant polaire froid du Sud, et qu'il continuait en conséquence de baisser; enfin à 3 heures le vent du Sud était devenu le plus fort, le baromètre commença son ascension qu'il continua jusqu'à la nuit, où il atteignit de nouveau 305,6. Le lendemain, au début de la journée, il faisait vent du Sud, avec une hauteur barométrique de 308,5, qui à 9 heures atteignait 308,9. Ce mouvement, le plus remarquable observé à Mendoza, prouve évidemment que le baromètre est même plus sensible aux changements atmosphériques que le thermomètre, et qu'il les annonce avant lui, avec une certitude étonnante [17].

Pour faire la comparaison plus complète, je donne aussi le mouvement barométrique du jour où se trouve la hauteur la plus grande observée par moi. C'était le 5 mars, journée sombre, qui débuta par une pluie faible accompagnée de décharges électriques lointaines, et vent du Sud. A 7 heures du matin le thermomètre marquait 13°, le baromètre 309,2; ce dernier monta toute la journée et arriva à 9 heures du soir à 312,1, tandis que le thermomètre, après être monté à 2 heures à 20°, était redescendu à 9 heures à 12°; mais après 10 heures, tous deux prirent un mouvement opposé, le thermomètre s'élevant à 13°, et le baromètre descendant à 311,5. Le lendemain, le thermomètre marquait 14°,5 et le baromètre 311,4; le vent était à l'Ouest.

Les deux observations que je viens de noter, présentant la hauteur la plus considérable et la plus faible, observées par moi, donnent une amplitude de 312,1 (704,2) à 303,5 (685,0), c'est-à-dire 8,6 lignes ou 18,0 millimètres, pour l'été; mais comme il me manque les observations sur les saisons les plus froides, il est à supposer que cette hauteur n'est pas la plus considérable qui puisse être atteinte dans l'année, et par conséquent aussi l'amplitude annuelle doit être beaucoup plus grande. J'ai quelques raisons de croire que la hauteur barométrique maximum doit atteindre à 316,5 (714,0) et l'amplitude à 13 lignes, ou 29,0 millimètres. La variation dans une journée peut s'élever, comme nous l'avons vu pour le 21 février, à 2,1 lignes (4,5), mais généralement elle est plus petite et ne dépasse pas 1 ligne (2,2).

Nous donnons, après les considérations générales qui précèdent, les résultats des observations faites à Mendoza pendant les trois premiers mois de l'année 1858, les seuls qu'il me fut possible d'observer pendant mon séjour dans cette ville. Mais, pour les compléter et avoir une idée du mouvement barométrique d'une année entière, j'ai pris dans le *Registro estadístico,* tome III, pour l'y joindre, une partie des observations faites durant la même année par un autre observateur. La comparaison des trois premiers mois de ces observations, avec les miennes, prouve que l'auteur les a faites à l'aide d'un anéroïde, qui n'était par corrigé d'après la hauteur du lieu d'observation au-dessus du niveau de la mer, parce qu'elles donnent exactement la marche barométrique d'un point situé sur une côte [19], d'où l'instrument a dû venir, tel que Buénos-Ayres ou Valparaiso, ports d'où viennent généralement à Mendoza les produits européens. Cette différence de hauteur barométrique est de 66-67 millimètres, ou à peu près 30 lignes, d'après la comparaison avec mes propres observations. J'ai donc été forcé de réduire les observations du *Registro estadístico*, tome III, de 67 millimètres, pour les mettre en concordance avec les miennes, ce que j'ai fait dans le tableau suivant.

TABLEAU X

MOIS	LIGNES	MILLIMÈTRES	LIGNES		MILLIMÈTRES		MOYENNES DES SAISONS
			MAXIMUM	MINIMUM	MAXIMUM	MINIMUM	
Janvier............	308,1	696,0	310,8	306,5	701,1	691,5	ÉTÉ
Février............	308,3	696,5	310,8	303,5	701,0	684,9	308,9 (697,3)
Mars..............	309,0	697,1	312,1	306,4	704,2	691,3	
Avril..............	310,5	700,6					AUTOMNE
Mai...............	311,0	701,5	313,4	307,6	707,1	693,9	310,1 (699,7)
Juin...............	311,4	702,4	315,7	307,2	712,1	683,0	
Juillet.............	312,3	704,4	316,5	306,6	714,0	691,8	HIVER
Août...............	311,1	701,7	316,2	306,1	713,4	690,3	311,6 (703,0)
Septembre.........	311,5	702,6	315,6	306,3	712,0	691,0	
Octobre............	311,5	702,6	315,4	308,5	711,7	696,0	PRINTEMPS
Novembre	310,1	699,7	315,6	306,8	712,0	692,2	311,0 (701,8)
Décembre	310,3	700,0	315,6	307,4	712,0	693,5	ÉTÉ
MOYENNES...	310,4	700,2	314,4	306,6	709,0	691,8	

Il ressort de ce tableau ce que nous avons dit plus haut, que l'amplitude annuelle du mouvement barométrique peut s'élever à 13 lignes, ou 29,0 millimètres, et que les saisons suivent la loi générale, l'hiver ayant la hauteur la plus considérable, l'été la plus basse, et pour les deux autres saisons, la hauteur du printemps surpassant celle de l'automne d'une quantité presque égale à la moitié de la différence qu'il y a entre celle de l'été et celle de l'hiver.

6. TREMBLEMENTS DE TERRE

Nous devons enfin parler d'un phénomène physique remarquable qui se produit assez souvent dans la ville de Mendoza et ses environs. Ce sont les tremblements de terre, qui viennent de temps en temps jeter l'épouvante parmi les habitants, et même mettre leur existence en danger.

Pendant mon séjour dans la ville, de mars 1857 à avril 1858, on observa trois tremblements de terre, mais un seul fut assez fort. J'ai observé moi-même ce dernier; les deux autres eurent lieu pendant mon absence, et n'ont pas été sentis par moi.

Le tremblement de terre que j'ai observé se produisit le soir du 23 novembre 1857, à 7 heures trois-quarts. Assis au milieu de la cour de ma maison, je sentis le sol trembler assez fortement sous mes pieds, et j'entendis le bruit assez intense produit par les vitres des fenêtres et les portes grinçant sur leurs gonds; le mouvement dura environ 2 secondes, et ne se renouvela pas. L'air était calme, le vent Nord-Ouest, la température de 14° et la pression barométrique (suivant le *Registro estadistico*, tome III, page 170, avec la correction nécessaire) de 705,0 (312, 5 lignes). Les deux autres tremblements de terre furent ressentis le 8 mai et le 16 octobre 1857; mais ils furent si faibles que quelques personnes seulement les remarquèrent.

Mais une catastrophe formidable arriva le 20 mars 1861, trois ans environ après mon départ, et bouleversa toute la ville, ensevelissant près de 2 ou 3,000 habitants sous ses ruines. Le tremblement de terre commença le soir, entre 8 heures et demie et 8 heures trois-quarts ; la nuit était éclairée par la pleine lune et beaucoup de monde se promenait dans les rues. Tout-à-coup, une secousse trèsforte ébranla la terre avec tant de violence, que tous les bâtiments furent renversés, et que ni les maisons, grandes ou petites, ni les églises, ni les couvents, assez nombreux dans la ville, ne restèrent debout ; tout fut renversé, excepté le théâtre qui, de construction récente et situé sur une place ouverte, n'eut que sa façade détruite. Après cette forte secousse, la terre resta quelques minutes en repos ; mais bientôt les tremblements se renouvelèrent, quoique avec beaucoup moins de violence, et il en fut de même pendant toute la nuit, à des intervalles de 3 ou 5 minutes. Enfin, le matin on put examiner la grandeur du désastre, et l'on apprit que les villages des environs étaient aussi pareillement anéantis ; on apercevait çà et là sur le sol de grandes crevasses larges de 2 à 3 pieds, ou des cratères circulaires, dont quelques uns donnaient passage à du sable, ou à de l'eau qui formait de petites lagunes dans la campagne. Tous les ruisseaux de la ville avaient été détournés de leur lit ; l'eau pénétra dans les ruines et fit périr plusieurs personnes qui n'avaient pas été écrasées sous les débris.

La catastrophe continua le lendemain et pendant les 8 jours suivants, avec des intermittences plus ou moins longues ; on compta, le 21 mars, 19 secousses, dont 7 assez fortes ; — le 22, 14 dont 4 fortes ; — le 23, 13 dont 3 trèsfortes ; — le 25, la violence des secousses diminua : on en compta seulement 9 dont une seule forte ; — le 26, 7 secousses assez faibles ; — le 27, plusieurs, mais toutes trèsfaibles ; — le 28, encore 7, dont 3 assez fortes ; enfin, le 29 se passa sans aucune secousse, mais le 30 on en éprouva deux très-faibles. Depuis lors, la terre demeura tranquille.

Un savant géognoste, M. D. Forbes, qui visita la ville quelques semaines plus tard, pour examiner les phénomènes géologiques produits par cette horrible catastrophe, a donné quelques indications sur l'étendue du tremblement de terre et sur son foyer principal ; il dit que, malgré qu'on ait observé quelques traces de secousses à San Juan, San Luis, Cordova, Paraná et même Buénos-Ayres, les principaux effets étaient renfermés dans une zone assez étroite, qui va du Nord-Ouest au Sud-Est, en passant directement par la ville de Mendoza. Sur cette zone, on voyait partout de grandes traces de destruction, mais au dehors, il y avait très-peu d'indices à noter. M. Forbes s'avança au Nord-Ouest, en suivant la direction de la zone, dans les montagnes voisines, et trouva toujours des traces très-claires des effets produits par le tremblement ; de grands morceaux de rochers étaient tombés dans les vallées, quelques parties des pentes s'étaient soulevées ou gercées çà et là, et l'eau sortait abondamment de quelques sources auparavant assez pauvres. Quoi qu'il n'ait pu gravir les montagnes que jusqu'au val d'Uspallata, il croit, malgré qu'il ait suivi leurs traces sur une étendue de 30 lieues, que les effets du tremblement de terre s'étendaient encore plus au Nord-Ouest, et allaient jusqu'à la vallée du *Rio de los Patos*, où quelques personnes prétendent avoir observé des effets semblables. M. Forbes est porté à supposer que dans cette vallée, il s'ouvrit une grande fente, par où s'exhalèrent les forces gazeuses qui avaient produit le mouvement, fente qui se serait refermée après la sortie des vapeurs, parce qu'il a trouvé de semblables crevasses en Bolivie, où il a longtemps étudié la configuration géognostique des Cordillères.

La direction de la secousse principale du tremblement de terre fut sans doute la même ; la force d'impulsion venait du Nord-Ouest et se dirigeait vers le Sud-Est, comme le prouvent les grands débris de quelques bâtiments élevés, par exemple ceux des tours de l'église Santo Domingo, qui tombèrent dans cette direction.

Après cette catastrophe, la ville de Mendoza a été rebatie, mais elle n'est pas sans courir risque de subir encore une fois un événement semblable. Il se produit toujours de temps en temps dans la ville et ses environs des tremblements de terre, et le 1er août de la même année 1861 on sentit une commotion presque aussi violente que la première du 20 mars. Depuis, à des intervalles variables, il se produisit de nouveaux ébranlements, mais ils furent généralement assez faibles, et n'eurent pas de conséquences aussi terribles que les premiers. Pendant les années suivantes, des symptômes de forces volcaniques intérieures se sont manifestés aussi sous le sol de la ville et même, dans la dernière année 1873, on a observé plusieurs fois des tremblements plus ou moins violents, qui prouvent que les forces souterraines sont encore en activité, et menacent toujours la population de catastrophes peut-être assez funestes [10].

III

PARANA

Pour continuer la description météorologique du pays, je donne le résumé des observations que j'ai faites à Paraná, de mai 1858 à juin 1859, durée de mon séjour dans cette ville et ses environs.

La ville, à cette époque capitale de la République Argentine, est située, d'après les observations astronomiques de l'ingénieur en chef du gouvernement, M. A. LABERGE, sous 62° 52′ 25″ à l'occident du méridien de Paris, et sous

31° 43′ 30″ latitude australe (*) sur une colline assez étendue de la rive gauche ou orientale du Paraná, dont elle est éloignée d'une demi-lieue environ. Au Nord, cette colline s'arrête au fleuve, aux deux côtés latéraux d'Orient et d'Occident, elle est bornée par deux petits ruisseaux courant dans un lit assez profond, et vers le Sud elle s'unit aux ondulations que présente la campagne dans cette partie de la province d'Entre-Rios. D'après mes observations barométriques, le sommet de la colline, où se trouvent la place et l'église principale de la ville, s'élève à 125 pieds au-dessus du niveau de la rivière, qui, à cet endroit, est à une hauteur de 90 pieds au-dessus du niveau de la mer; la ville est donc à 215 pieds au-dessus de ce même niveau.

Les observations que j'ai faites ici ont été exécutées suivant la même méthode et avec les mêmes instruments que celles de Mendoza et de Buénos-Ayres ; je les donne dans le même ordre que les autres.

1. TEMPÉRATURE

Je ne parle pas de la marche journalière du thermomètre, parce qu'elle est absolument la même qu'à Buénos-Ayres et à Mendoza ; les différences, entre ces deux localités et celle qui nous occupe en ce moment, se manifestent seulement dans les résultats obtenus pour les divers mois et saisons. Paraná a un hiver beaucoup plus doux que Mendoza, et sensiblement plus doux que Buénos-Ayres ; toutes les autres saisons suivent la même règle ; la température de chacune est plus élevée à Paraná que dans les deux autres villes, la différence s'élevant à 2° ou 2°,5.

(*) Les observations du capitaine PAGE, des Etats-Unis de l'Amérique du Nord, donnent des chiffres un peu différents ; il indique 68°32″39‴ à l'Occident de Greenwich (62°52′39″ de Paris), et 31°42′58″ lat. australe.

DE LA VILLE PARANÁ. 89

Mais les maximum et les minimum de la température ne présentent pas des différences remarquables ; j'ai vu le thermomètre descendre à —1°,5, et monter jusqu'à 29°,1, température très-voisine des extrêmes les plus prononcés de Buénos-Ayres et de Mendoza. On peut supposer, d'après mes observations, que des températures de —2°,0 en hiver et de 30°,0 en été ne sont pas non plus dépassées à Paraná.

Pour compléter ces indications, je donne la marche de la température de 5 jours, 3 extrêmes: et 2 avec une température modérée.

	JOURS LES PLUS FROIDS		JOUR LE PLUS CHAUD	JOURS DE TEMPÉRATURE RÉGULIÈRE	
	9 juillet 1858	3 juin 1859	1er janvier 1859	6 novembre 1858	25 novembre 1858
4 heures matin........			19°,5		
5 » »			19°	13°,5	18°,8
6 » »	0°	—1°,5	20°	13°,6	»
7 » »	1°	—1°	22°	13°,8	18°,8
9 » »	2°,5	+4°	25°	15°	20°,4
Midi	6°,4	9°	28°	18°	25°
3 heures soir.........	7°,3	10°	29°,1	19°,4	25°
6 » »	5°	8°	28°	17°,8	23°,5
10 » »	4°	7°	23°,5	11°	20°
5 » lendemain matin	1°,5	5°	21°	10°	19°
Moyennes des jours..	3°,8	5°,2	23°,9	16°,9	21°,9

La comparaison des jours les plus froids, avec ceux de Buénos-Ayres et de Mendoza, prouve qu'à midi, la température est presque égale à celle de Mendoza, mais assez supérieure à celle de Buénos-Ayres, et que le matin et le soir, la température ne baisse pas autant que dans ces deux villes. Le jour le plus chaud donne un résultat inverse ; sa température est presque égale dans les trois villes, il y a seulement une petite différence dans la température du midi, qui est très-vraisemblablement accidentelle, car nous savons qu'à Mendoza, comme à Buénos-Ayres, la température à midi, dans les jours les plus chauds, peut s'élever jusqu'à 30°. Mais il faut observer que les jours chauds avec une température si élevée ne sont pas la règle, et que la température moyenne de janvier ne diffère pas beaucoup dans les trois localités en question, car on a 19°,1 à Buénos-Ayres, 19°,9 à Mendoza, et probablement 20°,5 (21°,1 dans l'année observée, qui est assez chaude) à Paraná. Cette similitude du mois le plus chaud est importante, et elle serait encore plus en faveur de Mendoza, si cette ville n'était pas aussi voisine de la grande chaîne des Cordillères, aux sommets couverts de neiges perpétuelles, et à une altitude de 772 mètres au-dessus de la mer, ou 692 mètres au-dessus de la ville de Paraná. J'ai donné les mouvements de deux jours de température régulière, seulement pour montrer avec plus de clarté la marche journalière du thermomètre ; ils n'offrent rien de particulier.

Mais sans m'étendre davantage sur ces considérations, auxquelles chaque savant peut se livrer, même avec plus de succès, en comparant entre elles mes observations, je donne ici, dans le tableau suivant, les résultats de celles que j'ai faites sur la température de Paraná.

TABLEAU XI

MOIS	MOYENNES DES HEURES DU JOUR			MOYENNES DES MOIS	MAXIMUM	MINIMUM
	7 HEURES	2 HEURES	9 HEURES			
Septembre..	11°,4	19°,3	12°,2	14°,4	24°,8	7°,0
Octobre.....	12°,0	20°,0	14°,2	15°,5	25°,0	7°,0
Novembre ..	15°,0	21°,3	15°,6	17°,3	27°,0	8°,0
PRINTEMPS : 15°,7						
Décembre ..	17°,8	23°,5	17°,9	19°,8	28°,5	11°,0
Janvier.....	18°,5	25°,4	19°,8	21°,2	29°,1	12°,0
Février.....	18°,3	25°,2	19°,6	21°,0	28°,3	13°,0
ÉTÉ : 20°,7						
Mars.......	17°,1	24°,2	18°,3	19°,9	28°,0	11°,0
Avril.......	13°,7	20°,3	15°,5	16°,5	26°,0	6°,0
Mai........	9°,6	14°,7	11°,2	11°,8	22°,5	5°,0
AUTOMNE : 16°,0						
Juin.......	7°,8	13°,0	9°,4	10°,0	20°,0	—1°,5
Juillet.....	5°,4	11°.7	7°,6	8°,2	16°,7	+1°,0
Août.......	8°,8	16°,5	11°,3	12°,2	20°,0	4°,9
HIVER : 10°,1						
Année : 15°,6						

Le tableau ci-dessus montre assez clairement le mouvement de température annuelle à Paraná ; la seule chose importante que je doive signaler, c'est que d'après mes observations, le mois d'octobre 1858 était moins chaud

(13°,7) que le mois de septembre (14°,4). Ce fait complétement anormal prouve qu'il y a aussi des différences assez remarquables entre les diverses années et que la température moyenne des mois, comme celle des années, peut varier de la même façon qu'à Buénos-Ayres. Par ces considérations, j'ai pris pour octobre une température moyenne un peu plus élevée, qui s'accorde mieux avec la température observée pour septembre et novembre. Prenant ces observations pour base, on peut supposer que la variation des moyennes annuelles peut s'élever de 1°,5 à 1°,8 et même encore un peu plus, comme à Buénos-Ayres et Mendoza.

De plus, mes observations prouvent qu'il n'y a pas une différence bien remarquable entre le mouvement de la température à Paraná et celui des deux autres villes. Considérant les jours froids, ou de température assez modérée, on trouve avant 9 heures du matin et après 9 heures du soir une température assez froide, mais entre ces deux moments l'influence du soleil, qui n'est presque jamais voilé, rend la température moins incommode ; si au contraire le ciel est couvert, la journée entière est désagréable. Après 11 heures du soir, le thermomètre reste généralement sans mouvement remarquable jusqu'au lever du soleil, où a lieu une petite baisse, presque toujours bien sensible, qui donne au thermomètre sa position la plus basse du jour. Depuis ce moment, l'instrument se met en ascension et il monte jusqu'à 3 heures après-midi, s'élevant plus ou moins haut, selon le vent; montant toujours avec celui du Nord et descendant avec celui du Sud. Pendant la nuit, de 11 heures à 1 heure, la baisse est petite et rarement de plus de 1°, et de 1 heure jusqu'au lever du soleil, on n'aperçoit généralement aucun mouvement. En général, on trouve à 7 heures du matin une température un peu plus basse que celle de la veille au soir à 9 heures.

DE LA TEMPÉRATURE A PARANA   93

Quelquefois j'ai observé une petite ascension du thermomètre au commencement de la nuit, entre 11 heures et minuit, se produisant toujours avec un changement de vent de Sud en Nord. L'exemple le plus remarquable qui se soit offert à moi, se produisit le 25 novembre 1858. Un vent du Sud assez fort avait soufflé toute la journée, depuis le matin jusqu'à 9 heures du soir, faisant descendre le thermomètre à 12°,5 ; à 9 heures le vent passa au Nord, et à 10 heures le thermomètre était remonté à 14°. Il resta stationnaire jusqu'à minuit; et le lendemain à 7 heures je le trouvai à 15°. J'ai observé un cas très semblable le 2 novembre. Le thermomètre marquait à 9 heures du soir 12°,5, le vent était au Nord-Est, et il atteignait à 10 heures 13°,8, avec un vent du Nord pur, montant ainsi jusqu'à 2 heures du matin prochain à 14°,0.

Il faut ajouter que je n'ai jamais observé cette ascension du thermomètre au commencement de la nuit, durant les mois les plus chauds de décembre, janvier et février, mais deux fois en mars, trois en avril, quatre en mai et une fois seulement en juin ; jamais non plus en juillet, août et octobre, mais deux fois en novembre.

Enfin je donne dans le petit tableau ci-dessous les moyennes des semaines du mois le plus chaud et du plus froid, pour faciliter la comparaison de ces résultats avec ceux que donnent les autres localités observées.

MOYENNES	JANVIER 1859				JUILLET 1858				TEMPÉRATURE	
	1re semaine	2e semaine	3e semaine	4e semaine	1re semaine	2e semaine	3e semaine	4e semaine	Plus haute	Plus basse
A 7 heures ...	20,6	17,4	18,3	16,5	PAS OBSERVÉE	2,9	7,2	6,2		—1,5
A 2 » ...	26,0	26,2	25,4	22,6		6,8	12,6	11,1	29,1	
A 9 » ...	22,0	19,9	19,8	16,1		5,1	9,3	8,4		
Moyennes des jours	22,9	21,2	21,2	18,2		4,9	9,7	8,5		

Il résulte de ce que la température est assez haute, le matin et le soir, dans le mois le plus froid, qu'une température au-dessous de zéro est rare à Paraná. En vérité j'ai vu quelquefois seulement, en mai, juin et juillet des gelées blanches, le matin de bonne heure ; mais il ne s'en forme régulièrement dans aucun de ces trois mois. La neige aussi, est complétement inconnue à Paraná.

2. PLUIE

J'ai compté pendant l'année que j'ai passée à Paraná, 53 jours de pluie ; mais dans plusieurs de ces jours, la pluie était si faible qu'elle formait à peine une véritable chûte d'eau. Pour les six premiers mois de mon séjour, de juin à novembre, il me fut impossible de faire des observations exactes sur la quantité d'eau tombée, car j'habitais un hôtel où je ne pouvais pas disposer un instrument pour faire avec certitude de telles observations ; pour les autres six mois, vivant dans une *quinta*, je plaçai un pluviomètre de ma propre construction, au moyen duquel j'ai fait des observations assez exactes pour connaître bien sûrement la quantité d'eau tombée. Le tableau suivant donne un résumé de ces observations.

MOIS	NOMBRE DE JOURS	NOMBRE D'HEURES	LIGNES	POUCES	LIGNES PAR HEURE
Décembre	5	8	14		1 $3/4$
Janvier	4	11	25		2 $1/4$
Février	8	38	96 $3/4$		2 $1/2$
Mars	2	4	9		2 $1/4$
Avril	3	6	12 $3/4$		2 $1/8$
Mai	3	14	29		2 $1/4$
Juin	1	2	2		1
Juillet	2	4	6		1 $1/2$
Août	2	4	6		1 $1/2$
Septembre	5	15	36		2 $1/3$
Octobre	8	28	60		2 $1/7$
Novembre	10	48	96		2
Sommes	53	182	396 $1/2$	33" $1/2'''$	

Pour les mois compris entre juin et novembre, j'ai calculé la hauteur d'eau tombée d'après le nombre de jours et d'heures de pluie, en me basant sur les observations exactes faites pour les autres mois; le résultat ne peut pas être absolument exact, mais je puis dire qu'il ne doit pas se trouver bien loin de la vérité, et sans doute, le chiffre que j'indique comme hauteur totale d'eau tombée pour l'Paraná est, à peu de chose près, le chiffre vrai. On voit que sur les 53 jours de pluie, 23 tombent dans le printemps, 17 dans l'été, 8 dans l'automne et 5 dans l'hiver, donnant ainsi la plus grande hauteur d'eau tombée dans chacune des quatre saisons au printemps (16 pouces); l'été vient ensuite (11 $2/3$ pouces), puis l'automne (4 $1/6$ pouces), enfin l'hiver avec la plus petite hauteur (1 $1/0$ pouce). Mais telle ne paraît pas être la règle générale; beaucoup de personnes m'ont dit que l'été de l'année 1858-59 était un été très-pauvre en pluies, et le printemps de la même année, un printemps exceptionnellement pluvieux, et que la différence entre ces deux saisons est quelquefois en faveur de l'été. Quoi qu'il en soit la quantité de 33 pouces de hauteur d'eau est une quantité assez régulière pour la localité en question et très-rapprochée de la moyenne des pluies observées à Buénos-Ayres. Mais nous ne devons pas passer sous silence que d'après l'observation des habitants des colonies allemandes voisines de Paraná (Las Conchas), et de Sante-Fé (Buena Esperanza) on trouve aussi, comme à Buénos-Ayres, des grandes différences entre les quantités d'eau tombées annuellement et que sur cinq années, il y en a généralement une seule pluvieuse, deux sèches et deux autres ni sèches ni pluvieuses c'est-à-dire régulière. Si je prends comme terme de comparaison les observations faites à Buénos-Ayres, l'année observée par moi à Paraná est une année à peine régulière, car la quantité d'eau tombée est inférieure à la moyenne de 35 $^1/_2''$, obtenue pour Buénos-Ayres. De même qu'à Buénos-Ayres, le printemps est la saison la plus riche en pluies et l'hiver la plus pauvre, mais la différence entre ces deux saisons est ici beaucoup plus grande. A Buénos-Ayres le printemps est un peu plus riche en pluies que l'été ; à Paraná, au contraire, cette dernière saison reçoit à peu près deux tiers de la quantité d'eau qui tombe pendant le printemps.

Comparant la quantité d'eau du printemps et de l'été unis avec celle de l'automne et de l'hiver, on trouve que ces deux sommes sont presque égales à Buénos-Ayres (18'',5 et 17'',1), mais très-différentes à Paraná (27'' et 6''), cette dernière localité indiquant une approximation au climat de la zone tropicale, encore plus remarquable dans les pluies de Tucuman, comme nous verrons plus tard.

Un autre phénomène intéressant, c'est la grande différence que présentent les mois de janvier et février, celui-ci recevant plus du triple de pluie que janvier. Que février soit, de ces deux mois, le plus riche en pluies, les observations faites à Buénos-Ayres le prouvent aussi, et la différence qui existe entre eux, dans les deux villes, est quelquefois la même ; mais ici, décembre est plus riche en pluies, et c'est de tous, le mois le plus pluvieux. A Paraná, novembre et février paraissent être les mois où il pleut le plus, décembre et janvier étant assez pauvres en pluies. Il semble que, de même qu'au Brésil, il y a en janvier une quinzaine de jours où les pluies tropicales s'arrêtent un peu [20], de même à Paraná, il se produit au milieu de l'été un temps d'arrêt dans les pluies, ce qui rend la quantité d'eau tombée en janvier plus petite que celle qui tombe en février; pourtant la petite quantité d'eau tombée en décembre ne serait pas très-favorable à cette opinion, si nous n'admettions pas que c'est' là une exception particulière, et la principale cause de la faible hauteur d'eau tombée pendant l'été 1858-59, qui m'a été signalé comme une saison exceptionnellement pauvre en pluies. Je suis porté à croire qu'il en est ainsi, et que le mois de décembre 1858 a été exceptionnellement, un mois pauvre en pluies.

3. VENTS

Les vents que nous signalons dans le tableau ci-dessous sont généralement moins violents qu'à Buénos-Ayres, mais plus forts qu'à Mendoza ; le vent du Sud, connu ici sous le nom de *Pampero*, est surtout un vent qui souffle très-souvent, et assez fort. Ces vents commencent, ainsi qu'à Mendoza, d'une manière soudaine; ils sont généralement accompagnés de décharges électriques, ne durent pas longtemps, et se transforment en Sud-Est, passant à l'Est pour souffler enfin au Nord, vent qui termine en général les jours de *Pampero*. Le vent du Nord est doux et agréable, mais il peut souffler aussi avec une grande violence, et il cause de grandes incommodités à la population quand il se maintient quelque temps dans cet état. Les femmes surtout sont incommodées par ce vent chaud du Nord, elles ressentent de forts maux de tête et un affaissement général, dont elles combattent les plus fortes attaques par un remède particulier : elles s'attachent sur les tempes la moitié d'un haricot ou un emplâtre noir qu'elles gardent toute la journée et même plusieurs jours de suite. Les vents purs d'Est et d'Ouest sont rares, ils ne durent pas longtemps, et servent en général de transition aux vents du Sud au Nord et *vice-versa*.

MOIS	NORD	NORD-OUEST	OUEST	SUD-OUEST	SUD	SUD-EST	EST	NORD-EST
Septembre	4	2	0	4	3	4	5	8
Octobre	1	0	0	3	4	10	3	4
Novembre	5	2	1	4	5	3	4	4
Décembre	4	2	0	2	7	6	2	8
Janvier	1	1	0	5	11	8	4	6
Février	2	2	0	3	4	9	6	6
Mars	5	2	1	3	10	5	6	5
Avril	9	3	0	1	1	4	6	15
Mai	8	2	2	4	4	2	2	9
Juin	8	0	2	4	0	6	0	10
Juillet	2	0	2	3	0	4	4	5
Août	7	2	2	4	3	6	6	6
SOMMES	56	18	10	40	52	67	49	86

Dans le tableau ci-dessus, j'ai réuni les cas de vents observés par moi dans la ville de Paraná et ses environs,

durant les douze mois que j'y ai passés ; il ressort de ce
tableau que les vents dominants sont ceux de Nord-Est, Nord,
Sud-Est et Sud ; que les vents de Sud-Ouest et d'Est sont
plus rares, et ceux de Nord-Ouest et Ouest, les plus rares de tous les vents dans ce pays. Il en est presque de
même pour leur force ; j'ai observé que les ouragans les
plus violents viennent du Sud, avec une inclinaison soit vers
le Sud-Est, soit vers le Sud-Ouest; plus rarement d'Est et de
Nord-Est, et que les vents de Nord et Nord-Est sont généralement moins forts que ceux du Sud et du Sud-Est. Il
y a aussi quelques cas de fort vent du Nord se transformant en ouragan, mais je n'ai jamais observé un ouragan d'Ouest ; ce vent est toujours assez doux et aussi assez rare. Quoique le mouvement du vent obéisse à la loi
générale, passant du Sud au Nord par l'Est, et du Nord
au Sud par l'Ouest, l'observation des vents intermédiaires
est souvent assez difficile, à cause du passage rapide du
vent du Nord au Sud, ou du Sud au Nord, mouvement
qui est encore plus rapide si le vent passe du Nord-Est
au Sud-Ouest, ce qui est assez commun. Quelquefois on
observe aussi un mouvement rétrograde, quand le passage
du vent du Nord au Sud est lent. J'ai vu plusieurs fois
le vent du Nord, déjà arrivé au Nord-Ouest, revenir au
Nord et même au Nord-Est ; ou de l'autre côté du courant polaire, marcher du Sud au Sud-Ouest et même à
l'Ouest, et non à l'Est comme c'est la règle ; — mais ces
mouvements rétrogrades ne durent jamais longtemps ; —
bientôt le vent reprend sa marche régulière jusqu'à ce
qu'il saute brusquement d'une direction à l'autre opposée.

4. PHÉNOMÈNES ÉLECTRIQUES

Ces phénomènes ont ici presque la même intensité qu'à
Mendoza, mais ils sont beaucoup plus fréquents. J'en ai
compté, pendant l'année entière que j'ai passée dans chacune

de ces localités, 19 cas à Mendoza et 32 à Paraná. La manière dont se forment les orages avec décharges électriques est la même : la plupart viennent du Sud ; ils s'annoncent par une accumulation des nuages bleuâtres très-obscurs à l'horizon, et commencent par un fort ouragan de Sud qui répand bientôt les nuages sur tout le firmament, s'avançant directement au Nord, en passant tantôt à l'Orient, tantôt à l'Occident du lieu d'observation. Quelques autres orages, très-incommodes par la chaleur suffocante qui les accompagne, viennent du Nord ; mais je n'ai presque jamais vu venir d'orage électrique de l'Orient, et absolument jamais de l'Occident ; les phénomènes de ce genre se préparant à l'Est où à l'Ouest, ne viennent pas à Paraná, ils passent à côté du Nord au Sud, ou *vice-versa*. Je n'ai jamais vu venir d'ouragan électrique de l'Ouest.

Des 32 orages électriques que j'ai observés, la plupart se sont produits dans le printemps ou l'été, un plus petit nombre en automne, et seulement un ou deux en hiver. Voici leur distribution dans chaque saison :

           Printemps................... 11
           Eté......................... 12
           Automne..................... 7
           Hiver....................... 2
                                       ───
                        Total...... 32

Ces orages se répartissaient ainsi dans chaque mois :

           Septembre 1858.............. 3
           Octobre   »   3
           Novembre   »   5
           Décembre   »   5
           Janvier   1859.............. 1
           Février   »   6
           Mars   »   1
           Avril   »   4
           Mai   »   2
           Juin   »   1
           Juillet   »   0
           Août   »   1

Presque tous étaient courts, et ne duraient pas plus de
1 ou 2 heures; ils commençaient généralement dans l'après-
midi, entre 1 heure et 3 heures, ou le soir entre 9 heures
et minuit; ils sont très-rares dans la matinée, et j'ai seulement observé deux fois (24 novembre et 19 décembre 1858)
un orage électrique entre 7 heures et 10 heures du matin.

Pour donner une idée exacte de ces orages électriques,
je place ici la description détaillée de l'un d'eux (10 août
1858), avec toutes les particularités observées.

Le jour où se produisit cet orage, le ciel était sombre,
à 6 heures du matin, le soleil ne pouvant parvenir à per-
cer complétement les nuages. A 7 heures, le thermomètre
marquait 15°5, le baromètre 333,7, et il faisait un fort
vent du Nord pur; jusqu'à 10 heures, le premier s'éleva
à 19°,5, le second descendant à 333,5; le vent avait un
peu diminué de violence. Depuis lors, la journée continua
régulièrement jusqu'à midi; à cet instant, l'horizon se
couvrit, au Sud, de nuages très-obscurs, mêlés de poussière, qui s'élevaient au firmament du Sud au Nord. Bientôt le vent passa à l'Ouest, le thermomètre descendit à
17°,5, et le baromètre à 333,4, le premier continuant sa
marche rétrograde de quart-d'heure en quart-d'heure, sans
que le second fît aucun mouvement. A midi et demi, le
thermomètre marquait 15°, à midi trois-quarts 14°; le
vent était très-fort et passait au Sud pur. Il commença
alors à tomber une pluie faible; le thermomètre, qui marquait d'abord 13°, descendit bientôt à 12°; des décharges
électriques accompagnaient la pluie, et cela dura ainsi
jusqu'à 2 heures, les décharges électriques et surtout la
pluie, augmentant peu à peu de force. A 2 heures et demie,
les nuages obscurs du Sud étaient venus au Nord, en passant au-dessus de la ville, et le vent avait tourné au Sud-
Est. En ce moment, le baromètre monta un peu (333,58),
le thermomètre restant à 12°. La pluie continua ensuite
sans décharges électriques, le thermomètre conservant

sa hauteur, le baromètre continuant de monter; ce dernier marquait 333,9 à 4 heures et 334,1 à 5 heures. A ce moment il se produisit de nouveau quelques décharges électriques. A 6 heures, le vent de Sud-Est se transforma en ouragan très-fort; le thermomètre était alors à 10°, et le baromètre à 334,4; une heure plus tard, le premier marquait 9°, le second 334,75. Vers 7 heures, la pluie cessa, et les décharges électriques s'arrêtèrent, mais le ciel restait couvert de nuages gris qui l'obscurcirent toute la nuit. A 8 heures, j'observai une température de 8°,8, et une hauteur barométrique de 335,0 ; à 9 heures, la température était la même, mais le baromètre marquait 335,1. Le lendemain, le vent soufflait du Sud, le ciel était encore couvert, le thermomètre marquait 7°, le baromètre 336,25 ; le premier ne s'éleva pas, pendant la journée, au-dessus de 8°, et le second monta jusqu'à 337,1. Enfin, vers le soir, le ciel s'était éclairci et l'atmosphère entièrement tranquillisée ; le thermomètre marquait à 9 heures du soir 6°,5, le baromètre 336,8.

5. PRESSION DE L'AIR

Le mouvement journalier du baromètre est, à Paraná, le même qu'à Buénos-Ayres et à Mendoza ; nous l'avons suffisamment expliqué en parlant de la climatologie de ces deux villes. Le baromètre atteint sa hauteur la plus grande à 9 heures du matin, et subit sa plus forte baisse à 5 heures après-midi ; il monte, de ce moment jusqu'à 10 heures ou minuit, et reste alors généralement sans mouvement jusqu'au lever du soleil, où il se met de nouveau en ascension. Quelquefois, j'ai observé une petite baisse pendant la nuit, avant le lever du soleil ; d'autres fois une légère ascension pendant toute la nuit, ou une tranquillité parfaite de 9 heures du soir à 7 heures du matin. L'amplitude journalière peut varier de 1 ligne à 2 lignes et demie (28 septembre 1858), mais généralement elle ne dépasse pas 1 ligne et demie. Ce sont toujours de forts vents du Nord ou du Sud qui produisent une forte baisse ou une forte ascension; le mercure ascendant toujours avec celui du Sud. Cette influence des courants chaud et froid, indique évidemment que la pression doit varier suivant les saisons ; elle est plus considérable en hiver qu'en été et donne ainsi une amplitude annuelle du mouvement barométrique, qui peut, suivant mes observations, s'élever à 9,0 lignes, ou 21 millimètres, mais qui serait probablement plus grande encore, si nous avions des observations embrassant plusieurs années.

Il n'est pas nécessaire de développer plus longuement ici ces observations préliminaires sur le mouvement du baromètre à Paraná, car il a été assez clairement expliqué en parlant de Buénos-Ayres et de Mendoza. Je donne donc le résultat de mes observations dans un tableau, ainsi que j'ai fait pour les autres localités, en prévenant seulement le lecteur que le mouvement de la voiture pendant le voyage de Mendoza à Paraná ayant fait perdre à mon instrument une partie de sa perfection, j'ai dû faire subir, aux chiffres obtenus, une correction générale, pour les mettre en rapport avec la pression barométrique correspondant à la hauteur de ma station d'observation au-dessus du niveau de la mer. J'ai fait le premier mois mes observations (août), dans la ville même, et les autres dans une *quinta* au bord de la rivière Paraná, à l'ouest de la ville. A cette différence de localité correspond une différence de pression barométrique de 1,5 à 1,6 lignes, ou 3,5 à 3,7 millimètres.

MOIS	PRESSION BAROMÉTRIQUE				MAXI-MUM	MINI-MUM	SAISONS
	DANS LA VILLE		AU BORD DE LA RIVIÈRE				
	Lignes	Millimètres	Lignes	Millimètres			
Août...1858	335,1	756,5	336,6	758,8			
Septembre »	335,3	757,0	336,8	760,1		330,6	PRINTEMPS
Octobre .. »	336,1	758,8	337,6	761,8	340,2		Ville { 335,3 / (756,8)
Novembre »	334,6	755,0	336,1	759,0			
Décembre »	334,5	754,8	336,0	798,3			Rivière { 336,8 / (760,3)

Il résulte de ces observations que le mois d'octobre a la pression barométrique la plus forte et une hauteur moyenne plus grande que les mois plus froids d'août et septembre. Nous avons trouvé, à Mendoza aussi, pour octobre, une hauteur moyenne plus grande que celle de novembre et d'août, mais égale à celle de septembre. De toute façon, ces observations prouvent que la hauteur moyenne d'octobre est plus grande que celle des mois voisins, fait digne de remarque, parce qu'on a aussi observé dans d'autres localités, au milieu du printemps, une élévation de la pression barométrique, et cette coïncidence donne à notre observation une assez grande valeur. A Buénos-Ayres, nous avons trouvé la pression barométrique la plus haute, non en octobre, mais en septembre, et la plus basse en décembre. Ce mois a, aussi à Paraná, la pression la plus faible de 5 mois observés, mais elle se trouve, pour Mendoza, dans le mois de janvier.

Si nous déduisons par analogie la hauteur barométrique des saisons et de l'année, comme on peut le faire approximativement, nous aurons pour l'automne une pression un peu inférieure à celle du printemps, et pour l'été une plus basse que celle de l'hiver. Considérant cette loi générale on peut calculer la table suivante comme modèle conjectural de la pression barométrique à Paraná.

	POUR LA VILLE	POUR LE PORT
Printemps..........	335,8 (756,8)	336,8 (760,3)
Été..............	333,5 (752,6)	334,8 (756,0)
Automne...........	335,1 (756,4)	336,6 (759,0)
Hiver.............	336,0 (758,0)	337,5 (760,2)
MOYENNES....	335,0 (756,3)	336,6 (759,8)

IV

CORDOVA

La ville de Cordova est située dans un bassin naturel sur la rive sud du Rio Primero à 25-30 mètres au-dessous de la plaine voisine ; sa position géographique est indiquée dans le tome I, page 333, et sa hauteur au-dessus de la mer se calcule à 417 mètres.

J'ai visité la ville en 1859 et resté en dedans et ses environs, du 29 juin jusqu'au 16 juillet, faisant pendant l'hiver quelques observations, qui me donnaient les moyennes de 15 jours, de 7°,6´ ; et celles de la journée, à 7 heures du matin, de 5°0 ; à 2 heures de l'après-midi de 11°5´ et à 9 heures du soir de 6°3´. La température la plus basse était quelquefois au-dessous de zéro, car j'ai vu deux fois le matin après le lever du soleil, sur l'eau, dans la cour de l'hôtel, des couches de glace de deux lignes (5 millimètres) d'épaisseur ; mais aussi la température la plus haute de midi montait à 16°. Les jours les plus froids étaient obscurs, et le ciel couvert de nuages, mais la plupart de ceux que j'ai vus clairs, la température s'élevait de 13-14 dans l'après-midi, et une fois aussi 16° entre 2 et 3 heures. Le vent régnant pendant ces quinze jours soufflait tantôt du Sud-Est, Est et Nord-Est, celui-ci seulement une fois pendant le jour le plus chaud. Durant le dernier jour le ciel se trouvait couvert, et à dix heures il commença à tomber une pluie, qui grossit jusqu'à deux heures de l'après-midi ; il tombait en même temps de gros flocons de neige, mais ils fondaient en touchant le sol.

Depuis cette époque le Gouvernement national a fondé à Cordova, sous la Direction de M. B. A. GOULD, l'Observatoire astronomique, avec lequel est uni l'officine météorologique des 12 stations dans différentes localités de la République. Cet établissement donne depuis 1872 des rapports annuels sur ses travaux, d'où j'ai pris les détails que je communique ici sur la constitution atmosphérique de Cordova et de ses environs [24].

1. TEMPÉRATURE

Le rapport donne en centigrades un tableau de la marche de la température journalière de trois heures de chaque mois, que je répète ici, changeant les centigrades en ceux de RÉAUMUR, pour les mettre en égalité avec les autres,

TABLEAU XII

MOIS	7 HEURES	2 HEURES	9 HEURES	MOYENNES
Septembre.......	8°,8	17°,3	12°,2	12°,7
Octobre.........	12°,0	19°,3	13°,1	14°,6
Novembre.......	14°,2	20°,1	14°,4	16°,2
PRINTEMPS: 14°,5				
Décembre.......	16°,5	22°,2	16°,3	18°,4
Janvier..........	16°,0	21°,9	16°,8	18°,2
Février..........	15°,2	21°,6	16°,4	17°,7
ÉTÉ: 18°,1				
Mars............	12°,8	17°,6	13°,8	14°,7
Avril............	7°,7	11°,3	9°,6	11°,5
Mai	6°,8	16°,1	9°,4	10°,7
AUTOMNE: 12°,3				
Juin............	4°,5	13°,3	7°,6	8°,8
Juillet...........	2°,3	12°,5	5°,0	6°,5
Août............	5°,7	14°,4	8°,2	9°,4
HIVER: 8°2				
Moyennes de l'année: 13°,3				

La température la plus haute de 30° R. (37°5 C.) était observée le 2 janvier et la plus basse de —2° 8' R. (—3° 5 C.), le 26 juillet.

D'après ces observations, la température moyenne de l'année est presque la même que celle de Mendoza et de Buénos-Ayres, mais les saisons présentent des différences notables. Le printemps est à Cordova plus chaud qu'à Mendoza et Buénos-Ayres, et l'automne un peu plus froid. L'été ressemble à celui de Buénos-Ayres, mais l'été de Mendoza est plus chaud ; l'hiver au contraire est plus chaud à Cordova qu'à Buénos-Ayres et encore plus qu'à Mendoza. Comparée avec les saisons de Paraná, celles de Cordova restent toutes au-dessous, mais les extrêmes de la température sont presque les mêmes pour les quatre villes.

Plus tard nous verrons qu'entre le climat de Cordova et celui de Bahia-Blanca il existe une concordance remarquable et souvent une unité complète.

2. HUMIDITÉ

Ce thème est traité avec plus de détail que l'autre, et je répète ici en traduction l'original tel qu'il se trouve page 42 du rapport :

« L'humidité de l'atmosphère pendant l'époque du 1er sep-
» tembre 1872 jusqu'au 31 janvier 1874, se présente par
» le tableau suivant, dont la première colonne indique les
» moyennes de la pression de l'eau évaporée dans l'at-
» mosphère, c'est-à-dire s'exprimant d'une autre manière :
» l'influence de l'eau sur la pression barométrique. Dans
» la seconde colonne est indiquée l'humidité relative pre-
» nant l'unité de la mesure à cent, dans les différents
» mois, c'est-à-dire la quantité d'eau évaporée dont il ré-
» sulte une saturation complète de l'air dans chaque mois. »

TABLEAU XIII

MOIS	PRESSION DE LA VAPEUR	HUMIDITÉ RELATIVE EN L'AIR
Septembre.........	8,828 millimètres	64,1
Octobre	9,403 »	63,1
Novembre	13,114 »	74,9
Décembre	13,182 »	66,6
Janvier.............	16,266 »	74,4
Février	15,972 »	86,0
Mars	13,757 »	86,1
Avril	8,894 »	73,3
Mai................	8,497 »	74,3
Juin.	8,161 »	82,5
Juillet	5,441 »	68,1
Août...............	7,268 »	71,3
Moyennes de l'année.	10,700 millimètres	73,6

L'auteur indique comme résultat des observations faites à Cordova, en les comparant avec celles faites à Buénos-Ayres, qu'il est remarquable de voir que ces deux localités sont en opposition contraire ; car le maximum de l'humidité de l'air se trouve à Cordova vers la fin de l'été et à Buénos-Ayres en hiver. Nous voyons par le tableau précédent que le maximum de 86 pr. ct. pour la saturation de l'air montre les mois de février et mars à Cordova et le minimum de 63-64 pr. ct. les mois de septembre et octobre. Comparant ces résultats avec les observations faites à Buénos-Ayres par M. Equia et communiquées en haut (page 22), nous trouvons entre le thermomètre sec et mouillé la différence la plus grande et par conséquent, la plus moindre humidité de 60 pr. ct. dans l'air, dans les trois mois de l'été, mais cette différence est beaucoup plus moindre en hiver, l'humidité s'élevant à 83 pr. ct. et par cela l'hiver se présentant comme la saison la plus humide de toutes. Ces observations prouvent aussi que les moyennes des deux saisons sont presque les mêmes; c'est-à-dire de 73,6 à Cordova et 73,0 à Buénos-Ayres, et également la pression de la vapeur de 10,7 à Cordova et de 10,25 à Buénos-Ayres.

3. VENTS ET ORAGES

Sur ces deux objets le rapport ne dit rien.

4. PLUIE

Sur ce thème le rapport donne les notices suivantes :
La quantité de l'eau tombée pendant l'année 1873 formait une hauteur de 829,7 millimètres (32 $^2/_3$ pouces), recueillie du pluviomètre normal fixé à $0^m 105$ au-dessus du sol, dans la cour de l'Observatoire. Sur cette hauteur d'eau il est tombé pendant les mois d'avril jusqu'à la fin de septembre moins que la cinquième partie (6-6 $^1/_2$ pouces), et dans les trois mois de décembre, janvier et février un peu plus que la moitié (60 pr. ct.), le reste dans les autres trois mois.

Pour connaître la différence de la hauteur de l'Observatoire, situé sur la plaine élevée au-dessus de la ville, il était exposé dans une cour de la ville, $3^m 515$ au-dessus du sol, un autre pluviomètre, qui se trouvait à $36^m 6$ au-dessous du nôtre, à une distance d'un mille anglais. Pendant une époque égale ce pluviomètre de la ville avait reçu 496,3 mill. d'eau, et celui de l'Observatoire 459,1 mill. seulement, ce qui donne une différence de 8 pr. ct. en faveur du plus bas.

Plus tard, nous avons fait des observations semblables dans l'Observatoire même, mettant un second pluviomètre sur le toit de l'édifice. La comparaison des deux a donné une différence correspondante, celui du toit contenant 137,4 d'eau et celui de la cour 130 mill., se prouvant les mêmes 8 pr. ct. en faveur du pluviomètre placé plus bas.

5. PRESSION DE L'AIR

Cette partie du rapport est très-courte, donnant seulement le résultat général des observations barométriques pour trois heures des jours de l'année 1873 et l'amplitude des extrêmes. Dernièrement, dans le second rapport de M. GOULD, de l'année 1874 *(Memoria del Ministro de la Instruccion Pública*, page 695), se trouve une autre communication plus détaillée qui me semble fondée sur des observations les plus récentes ; celles-ci donnent le tableau suivant :

TABLEAU XIV

MOIS	MOYENNES DES MOIS	
	LIGNES	MILLIMÈTRES
Septembre..........	320,6	723,38
Octobre............	320,7	723,48
Novembre..........	320,5	723,28
Printemps : 723,38 (320,6''')		
Décembre..........	319,4	720,84
Janvier............	319,9	721,51
Février............	320,05	722,14
Été : 721,49 (319,8''')		
Mars...............	320,56	723,41
Avril...............	320,9	724,30
Mai................	321,2	724,63
Automne : 724,11 (320,8''')		
Juin................	320,9	723,89
Juillet..............	321,85	725,77
Août...............	321,3	724,96
Hiver : 724,87 (321,26''')		
Maximum 325,9''' = 735,98^{mm} (6 août à 9 heures)		
Minimum 314,0''' = 708,56^{mm} (2 janvier à 2 heures)		
moyennes de l'année : 320,7''' = 723,48^{mm}		

Ce tableau montre une petite différence de la hauteur moyenne, la comparant avec les hauteurs des trois heures du jour, qui n'excèdent pas 723,2 mill. ou 320,5 lignes.

V

TUCUMAN

La ville de Tucuman est située, comme Mendoza, à la bordure de la grande plaine argentine, en avant de chaînes de montagnes qui accompagnent la *Sierra Aconquija*, la principale au nord de la République, dont les sommets, couverts de neiges perpétuelles, atteignent une hauteur de 5,400 mètres. On voit ces sommets de Tucuman, malgré qu'ils en soient éloignés d'environ quatorze milles géographiques, en ligne droite, et qu'ils soient séparés de la plaine par quatre chaînes plus basses, parallèles au massif d'Aconquija. Ces chaînes sont couvertes sur leur versant extérieur, tourné vers le Sud-Est, de grands bois qui s'étendent aussi aux pieds de la chaîne extérieure, dans la plaine, où ils forment une magnifique forêt primitive, dont l'arbre principal est une espèce de laurier: *Nectandra porphyria Gris* [22], aussi grand que le chêne d'Europe. La plaine, en avant des montagnes inférieures, dont les sommets ainsi que l'entrée des vallées voisines sont couverts de superbes pâturages qui vont jusqu'au célèbre val de Tafi, est presque horizontale; on y voit quelques bouquets de bois, mais pas de grandes forêts, et elle est coupée par le fleuve Sali, qui court à peu de distance à l'Est de la ville, et reçoit toutes les petites rivières et ruisseaux sortant des vallées situées entre les montagnes, et plus au Sud, ceux qui sortent du massif d'Aconquija. C'est à ces nombreux cours d'eau que la plaine doit la grande fertilité qui a rendu célèbre la province de Tucuman, et lui a valu le nom populaire de Jardin argentin.

La ville est bâtie au bord de la plaine terminée par la berge escarpée de l'ancien lit de la rivière Sali, s'élevant, d'après mon observation de la température de l'eau bouillante (78°,95 Réaumur) à 1357 pieds (441 mètres) au-dessus du niveau de la mer (*). Elle a un climat assez chaud en été, mais en hiver plus froid que celui de Paraná, tel que le prouvent mes observations ; le voisinage du haut massif d'Aconquija, avec ses sommets couverts de neiges perpétuelles, occasionne cet abaissement de la température en hiver, comme il produit, d'un autre côté, la grande quantité de pluie qui tombe sur la plaine voisine, pendant le printemps et l'été ; les vapeurs agueuses, transportées par les vents alizés de Nord-Est, jusqu'à ces sommets, y sont alors condensées par leur basse température.

1. TEMPÉRATURE

Le mouvement du thermomètre suit à Tucuman les règles déjà suffisamment expliquées, pour qu'il soit inutile de les reproduire ici; je donne donc immédiatement, dans un tableau général, les résultats de mes observations, comme j'ai fait pour Paraná. Voici ce tableau :

(*) L'examen géodésique du chemin de fer central a prouvé que cette détermination est un peu trop basse, le niveau de la ville s'élevant à 1386 pieds ou 453 mètres.

TABLEAU XV

	MOYENNES DES HEURES DU JOUR			MOYENNES DES MOIS	MAXIMUM	MINIMUM
	7 heures	2 heures	9 heures			
Septembre.....1859	9,4	19,2	12,3	13,6	26,2	3,8
Octobre........ »	13,5	20,5	16,5	16,8	28,2	10,0
Novembre...... »	17,0	22,7	17,3	19,0	29,0	11,0
Printemps : 16,5						
Décembre......1859	19,4	25,2	19,9	21,5	32,2	15,0
Janvier......1860(*)	20,7	25,7	20,8	22,4	32,0	16,0
Février....... »				(21,7)		
Été : 21,0						
Mars..........1860				(19,9)		
Avril.......... »				(16,8)		
Mai........... »				(13,8)		
Automne : 16,9						
Juin..........1860				(9,0)		
Juillet......... »				(8,0)		
Août..........1859	7,3	15,7	9,0	10,8	25,3	—3,0
Hiver : 9,5						
Année : 16,2						

(*) Les moyennes des mois février-juillet ont été obtenues, non par observation, mais par analogie.

Il faut remarquer que les six premiers mois seulement, d'août 1859 à janvier 1860, ont été observés directement ; les résultats indiqués pour les six autres sont approximatifs et calculés par analogie, d'après les observations faites à Paraná, Mendoza et Buénos-Ayres. Pour le mois d'octobre j'ai fait aussi une petite correction, car mes observations ayant été exécutées avec un instrument placé dans une petite cour, la réflection des bâtiments voisins lui avait donné une hauteur artificielle, telle que j'obtenais des moyennes supérieures à celles de novembre.

Pour mieux expliquer ces faits et compléter mes indications, je donne aussi le mouvement de la température des deux jours extrêmes, le plus chaud et le plus froid que j'ai directement observés à Tucuman.

	JOUR LE PLUS FROID 19 AOUT 1859	JOUR LE PLUS CHAUD 2 JANVIER 1860
6 heures du matin	—0°,5	22°,0
7 » »	—2°,0	25°,0
8 » »	+1°,0	26°,5
10 » »	7°,9	30°,0
11 » »	9°,0	31°,0
Midi	10°,9	31°,4
2 heures du soir	12°,5	32°,0
4 » »	14°,8	31°,0
6 » »	10°,0	28°,0
8 » »	4°,0	27°,0
10 » »	3°,0	24°,0
6 » le lendemain matin	—3°,0	20°,3
MOYENNES	5°,1	27°,7

Une remarque digne d'attention, c'est que le matin du jour le plus froid, à 6 heures, tout était couvert de gelée blanche, et que j'ai vu la même chose les jours précédents et les jours suivants. Ce phénomène se produit très-généralement dans les mois de juin, juillet et août, et même déjà dans la seconde moitié de mai; mais en septembre je ne l'ai jamais vu.

La comparaison des résultats notés dans les deux tableaux précédents, avec ceux auparavant obtenus pour les trois autres localités, prouve que le climat de Tucuman se rapproche plus de celui de Mendoza que de celui de Paraná et de Buénos-Ayres, car il présente les caractères principaux d'un climat continental ; c'est-à-dire qu'il a le printemps et l'été chauds, l'automne et l'hiver froids. Comparant les quatre saisons à celles de Paraná, on trouve pour les deux premières une température au-dessus, pour les deux dernières une température au-dessous de celles des saisons correspondantes de cette ville. La même comparaison avec Mendoza montre que toutes les saisons sont plus chaudes à Tucuman, mais les différences qui existent entre les saisons sont égales dans les deux villes. A Mendoza, la différence, entre les moyennes de l'été et de l'hiver, est d'un peu plus de 12°, et nous trouvons la même différence à Tucuman ; tandis qu'à Paraná elle est de 10°,1, et à Buénos-Ayres de 10°,6. Quant aux moyennes de l'année, celles de Tucuman (16°,2) est un peu supérieure à celle de Paraná (15°,6), et assez supérieure à celle de Mendoza et de Buénos-Ayres, qui sont égales (13°,1).

Il résulte de ces faits que la température générale, à Tucuman, présente une amplitude plus grande. A Mendoza, les extrêmes de la température sont — 3° et + 30°, et à Tucuman — 3° et + 32° ; pour Paraná, nous avons trouvé — 2° et + 30°, et Buénos-Ayres a les mêmes extrêmes que Mendoza [23]. Mais, dans les trois dernières localités, les températures de 30° sont aussi rares que celles de 32° à

Tucuman; le plus régulièrement, la température ne s'élève pas au-dessus de 27 à 28° dans les premières, et au-dessus de 29 à 30° à Tucuman.

Quelque chose d'assez remarquable, c'est la grande rapidité avec laquelle la température passe d'un extrême à l'autre, à Tucuman; on ne voit ni à Paraná ni à Mendoza des changements semblables. J'ai déjà noté que le 20 août, à 6 heures du matin, avant le lever du soleil, le thermomètre marquant —3°, s'était élevé le lendemain, dans l'après-midi, à 19°. Un cas encore plus remarquable s'offrit à moi, le 16 septembre. Le thermomètre marquait, à 6 heures du matin, + 2°, le vent soufflant du Sud-Est, malgré que deux jours avant il eût marqué, à 2 heures après-midi, 26°,2, et la veille, à 7 heures du matin, 12°, avec le même vent de Sud-Est. Je n'ai jamais observé, ni à Mendoza ni à Buénos-Ayres, un semblable changement de + 26°,2 à + 2°, en 48 heures; la température passe plus rapidement d'un extrême à l'autre à Tucuman, que dans les autres localités où j'ai fait des observations. Je dois également noter que des températures aussi basses que + 2° le matin et +12° à midi, se produisent toujours quand le ciel est couvert de nuages; quand il est clair la température ne descend jamais si bas, l'influence du soleil faisant monter le thermomètre à 20-22°, même en hiver. Mais ces jours sombres ne sont pas rares en hiver, et l'on peut en observer plusieurs consécutifs, pendant la même saison, accompagnés de brouillards, comme cela a lieu à Mendoza. On est alors forcé de se couvrir chaudement, même dans les maisons, pour maintenir son corps à une température convenable; j'étais obligé, durant ces journées sombres et froides, pour me préserver de leur influence malfaisante, de fermer les contrevents et d'éclairer ma chambre avec une bougie.

En opposition à ceux-ci, se présentent les jours agréables du printemps, avec une température de 14° le matin,

24° à midi et 15° le soir ; il n'y a rien de délicieux comme les belles journées d'octobre lorsque les orangers sont en fleurs, et répandent autour d'eux leur suave parfum. De splendides oiseaux-mouches, tels que le *Trochilus Sparganurus* (Tr. *Sappho* Less.) et le *Trochilus Angelœ* Less. voltigent de fleur en fleur, dardant sur chacune leur langue filamenteuse, et brillent au soleil comme des rubis et des émeraudes. Ils ne sont pas rares dans les jardins du côté occidental de la ville, et visitent surtout les campagnes situées au pied des montagnes, où je les chassais chaque jour durant cette saison. Mais au bout de quinze jours, le plaisir cesse ; ainsi que des flocons de neige, les fleurs blanches des orangers couvrent le sol, et leur parfum n'enchante plus l'étranger ; tout change bientôt pour faire place à des jours extrêmement chauds, qui commencent à la fin d'octobre et se prolongent jusqu'à la fin de mars, sauf quelques petites interruptions, incommodant autant par la chaleur que les jours sombres d'hiver par le froid.

Au reste, les saisons de Tucuman ressemblent à celles de Paraná, Mendoza et Buénos-Ayres ; le printemps commence avec les signes manifestes du réveil de la végétation, dans les premiers jours de septembre ; les pêchers sont les premiers en fleurs, les saules et les peupliers ouvrent leurs bourgeons ; mais le mouvement général de la végétation ne se fait sentir qu'aux premières pluies, qui viennent à la fin de ce mois ou au commencement d'octobre. Alors la végétation marche très-vite ; les orangers fleurissent, et le blé grandit couvrant les champs de verdure. On le récolte à la fin de novembre et au commencement de décembre. En même temps mûrissent les melons et les pastèques, et un peu plus tard les courges ; les raisins viennent à la fin de décembre et au commencement de janvier ; mais on ne les cultive pas beaucoup, parce que le sol est dur et peu convenable pour la vigne. Le maïs est mûr en mars et les oranges ne mûrissent pas avant le mois d'août ; quelques arbres seulement en donnent dans la seconde moitié de juillet.

Une culture particulière de Tucuman est celle de la canne à sucre et de l'indigo, mais la première seule est florissante. On voit surtout dans les parties basses du terrain, voisines de la rivière, de grands champs de canne à sucre, et l'on produit jusqu'à présent un sucre d'assez médiocre qualité. Néanmoins, la plante est sensible et quelquefois la récolte est détruite, s'il se produit des gelées blanches nocturnes avant le milieu de mai. A ce moment, la canne à sucre mûrit, et il faut se hâter de terminer la récolte, parce que les gelées blanches arrivent bientôt et sont presque régulières avant la fin du mois.

2. PLUIE

Le caractère général des pluies à Tucuman est tropical ; elles sont assez fortes en été, moindres pendant le printemps et l'automne, et manquent complétement en hiver. Arrivé dans la ville de Tucuman à la fin de juillet, je n'ai vu de véritable pluie que le 10 octobre, mais j'ai vu quelquefois en août (les 14 et 18), et en septembre (du 5 au 7), des précipitations vaporeuses, comme celles que j'avais observées à Mendoza. Cependant, la rosée se présente généralement en hiver, le matin de bonne heure, souvent transformée en gelée blanche, ainsi que nous l'avons déjà dit ci-dessus ; elle est assez abondante, et j'ai vu, le matin de bonne heure, les vapeurs condensées tomber à grosses gouttes du feuillage des lauriers dans la forêt voisine de la ville. Je n'ai pas observé la grêle à Tucuman, quoique parfois elle y tombe ; mais la neige est complétement inconnue dans la plaine, on voit seulement les neiges perpétuelles du sommet d'Aconquija, et celle qui tombe de temps en temps sur les montagnes voisines.

La première pluie que j'observai, le 10 octobre, commença à 6 heures du soir, accompagnée de tonnerres et d'éclairs, venant du Sud-Ouest; la température, d'abord de 25°,5 baissa jusqu'à 10 heures à 21°. Le soir est le moment où commencent en général les pluies à Tucuman ; elles continuent pendant la nuit, et même jusqu'au lendemain matin, mais des journées entières de pluies sont rares. Les pluies sont généralement accompagnées de phénomènes électriques, elles ont lieu durant les jours très-chauds, et s'annoncent par des accumulations de nuages bleuâtres, obscurs au Sud, exactement comme à Mendoza et Paraná, s'avançant du Sud au Nord. Elles sont assez fortes, plus fortes qu'à Paraná, et beaucoup plus fortes qu'à Mendoza ; mais jamais la quantité d'eau tombée en une heure n'a dépassé la hauteur de 3 lignes, et généralement elle est inférieure, à 2 lignes et demie.

En somme, j'ai observé pendant les quatre mois, d'octobre à janvier, 29 cas ou jours de pluie, ainsi répartis :

MOIS	NOMBRE DE JOURS DE PLUIE	HAUTEUR D'EAU TOMBÉE
Octobre............	7	1",4'''
Novembre...........	8	9",10'''
Décembre...........	7	6",4'''
Janvier............	7	6"
SOMMES.....	29	23",6'''

Tout le monde m'a dit que l'année où j'étais à Tucuman était une année assez pauvre en pluies ; que généralement elles commencent dans la seconde moitié de septembre, qu'elles continuent en février, avec plus de force encore qu'en janvier et décembre, diminuent en mars et avril et manquent presque toujours en mai, juin, juillet et août. Il est donc nécessaire, pour connaître la quantité d'eau tombée annuellement, d'augmenter considérablement les chiffres que j'indique, et s'il faut croire aux renseignements qui m'ont été donnés, elle ne serait pas au-dessous de 38″, c'est-à-dire de 15″ pour les quatre mois qui complètent la saison des pluies à Tucuman. Si cette conjecture est juste, on peut dire que la quantité d'eau tombée se distribue ainsi :

Printemps.......... 12 pouces
Eté................ 20   »
Automne........... 8   »

Mais nous savons, par des observations postérieures, qu'il y a aussi des années où il tombe des pluies excessivement fortes, qui causent des inondations complètes et des dommages terribles. Une telle catastrophe arriva à la fin de janvier 1863, et dura pendant presque tout le mois de février ; 22 jours de pluies presque non interrompues, et d'une force telle qu'on n'en avait jamais vu auparavant dans le pays, répandirent sur la plaine une énorme quantité d'eau. J'ai donné une description détaillée de cet événement dans les : *Géograph. Mittheil*, du Docteur A. PETERMANN, à Gotha (Année 1864, page 12), à laquelle je renvoie les lecteurs, regrettant qu'il n'ait été fait aucune observation exacte sur la hauteur d'eau tombée dans cette averse formidable. Mais 22 jours de forte pluie, à peine interrompue, doivent donner une quantité énorme, et la preuve qu'elle n'était pas petite est dans la grandeur des dommages que l'eau tombée causa sur la plus grande partie du terrain bas de la province.

Un autre phénomène de la même catégorie s'est produit pendant l'année courante (mars 1873), frappant un peu plus à l'Ouest, et ruinant de même les provinces de Salta, Tucuman, Catamarca et la Rioja, par une chute d'eau excessive. Les journaux du pays donnent des détails horribles sur les effets produits par l'inondation, effets d'autant plus désastreux, que les provinces occidentales sont précisément les plus pauvres en pluies, d'après ce qui a lieu généralement, et nul n'aurait cru qu'une pareille chute d'eau fût possible dans ces lieux.

3. PRESSION DE L'AIR

Quoique je n'aie pas fait des observations directes, je crois utile de donner quelques indications sur les moyennes barométriques, observées dernièrement à Tucuman et publiées dans le second rapport de M. GOULD, cité sous Cordova.

La hauteur de la position géodésique de la ville de Tucuman au-dessus du niveau de la mer, fournie par mes observations sur la température de l'eau bouillante, m'avait donné la possibilité de calculer aussi la pression de l'air à 723,7 millimètres ou 320,7 lignes. D'après le tableau contenu dans le rapport déjà nommé, ce chiffre est un peu trop haut, comme nous l'avons dit page 114, à cause de la différence d'élévation trouvée par moi et par l'ingénieur du tracement du chemin de fer; il indique la moyenne barométrique de l'année à 722,44 millimètres ou 320,3 lignes, et les moyennes des mois comme elles suivent:

TABLEAU XVI

Septembre............	723,35	(320,5‴)
Octobre.............	721,27	(319,6‴)
Novembre............	720,56	(319,2‴)

PRINTEMPS : 721,72 (319,95‴)

Décembre............	721,47	(319,85‴)
Janvier..............	721,64	(320,0‴)
Février	721,59	(319,95‴)

ÉTÉ : 721,56 (319,92‴)

Mars................	721,50	(319,9‴)
Avril	723,63	(320,7‴)
Mai	723,09	(320,1‴)

AUTOMNE : 722,74 (320,3‴)

Juin................	723,28	(320,4‴)
Juillet	724,48	(321,0‴)
Août................	723,37	(320,5‴)

HIVER : 723,71 (320,8‴)

Maximum : 733,98 (325,3‴)
Medium : 722,44 (320,3‴)
Minimum : 711,50 (315,0‴)

4. VENTS

Les vents offrent à Tucuman à peu près les mêmes caractères qu'à Mendoza : leur mouvement est modéré, et les fortes tempêtes sont rares. On observe aussi souvent les petits tourbillons que j'ai notés à Mendoza, soulevant la poussière, qui tourmente assez les habitants. Ils se produisent surtout pendant la saison chaude et marchent généralement sur la plaine, du Sud-Ouest au Nord-Est. Le tableau suivant montre les vents, tels qu'ils sont notés sur mes journaux, marquant aussi la marche générale du Sud au Nord par l'Est, et du Nord au Sud par l'Ouest.

MOIS	NORD	NORD-OUEST	OUEST	SUD-OUEST	SUD	SUD-EST	EST	NORD-EST
Août	3	0	0	0	8	4	2	2
Septembre	0	0	0	4	3	7	1	0
Octobre	1	0	0	4	2	2	1	1
Novembre	2	0	2	3	4	1	1	1
Décembre	3	2	1	0	3	0	0	0
Janvier	1	0	2	3	2	2	2	0
Sommes	10	2	5	14	22	16	7	4

Dans ce tableau, je n'ai indiqué que les vents assez forts pour être considérés comme de véritables vents ; les mouvements faibles de l'air qui sont les plus fréquents à Tucuman n'y sont pas mentionnés. On voit, par les sommes trouvées, que les vents du Sud, Sud-Est et Sud-Ouest sont ceux qui dominent à Tucuman, du moins entre les mouvements forts ou assez forts pour être sentis. Le vent du Sud qui souffle le plus souvent, se change généralement en Sud-Est, mais quelquefois aussi en Sud-Ouest pour revenir plus tard au Sud ; mais même quand il est arrivé jusqu'à l'Est il retourne parfois au Sud-Ouest par le Sud-Est et Sud, comme cela est arrivé le 23 septembre. Dans les mois d'août et septembre, le vent du Sud passait plus souvent à l'Est qu'à l'Ouest ; dans les mois plus chauds, il passait de préférence à l'Ouest. Le vent du Nord domine pendant les mois chauds et se transforme quelquefois en ouragan, comme par exemple dans la nuit du 8 et du 31 octobre. Ces vents du Nord produisent à Tucuman les mêmes effets que le *Zondo* à Mendoza ; par leur influence, tout le monde est abattu et incapable d'aucun travail. J'éprouvai moi-même ces effets les 20-22 décembre, jusqu'au soir du troisième jour, où un fort orage électrique venu du Sud, rafraîchit la nature et les hommes. Heureusement, ces grandes chaleurs ne se présentent pas plus de 2 ou 3 fois chaque année, et quand elles ont passé, elle ne se reproduisent qu'après un assez long intervalle.

Les vents, sauf ceux du Nord et du Sud, durent toujours peu de temps et soufflent avec beaucoup moins de force ; celui d'Ouest surtout est très-rare et très-faible ; je ne l'ai observé que durant les mois les plus chauds, de novembre à janvier, et seulement une ou deux fois dans chacun.

5. PHÉNOMÈNES ÉLECTRIQUES

Ces phénomènes sont à Tucuman assez forts et plus forts qu'à Mendoza. Il ne manquent pas complétement en hiver, mais ils sont assez rares dans cette saison ; je n'ai observé en août et septembre qu'une seule tempête électrique qui vint du Nord et non du Sud, d'où elles viennent pendant les mois les plus chauds.

Le second orage, après le premier observé en août, eut lieu le 10 octobre venant du Sud-Ouest avec la première pluie du printemps ; il fut très-court, et se déchargea à 6 heures du soir sur la ville même. Je n'en ai pas observé d'autre dans le même mois, mais en novembre j'en ai compté quatre : deux à deux, à peu d'intervalle l'un de l'autre, les premiers, le 3 et le 4 du mois, les deux autres les 26 et 29, tous quatre assez faibles. La première moitié de décembre fut aussi assez pauvre en phénomènes électriques, mais les 22, 25 et 28, il se déchargea sur la ville trois orages assez forts. En somme, je n'ai compté à Tucuman que treize orages électriques pendant mes six mois de séjour dans la ville. C'est un nombre assez faible, car Tucuman est connu dans toute la République Argentine pour la fréquence et la violence de ses orages électriques ; aussi les habitants prétendaient-ils que cette année était excessivement pauvre, et on me montrait les traces de la foudre sur les clochers des églises, et sur d'autres bâtiments élevés, pour preuve de la violence de ces orages dans d'autres moments. Il est vrai qu'à Paraná comme à Mendoza, j'ai compté le plus grand nombre d'orages électriques en février, et cette observation me fait croire qu'il doit en être de même à Tucuman ; mais, même en donnant en février 8 orages électriques, 4 en mars, 3 en avril, 2 en mai et 1 ou 2 en hiver, le total pour toute l'année ne dépasse pas 30, chiffre qui me paraît assez faible pour une localité plus chaude et plus voisine du tropique, si je le compare à la somme des 32 orages observés par moi-même à Paraná. Nous devons donc admettre que la demi-année de mon séjour à Tucuman fut excessivement pauvre en orages électriques, et qu'il s'en produit généralement à peu près 40 chaque année, nombre qui représente la moyenne.

Je ne dirai rien de la formation des orages électriques à Tucuman, parce qu'elle est la même qu'à Mendoza,

Paraná et les autres localités visitées et décrites dans les chapitres précédents.

VI

PILCIAO

Mon ami, M. Frédéric Schickendantz, directeur d'une fonderie à Pilciao, dans la province de Catamarca, m'a fait parvenir quelques observations météorologiques qui jettent beaucoup de lumière sur la constitution du climat de cette province, la plus au Nord des provinces occidentales de la République, et complètent considérablement mes propres observations. Je donne ces observations de la même manière que les miennes pour faciliter la comparaison [24].

La forge de Pilciao est située au Sud de la petite ville d'Andalgalá, généralement nommée *El Fuerte,* parce qu'elle est bâtie à côté d'une ancienne forteresse, que les Espagnols avaient élevée pour se préserver des attaques des Calchaquis, nation indienne, qui sous son héroïque chef Tucumanao défendit longtemps son indépendance contre les envahisseurs. Cette forteresse est située au pied occidental de la *Sierra Aconquija,* à l'entrée d'un passage qui se trouve entre celle-ci et la *Sierra del Ambato,* dont les Indiens profitaient pour venir attaquer la colonie espagnole de la vallée de Catamarca, position principale de cette partie du terrain déjà occupé par les conquérants. Sa position géographique était indiquée sous 27°,25' latitude australe et 26° à l'ouest de Catamarca, c'est-à-dire sous 68° 40' 50" à l'occident de Paris. Pilciao, lieu où M. Schickendantz a fait ses observations, est située à 5' au Sud et 2',6 à l'est d'Andalgalá, environ 933 mètres ou 3,008 pieds par la température de l'eau bouillante à 77°,8 R. (97,3. C.) au dessus du niveau de la mer; il y a dans ses environs une riche végétation de grandes algarrobas (*Prosopis dulcis*), et à l'Orient un petit ruisseau qui fournit à la population l'eau dont elle a besoin.

TABLEAU XVII
OBSERVATIONS COMMUNIQUÉES PAR M. SCHICKENDANTS

MOIS	TEMPÉRATURE			HAUTEUR BAROMÉTRIQUE RÉDUITE AU ZÉRO			EAU TOMBÉE (Lignes)
	Moyennes	Maximum	Minimum	Moyennes	Maximum	Minimum	
Septembre..	12°,2	29°,7	—5°,6				0
Octobre.....	19°,8	36°,0	+3°,2	689,0 (306,0)	700,1 (310,6)	677,9 (300,3)	0
Novembre ..	20°,7	36°,4	4°,6				8 1/4
PRINTEMPS..	17°,5			688,0 (305,0)			8 1/4‴
Décembre ..	23°,8	36°,5	11°,2				13
Janvier.....	24°,5	35°,6	12°,5				34
Février.....	19°,4	31°,8	4°,2				22
ÉTÉ........	22°,5			682,5 (302,4)			5″ 9‴
Mars.......	18°,0	31°,7	4°,0				11
Avril.......	16°,4	32°,4	—0°,2				5 1/2
Mai........	8°,8	21°,8	—5°,6				0
AUTOMNE...	14°,4			686,0 (304,2)			1″ 4 1/2‴
Juin........	9°,6	22°,5	—4°,1				2
Juillet	8°,8	22°,4	—4°,0				9
Août.......	11°,2	27°,2	—4°,8				0
HIVER......	9°,9			689,1 (305,6)			11‴
Année..	16°,0			686,6 (304,4)			8″9‴

Concernant les moyennes de température de cette localité, il est remarquable que quoique le printemps, l'été et l'hiver aient des moyennes supérieures à celles qu'ils ont à Tucuman, celle de l'automne soit inférieure de plus de 2° à la moyenne de la saison correspondante de Tucuman, de telle sorte, que les moyennes de l'année sont presque égales pour les deux localités. Sans aucun doute, le voisinage du haut massif d'Aconquija qui s'élève immédiatement au-dessus de la ville, avec ses sommets couverts de neiges perpétuelles, est cause de cette différence. De même, les extrêmes inférieurs de tous les mois sont plus bas que ceux de Tucuman, malgré que les extrêmes supérieurs surpassent de beaucoup ceux de Tucuman. Nous avons donc, dans les températures de Pilciao, un exemple manifeste des modifications que peut subir, dans toutes les saisons, la température continentale extrême, même en sens inverse, sous des influences particulières et locales, qui élèvent la température pendant le printemps et l'été, et l'abaissent pendant l'automne et l'hiver, car la petite différence de latitude de ces deux villes (35′) en faveur de Tucuman, ne peut pas produire une variation si remarquable.

La hauteur barométrique n'a pas été observée directement, l'observateur n'ayant pas d'instruments ; il a calculé la pression de l'air d'après la température de l'eau bouillante, qu'il a trouvée de 207°,3 Farheinhet ou 77°8 Réaumur, température qui correspond à une élévation au-dessus du niveau de la mer de 2,800 pieds ou 930 mètres. A cette hauteur, la pression barométrique est de 303,5 lignes ou 685,0 mill.; mais l'auteur a ramené le chiffre de la pression barométrique à la température de zéro, et il a aussi obtenu pour octobre une pression, non de 685,0 mill., mais de 689,0 mill., et par conséquent, une moins grande élévation du terrain. Dans ce mois, suivant la règle générale observée à Mendoza et à Paraná, la pression est supérieure à la moyenne de l'année, car octobre est de tous les mois celui dont la pression est presque la plus forte. Partant de cette loi, nous avons suivi, pour déterminer hypothétiquement les moyennes de la pression barométrique de chaque saison à Pilciao, les mêmes proportions qu'à Mendoza, et donné les chiffres indiqués en concordance avec la réduction au zéro de M. SCHICKENDANTZ.

Il nous reste à dire quelques mots sur les hauteurs d'eau tombée en 1865. Elles sont presque égales à celles que nous avons trouvées pour Mendoza, malgré que l'on dise généralement que la quantité d'eau fournie par la pluie est plus petite au nord de la partie occidentale de la République, qu'au sud. Il faut donc croire ce que m'a d'ailleurs écrit M. SCHICKENDANTZ, que l'année 1865 était une année assez riche en pluies, et que la quantité d'eau tombée en moyenne est moindre. Mais il y a une différence entre ces deux localités, c'est qu'à Pilciao il a plu aussi pendant l'hiver. D'après la loi générale, ce n'est pas là une exception, mais la règle; car dans la partie de la région tempérée, même la plus voisine du tropique, l'hiver a aussi des pluies. Il semble donc que le manque de pluies, dans cette saison, à Mendoza et à Tucuman, doit avoir pour causes des circonstances locales, telles que le voisinage des hautes montagnes qui entourent ces villes à l'Ouest, et qui ne permettent pas aux vents alizés de Nord-Ouest de descendre dans leurs plaines en hiver.

Quant au mois le plus riche en pluies, c'est à Pilciao, janvier; à Mendoza, février; à Tucuman, novembre; à Buénos-Ayres, décembre, et à Paraná, février et novembre qui ont une hauteur d'eau égale dans l'année observée. Ces différences semblent indiquer qu'il n'y a pas de fixité dans l'époque des pluies, comme les grandes variations annuelles, observées à Buénos-Ayres, prouvent qu'il y a une certaine variabilité dans la condensation des vapeurs de l'atmosphère en général.

M. Schickendantz a aussi étudié avec beaucoup de soin l'humidité de son lieu de résidence, pendant un mois, celui d'octobre 1865. Ces observations étant contenues dans le *Geograph. Mittheilungen* de 1868 (page 205), publié par M. Ag. Pétermann, à Gotha, je ne veux pas les reproduire ici en entier, mais donner seulement quelques indications sommaires sur les résultats qu'elles fournissent. La température est exprimée en degrés centigrades, et non en degrés Réaumur, pour rendre plus facile la comparaison de ces observations avec celles faites à Buénos-Ayres.

MATIN 7 heures		APRÈS-MIDI 3 heures		SOIR 9 heures		MOYENNES	
SEC	MOUILLÉ	SEC	MOUILLÉ	SEC	MOUILLÉ	SEC	MOUILLÉ
15°,9	5°,3	34°,4	12°,8	24°,9	8°,0	25°,0	8°.7

Dans ce petit tableau comme déjà auparavant, pour le thermomètre mouillé, nous n'avons indiqué que la différence de hauteur existant entre les deux thermomètres, parce que ces petits chiffres montrent plus clairement le degré d'humidité. Nous voyons que cette différence est, comme à Buénos-Ayres, plus grande le soir que le matin, et plus grande encore à midi et dans l'après-midi. L'humidité diminue rapidement, du matin jusqu'à l'après-midi, mais elle augmente de nouveau un peu vers le soir, et l'amplitude de sa variation quotidienne est assez grande, et beaucoup plus grande qu'à Buénos-Ayres. Il est évident aussi que l'atmosphère de Pilciao est plus sèche que celle de Buénos-Ayres, car les différences entre les deux thermomètres y sont plus grandes que les correspondantes de Buénos-Ayres, et cette différence, dont la moyenne est seulement de 8°,7, s'élève quelquefois, d'après les observations de M. Schic-

KENDANTZ, jusqu'à 16,0, á midi ou dans l'après-midi, dépassant de beaucoup l'extrême le plus élevé de Buénos-Ayres, qui est de 12°,5. Les extrêmes supérieurs de cette différence, observés à Pilciao, sont pour les trois heures: 8,4 à 7 heures du matin; 16,0 à 3 heures après-midi, et 12,4 à 9 heures du soir, différence qui ne se produit à Buénos-Ayres que dans les heures les plus sèches de l'après-midi.

Calculant par ces moyennes les autres valeurs de l'humidité, nous obtiendrons les résultats suivants:

Tension de la vapeur dans l'air,... 4,61
Point de la rosée................. 9,60
Saturation....................... 0,44 p. ct.

Quantité d'eau évaporée dans un pied cubique d'atmosphère 0.021 *Loth* prussiens, ou 0,349 gr. français.

VII

BAHIA BLANCA

La petite ville de ce nom est située à la fin de la baie du même nom, sous 38°41'36" latitude australe et 62°16' de Greenwich (64°36' de Paris), entre les deux bras de l'embouchure de la petite rivière Naposta (tome I, page 347) avec une hauteur de 8-10 m. au-dessus de la mer. Un habitant habile, M. PHILIPPE CARONTI, a fait dans cette ville, depuis quinze ans, des observations météorologiques, dont les résultats sont communiqués dans le *Registro estadístico nacional*, (tome II, page 179 et tome IV, page 126). Ces résultats je les répète ici, adjoignant l'introduction, que la végétation des environs, comme celle de toute la Patagonie orientale et centrale, est assez pauvre, mais que le lit de la rivière et les bordures de la baie ont quelques bons endroits couverts d'une végétation fraîche, entre laquelle de grands saules sont les plus remarquables. Un escarpement de 120-150 pieds (40-50 mètres) de hauteur, comme bordure de la plaine patagonienne stérile, enferme les localités basses, et cette situation les défend contre l'influence des vents rapides qui règnent sur cette plaine et leur donne une constitution physique plus modérée et plus favorisée pour la culture. Tous les arbres fruitiers et toutes les plantes cultivées dans le milieu de l'Europe se cultivent ici avec bon succès, et le blé comme les raisins de Bahia Blanca sont bien connus comme produits remarquables à Buénos-Ayres. L'hiver est doux, quoiqu'il tombe 2 ou 3 fois de la neige, qui reste seulement quelques heures ou à peine un jour entier. L'organisation naturelle de ces régions a beaucoup de rapport avec celle de la *Pampa* occidentale entre Cordova et Mendoza, et principalement des environs de San Luis ; on trouve ici les mêmes animaux remarquables du côté occidental du pays, parmi lesquels je veux nommer seulement le guanaco, le lapin (*Dolichotis*), la martineta (*Eudromia elegans*), le gallito (*Rhinocrypta lanceolata*) et différentes espèces des Nycteliens comme les plus intéressantes [25]. Il me semble que cette similitude prouve que l'organisation de la Patagonie est descendue dans la même route avec la direction des petites rivières qui viennent de la Cordillère et se perdent dans la grande plaine de la Pampa (Cf. tome I, page 325, chapitre XIII). La première demeure de ces organismes a été sur les escarpements au pied de la Cordillère, d'où ils sont sortis peu à peu, quand en avant de ces escarpements la plaine fut soulevée du fond de la mer. Avec les organismes des environs de Buénos-Ayres ceux de Patagonie n'ont aucun rapport; la partie orientale de la Pampa, et principalement le terrain onduleux de la Mésopotamie argentine, a reçu son organisation du Brésil oriental, où la chaîne de la *Sierra do mar* a fait un centre correspondant pour les premiers produits de l'organisation, comme les Andes au côté occidental du pays. Les deux centres étaient complétement séparés par la grande plaine centrale de l'Amérique du Sud, qui n'existait pas à cette époque, sinon sous la forme du sol de l'ancien Océan primitif.

Les observations de M. Caronti, faites pendant quinze ans (de 1860-1874), ne sont pas publiées complétement, mais leur résultat se trouve dans le *Registro estadístico*, et une année plus tard dans le Rapport de M. Gould (page 44). Le résultat général des centigrades, réduits à ceux de Réaumur, se présente comme il suit :

RÉSUMÉ DES HUIT ANNÉES (1860-1867.)

	MOYENNES DE LA TEMPÉRATURE	HAUTEUR D'EAU TOMBÉE	JOURS DE PLUIE	JOURS CLAIRS	JOURS COUVERTS
Printemps..	12,5	118,7ᵐᵐ	11	60	19
Été........	19,2	121,7	10	65	17
Automne...	13,0	114,4	10	56	25
Hiver......	7,3	33,5	5	68	19
Année...	12,9	388,0ᵐᵐ 17",4'''	36	249	80

Pour l'année 1867 seulement on trouve le tableau suivant un peu plus détaillé :

	TEMPÉRATURE			Hauteur de l'eau tombée	Jours de pluie	Jours clairs	Jours couverts
	Moyennes	Maximum	Minimum				
Printemps...	16,4	29,6	3,2	123,4	9	68	13
Été.........	21,2	32,0	10,4	79,3	8	63	17
Automne....	11,2	24,0	—1,6	93,4	10	58	25
Hiver......	8,4	18,0	—1,6	15,3	3	68	23
Année...	14,5			311,4mm 13″,7‴	30	257	78

Enfin, pour l'année 1874, dans le rapport de M. GOULD, les saisons sont marquées ainsi :

Printemps..... 12°3' Réaumur 15°4' Celsius
Été........... 18°8' » 23°6' »
Automne...... 12°9' » 16°2' »
Hiver......... 7°3' » 9°7' »
Année........ 12°8' » 16°0' »

Maximum 29°7'   Minimum —2°7'
— (37°8')   — (—3°,0').

Il est évident que l'année 1867 dût être une année exceptionnellement chaude, car la moyenne de 14°5' est au-dessus de celle de Buénos-Ayres, quoique Bahia Blanca soit, à peu près, 4°5' plus au Sud. A Buénos-Ayres nous n'avons jamais trouvé une température moyenne de 14°5 et un maximum de 32°.

Comparé avec le climat de Mendoza, l'hiver est un peu plus chaud à Bahia Blanca, effet produit par le climat de la côte de la mer ; mais les autres saisons y sont plus froides, comme il en est toujours dans les localités de la même situation. En comparaison avec Cordova, Bahia Blanca surpasse cette ville sur la température d'été, mais elle reste au-dessous dans les trois autres saisons, et principalement à Cordova l'hiver est plus chaud qu'à Bahia Blanca, où il semble que les variations du climat y sont plus grandes, comme le prouve l'année exceptionnelle de 1867.

La quantité d'eau tombée en pluie, donne le rapport de M. Gould, d'après les observations de 13 ans, à 413 millimètres (18 ⅔ pouces) pour l'année ; hauteur excédant aux observations antérieures de M. Caronti, et prouve la variabilité du phénomène, presque égale à celle de Buénos-Ayres, quoique la quantité soit bien moindre et ne dépasse pas la moitié de l'eau tombée annuellement dans cette dernière ville. La saison la plus pluvieuse est l'été, donnant presque un tiers de toute la hauteur; le printemps et l'automne sont moins pluvieux, donnant chacun une hauteur presque égale ; une très-petite quantité tombe pendant l'hiver. L'année la plus riche en pluie a donné une hauteur de l'eau de 500 millimètres (20 pouces), toutes les autres montrent des variations remarquables.

On voit par ces détails que le climat de la Patagonie supérieure n'est pas si pluvieux que celui de Buénos-Ayres et de Cordova, mais qu'il excède considérablement celui de Mendoza et Pilciao, s'élevant presqu'au double. Cette différence vaut aussi pour les régions d'ouest de la Patagonie, car nous savons que dans la province de Mendoza, la partie australe est plus riche en pluie, aux environs du fort San Raphael, qu'à ceux de la capitale. Dans tout le côté occidental de la Patagonie, au pied des Cordillères, existent de belles forêts, et des pâturages verts, qui manquent complétement dans les plaines au nord du Rio Diamante, qui peut être regardé comme la véritable frontière entre la Patagonie et la Pampa stérile des provinces de la côte occidentale de la République [20].

Enfin, la pression barométrique moyenne se donne pour l'année 1873-74 comme suit :

7 heures du matin... 759,95 mm. 336,8 lignes.
2 » après-midi.. 758,71 » 336,1 »
9 » du soir..... 759,12 » 336,3 »
Moyennes de l'année.. 759,26 » 336,4 »

VIII

RÉSUMÉ DES STATIONS [17]

La comparaison des sept stations traitées précédemment prouve que la plus grande différence du climat de la République Argentine se prononce entre le côté oriental, représentant les caractères du climat *littoral* et le côté occidental qui représente le climat *continental*.

Le climat du côté de la mer, nommé scientifiquement le *littoral*, se distingue par la modération générale de la température et par l'abondance de la pluie ; mais ces localités diffèrent entre elles, d'après leur situation plus ou moins au Nord ou au Sud, et par leur élévation sur le niveau de la mer. Par ces conditions, Buénos-Ayres est moins chaud que Paraná, celui-ci est moins chaud que Tucuman, mais Cordova inférieur à ces deux par sa position plus haute que Paraná, situé comme lui presque sous le même degré de latitude. L'abondance de la pluie provient du courant prévalant du mousson d'Equateur, qui porte les évaporations de la mer sur la terre, sans être retenu par des montagnes hautes, comme les Cordillères à l'autre côté du terrain Argentin. Les courants humides seront condensés par les vents froids polaires de Sud et Sud-Ouest, et donnent, comme résultat, une hauteur moyenne de l'eau tombée entre 30-40 pouces (680-820 millimètres) de l'année. Concernant la différence de la saison froide et chaude, celle-ci ne surpasse pas 12°, tandis que les moyennes de l'année varient de 13° dans la moitié du Sud à 16° dans l'autre du Nord, et les extrêmes sont complétement égaux.

Le climat du côté occidental, nommé avec raison l'Andien, est *continental* par excellence, très-sec, a des hivers un peu plus froids et des étés un peu plus chauds, mais montre les mêmes différences de la température générale du Sud au Nord comme le côté oriental de la République. La sécheresse de ce côté dépend principalement de la haute chaîne des montagnes qui séparent ce côté de la mer. Il est bien connu que le courant d'Equateur, s'élevant de l'Océan pacifique, court en avant des Cordillères au Sud et ne se condense plus que sous la latitude de 40°. Toute la moitié boréale du Chili est également pauvre en pluie, comme la même partie de la République Argentine au pied oriental des Cordillères ; les pluies régulières commencent au Chili dans la province de Valdivie, et s'augmentent rapidement sur les îles de l'Archipel de Chonos, qui n'ont presque pas un jour véritablement clair et sec. L'humidité de l'air ne surpasse pas les Cordillères, dans cette partie de l'Amérique du Sud, sauf une petite quantité, condensée par les sommets couverts de neige perpétuelle, qui donnent naissance aux pauvres petites rivières que nous avons décrites dans le tome I, page 325. Dans ce district la quantité de l'eau tombée annuellement n'excède pas 8-10 pouces (200-230 millimètres) c'est-à-dire un tiers ou un quart de la quantité que reçoit l'autre côté oriental, quoique les températures des saisons soient presque les mêmes, et la différence entre l'hiver et l'été soit très-petite en faveur de la grandeur. Mais le courant d'Equateur régnant dans tout le district occidental et formé principalement sur le plateau sec d'Atacama et du Despoblado (plateau de l'uma), rend très-incommode en été cette partie de la République, et produit les vents chauds qui règnent ici, bien connus sous le nom du *Zondo*.

Enfin, reste un troisième climat de la République Argengentine, au Sud du 39-40° de latitude. Ce climat, que nous nommerons le *Patagonien*, se distingue des deux autres par une baisse générale de la température dans toutes les saisons, augmentant peu à peu cette baisse avec la direction plus avancée au Sud, et par la différence moindre des deux côtés en regard de la pluie, étant, la moitié orientale, moins pluvieuse que le climat littoral plus au Nord, et la moitié occidentale plus riche en pluie que le climat andien. Cette différence dépend des mêmes circonstances : le courant d'Equateur n'est pas si humide au Sud du continent qu'au Nord, parce que la température plus basse ne soutient pas ici une si grande évaporation; et de l'autre côté, les Cordillères, qui sont beaucoup plus basses au Sud, comme nous avons vu dans le vol. I, p. 227, permettent, de cette manière, à une quantité des vapeurs d'eau de l'atmosphère de surpasser leur chaîne et se condenser de l'autre côté par le courant polaire du Sud, régnant ici. Par cette circonstance, la moitié occidentale de la Patagonie est plus pluvieuse que la moitié orientale, et ces pluies entretiennent les grandes forêts et les pâturages qui croissent ici, comme aussi les sources de beaucoup de ruisseaux donnant origine aux grandes rivières qui traversent la terre Patagonienne jusqu'à l'Océan Atlantique, sans recevoir aucun autre affluent, dans tout leur cours, de la côte orientale beaucoup plus pauvre en pluie.

Nous terminons avec ces indications la climatologie argentine, donnant dans le tableau suivant un aperçu des résultats obtenus dans les chapitres précédents de notre Traité.

XVIII
TABLEAU SYNOPTIQUE
des principaux phénomènes météorologiques observés par l'auteur.

ISOTHERMES			QUANTITÉ D'EAU TOMBÉE ANNUELLEMENT		PRESSION BAROMÉTRIQUE			ÉLÉVATION DU TERRAIN AU-DESSUS DE LA MER		
DE L'ANNÉE	DE L'ÉTÉ (Isothères)	DE L'HIVER (Isochimènes)			Lignes	Millimètres	LOCALITÉS	Pieds français		LOCALITÉS
17°,0					304,4	686,6	Pilciao	3008 (983mm)		Pilciao
16°,0	22°,0 Pilciao (22°,5)	10°,0 Paraná (10°,1)	38"	Tucuman	310,4	700,0	Mendoza	2354 (772)		Mendoza
	Tucuman (16°,2) Pilciao (16°,3)									
15°,0	21°,0 Tucuman (21°,9)	9°,0 Pilciao (7°,9) Tucuman (9°,5)	35"	Buénos-Ayres (35",6''')	321,8	725,2	Tucuman	1386 (453)		Tucuman
	Paraná (15°,6)									
14°,0	20°,0 Paraná (20°,7)	8°,0 Cordova (8°,2)	33" 32"	Paraná (33",1/2''') Cordova	320,8	723,5	Cordova	1278 (417)		Cordova
13°,0	19°,0 Mendoza (19°,0)	7°,0 Buénos-Ayres (7°,9) Bahia-Blanca (7°,3)	18"	Bahia-Blanca (18",4''')	335,0	756,3	Paraná	215 (70)		Paraná
	Cordova (13°,3) Buénos-Ayres (13°,2) Mendoza (13°,1)	18°,0 Bahia-Blanca (18°,8) Buénos-Ayres (18°,5) Cordova (18°,1)	6°,0 Mendoza (6°,7)	9"	Pilciao (8",9''')	338,0 336,4	762,8 759,2	Buénos-Ayres Bahia-Blanca	50-60 (16-20) 25-30 (8-10)		Buénos-Ayres Bahia-Blanca
12°,0	Bahia-Blanca (12°,8)		8"	Mendoza (8")						

NOTES

1 (2)*. Pendant quelques années le *Registro Estadístico Nacional*, rédigé depuis 1865 par M. DAMIAN HUDSON, a commencé à publier des observations météorologiques faites à Buénos-Ayres par M. MANUEL EGUIA et à Mendoza par M. FRANKLIN VILLANUEVA. J'ai préféré ne pas mêler ces observations avec les miennes, pour ne pas déranger l'exactitude de mes résultats. Celles du premier observateur ne sont pas assez complètes pour être considérées en tout, renfermant en elles beaucoup d'interruptions; celles du second sont faites avec un anéroïde non corrigé par un baromètre à mercure, et par conséquent elles ne donnent pas la véritable pression barométrique. Cependant j'ai utilisé les observations hygroscopiques de M. EGUIA parce que mon domicile, dans le Musée Public, ne me permettait pas des observations semblables, à cause des perturbations perpétuelles auxquelles mes instruments auraient été exposés dans cette localité.

Depuis 1870, le gouvernement Argentin a fondé des stations météorologiques dans toute la République, et le Directeur de l'Observatoire National à Cordova, M. B. A. GOULD, tout en ayant la direction de ce nouvel établissement, s'est aussi chargé de donner quelques dates sur différents points de la République, et dont nous nous occuperons à la fin de nos propres observations.

2 (3). La principale cause des ravages des deux maladies, je l'attribue à la manière de bâtir les maisons sans souterrains, et c'est pour cela que l'humidité du sol entre directement dans les chambres du rez-de-chaussée, préférées en général par la population pour domicile. Avec raison, M. de PETTENKAFER, dans sa brochure : *Boden-und Grundwasser in ihren Beziehungen zu Cholera u. Typhus* (München, 1869. 8), dit que ces deux maladies sont en rapport correspondant avec les eaux souterraines de la localité où elles se trouvent.

3 (5). Dernièrement, j'ai vu quelques belles asperges blanches cultivées par un amateur dans son propre jardin ; mais ces pousses tout à fait ex-

(*) Les chiffres entre parenthèses indiquent la page du texte.

traordinaires ont fait une telle impression, que la rédaction des *Anales de Agricultura* a publié une figure et une description de ce phénomène remarquable, Volume I, page 156 de ce journal. On trouve aussi là dedans la figure d'une fraise gigantesque (t. I, page 186) de la grandeur d'un œuf de poule.

4 (6). Les oranges, comme tous les autres fruits nommés, furent introduits par les Espagnols; il n'existait pas un seul arbre fruitier qui donnât de bons fruits dans ce pays, avant la conquête, et même les régions plus au Nord, comme le Paraguay, ne les avaient pas, sauf le goyave. On dit souvent que les oranges étaient les pommes dorées des Hespérides et qu'Hercule en a apporté le premier en Grèce; mais c'est une erreur, les oranges douces n'ont pas été connues en Europe avant le quinzième siècle, importées par les Portugais, de la Chine et des Grandes-Indes, à Lisbonne, d'où elles furent répandues peu à peu sur les bords de la Méditerranée (Voyez HOOKER, *botanic Misc.* I, 302 et HEHN, *Cultur-Pflanz.* page 389.

5 (7). Ces insectes sortent quelquefois avec une telle rapidité et en si grande quantité, qu'on a parlé d'une pluie d'insectes. Voyez sur ce phénomène mes notices dans la *Gazette entomologique* de Stettin, année 1872, page 227.

6 (7). Gelées de la nuit, qui sont très-générales dans le terrain au sud de la ville, comme à Quilmes, Lomas de Zamora, San Vicente, et plus encore aux environs des petites villes, telles que Ranchos, Chascomus, Dolores, etc., où il y a toujours une température un peu plus basse et assez souvent de la glace formée pendant les nuits de l'hiver sur les eaux des tonneaux et seaux ouverts. Il est très-rare de voir de la gelée à Buénos-Ayres même. Je l'ai observée sur mes fenêtres, situées au Sud, seulement les deux fois mentionnées dans le texte, quoiqu'il y ait aussi plusieurs fois des gelées dans les environs assez voisins de la ville. A l'extérieur, elles commencent déjà en mai et continuent jusqu'en novembre; même pendant le mois de décembre on prétend avoir observé l'une ou l'autre année, des gelées de la nuit. Ceci m'a été dit, mais moi-même je n'ai pas remarqué cette baisse extraordinaire de température. Généralement, les gelées ne se trouvent pas avant la fin de mai et n'excèdent pas le commencement de novembre; mais depuis juin jusqu'en octobre. elles sont régulières, quoiqu'elles ne viennent pas chaque nuit dans cette période; particulièrement au sud de la ville, on peut les donner comme régulières.

7 (10). Mes observations de l'année 1874 ne sont pas calculées avec celles des précédentes, parce que le calcul de celles-ci était déjà fait, et je ne crois pas nécessaire de changer mes résultats pour adjoindre celles d'une année de plus.

8 (25). J'ai parlé même, dans un rapport à la Société géographique de Berlin (voyez le journal allemand *Zeitschr.*, *f. allgem. Erdkunde*, tome XIX, page 368, Berlin, 1865, 8), de neige tombée à Buénos-Ayres; mais d'après de fausses relations qui me furent données, c'était une forte rosée, comme il est décrit dans le texte, qui avait trompé les observateurs. Cependant, j'ai vu tomber en vérité quelques flocons de neige le matin du jour mentionné dans le texte, page 45, mais disparaissant au moment où ils touchaient la terre.

9 (40). J'ai envoyé une courte description de ce remarquable orage de l'année 1866 à M. Dove, de Berlin, qui a fait imprimer ma communication dans le *Journal de la Soc. Géogr.*, tome I, page 357. Une description très-semblable du même phénomène, passé le 10 février 1832, a été donnée par M. Woodbine Parish dans son ouvrage bien connu : *Buenos-Ayres from the conquest*, page 128, où l'auteur dit qu'une énorme quantité d'oiseaux entrèrent dans la ville, pour se réfugier contre les effets de l'orage, ce que je n'ai pas vu en 1866.

Je place ici quelques dates sur la force relative des vents, tirées de l'*Essai pour servir à une description physique et géognostique de la Province de Buénos-Ayres*, Zürich, 1866, 4, de Heusser et Claraz, où les auteurs donnent, page 102, le tableau suivant :

VENTS	NOMBRE DE FOIS QU'ILS ONT SOUFFLÉ PENDANT L'ANNÉE	VITESSE MOYENNE EN MILLES PAR HEURE	INTENSITÉ PAR LE NOMBRE DES JOURS
N............	73	8,00	584,00
N.-E..........	60	7,83	469,80
E............	66	9,55	630,00
S.-E..........	43	11,72	503,00
S............	24	10,94	263,56
S.-O..........	56	10,36	580,16
O............	35	14,25	498,75
N.-O..........	19	7,47	141,93
Vitesse moyenne : 10,01			

En comparant deux à deux les vents opposés et en prenant pour unité celui dont le chiffre est le moins fort, en se servant des chiffres des 3 colonnes du tableau précédent, ils déduisent les rapports suivants :

FRÉQUENCE	VITESSE	INTENSITÉ
S. : N. = 1 : 3,04	N. : S. = 1 : 1,37	S. : N. = 1 : 2,2
S.-O. : N.-E. = 1 : 1,07	N.-E. : S.-O. = 1 : 1,31	N.-E. : S.-O. = 1 : 1,2
O. : E. = 1 : 1,91	E. : O. = 1 : 1,59	O. : E. = 1 : 1,2
N.-O. : S.-E. = 1 : 2,26	N.-O. : S.-E. = 1 : 55	N.-O. : S.-E. = 1 : 3,5

On voit par ces chiffres, que si les vents orientaux soufflent plus fréquemment que les vents occidentaux, ceux-ci sont, par contre, beaucoup plus violents ; c'est ce que tous les habitants savent par expérience.

10 (48). Mes relations antérieures sur la neige observée à Buénos-Ayres sont en opposition entre elles et sont publiées dans le *Zeitschr f. allg. Erdkunde.* Tome 19, page 368 de la dernière série, et dans le *Journal de la Société Géographique de Berlin,* tome I, page 324 et Tome II, page 187. Voyez la note 8.

11 (49). Les observations barométriques sont faites avec un instrument supérieur, de la fabrique de M. Pistor à Berlin, suivant la construction de Fortin. Je les donne, comme elles sont faites, sans réduction au zéro. Ma station était dans le Musée Public de Buénos-Ayres (coin de la rue Potosi), à une hauteur de 20-22 pieds, presque 7 mètres, au-dessus du sol de Buénos-Ayres, qui est élevé à 50 pieds (16 mètres) au-dessus de l'Océan Atlantique, ou 40 pieds (13 mètres) au-dessus du Rio de la Plata.

12 (59). La position géographique de Mendoza se trouve exposée sérieusement dans le tome I, page 417, note 92, où j'ai corrigé aussi l'erreur de l'élévation à 707 mètres, que donne M. Petermann par une faute d'impression dans le rapport sur le nivellement du chemin de fer Andien, dans sa carte géogr. de la République Argentine, au lieu de 772 (ou 770 en somme ronde).

13 (60). On trouve dans le *Registro Estadístico de la Rep. Arg.*, publié depuis 1866 à Buénos-Ayres par le département statistique du gouvernement national, beaucoup d'observations météorologiques, parmi lesquelles existent celles de M. Franklin Villanueva sur Mendoza. Les comparant avec les miennes, faites en même temps, j'ai trouvé quelques différences qui m'ont décidé à ne pas mêler nos observations, pour conserver un résultat pur. L'auteur, que je connais personnellement comme observateur habile, a fait ses observations au centre de la ville, dans sa cour, tandis que les miennes furent faites en dehors d'elle, à côté de l'Alameda, dans une *quinta*, sans être dérangé par les réfractions des objets voisins,

telles que les autres maisons, la mienne étant défendue par des arbres contre l'influence de la chaleur rayonnante.

14 (62). Pour compléter mes observations de l'année 1857, j'ai pris les mois de janvier à mars du *Registro Estadistico*, tome III, page 151 seq., en réduisant un peu les chiffres qui y sont donnés, parce que, comparant ces observations aux miennes, j'ai trouvé les chiffres qu'elles fournissent pour les autres mois, supérieurs aux miens. La diversité des instruments est probablement la cause de ces différences.

15 (69). Dans le *Registro Estadistico* on trouve aussi notés (tome III), pour 1858, un jour de neige en juillet et trois jours de grêle en octobre, novembre et décembre ; il semble, par conséquent, que le printemps et l'été sont généralement les saisons où la grêle tombe à Mendoza.

16 (70). Voyez le même *Registro* qui compte, pour l'année 1858, 48 jours de pluie, dont 14 tombent pendant le printemps, 23 pendant l'été, 7 pendant l'automne et 4 pendant l'hiver. Cette année est donc exceptionnellement très-pluvieuse. Un auteur récent, M. J. B. Massé a calculé, dans son « Essai sur le climat de la République Argentine» (*Anales de la Sociedad Cientifica*, tome I, page 77), la quantité de pluie qui tombe annuellement à Mendoza, la donnant de 225 millimètres (10 pouces), c'est-à-dire un peu plus haute que les 195 millimètre (8 pouces 5 lignes), que j'ai déduits de mes propres observations.

17 (81). Les observations barométriques de Mendoza, publiées dans le *Registro Estadistico*, quoique faites à l'aide d'un instrument non corrigé, prouvent aussi une élévation de la moyenne pendant l'hiver. Dans la note prochaine je les comparerai avec les miennes, pour prouver qu'elles ne donnent pas la véritable hauteur barométrique de cette ville.

18 (82). On sait bien, par les observations générales, que la pression barométrique, au niveau de la mer, entre 30 et 40 degrés de latitude, est à peu près 338,0 lignes (763,0 millimètres), c'est-à-dire presque la même que nous avons trouvée pour Buénos-Ayres (762,8 millimètres). Il est évident que Mendoza, située à 772 mètres au-dessus du niveau de la mer, ne peut pas avoir la même pression barométrique que Buénos-Ayres, ainsi que les observations publiées dans le *Registro Estadistico*, tome III, sembleraient le prouver. La différence de 67 millimètres, qu'il y a entre ces observations et les miennes, correspond presque exactement à l'élévation de 772 mètres au-dessus de la mer, et prouve l'exactitude de mes propres observations, comme l'inexactitude de celles des autres. Elles sont faites, comme l'auteur dit, à l'aide d'un anéroïde reçu de Valparaiso, qui n'était pas corrigé, comme il est nécessaire pour cet instrument, d'après un baromètre de mercure ; l'instrument a conservé sa tension pour Valparaiso et indique la pression barométrique au côté de la mer Pacifique.

19 (92). J'ai donné des notions plus détaillées sur le tremblement de terre à Mendoza dans deux mémoires imprimés dans les *Actes de la Société d'Histoire naturelle de Halle* (tomes VI et VII). Autres communications, confirmées par des témoins oculaires, se trouvent dans quelques journaux de Buénos-Ayres du même temps, comme la *Tribuna* du 23 mars, qui signale que, même à Buénos-Ayres, on a senti quelques effets par des altérations dans la marche d'un pendule, et principalement un « Exposé scientifique » de M. Dav. Forbes, dans le *Nacional* du 17 mai 1861 (N° 2671), qui avait visité les localités immédiatement après la catastrophe. Aussi, le *Zeitschr. f. allg. Erdk.* (*N. Folg.*, tome XI, page 374) donne un résumé des phénomènes, et le *Illustr. Zeitung*, de la même année (1861), une courte description, avec la vue de la place de la ville, exécutée d'après mon dessin. Il est digne de noter ici, qu'en même temps que le second mouvement le plus fort du 8 août, le volcan Chillan au Chili (36° 7' 5" L. A.), a fait une éruption très-forte, pendant laquelle se formait un nouveau cratère à côté du cône volcanique.— On dit généralement que M. A. Bravard, qui a péri dans la catastrophe de Mendoza, avait pronostiqué un tel événement dans cette ville ; mais il est évident qu'il n'a parlé que par quelques indications générales sur les phénomènes volcaniques dans les environs de Mendoza, sans deviner spécialement sa ruine prochaine. Dans le même sentiment, j'ai parlé, dans mon *Voyage* (tome I, pages 228 et 347), sur ce thème, en décrivant les phénomènes volcaniques et les petits tremblements de terre, que j'avais expérimentés pendant mon séjour dans la ville.

20 (97). J'ai déjà parlé de ce phénomène (tome I, page 285 et page 401, note 57), en avisant que les Brésiliens nomment ce petit arrêt des pluies: *Veranico*, et lui donnent un grande importance, comme un temps de tranquillité dans l'atmosphère. Par cet arrêt des pluies, le mois de janvier a généralement une hauteur moindre de l'eau tombée que décembre et février, qui sont les plus riches en pluie de l'année. Voyez mon *Voyage au Brésil*, page 152.

21 (106). Le titre du rapport nommé est le suivant: *Observatorio Astronómico y Oficina Meteorologica de la República Argentina; informes presentados al Ministro de Instruccion Pública, por el Director,* Dr. B. A. Gould. *Buenos Aires, 1874. 8.* — Il donne une explication détaillée des travaux des deux établissements et un avis sur les observations faites, en société, avec l'Ingénieur supérieur du gouvernement, M. Pompeyo Moneta, sur la position géographique de différentes villes, dans l'intérieur de la République. Si l'auteur dit dans ce rapport (page 23), que la petite ville de Rio Cuarto a été mise par erreur à l'Est de Cordova, au lieu d'être à l'Ouest, comme dans toutes les cartes géographiques connues à lui, à l'exception de la dernière publiée par l'*Oficina de Ingenieros*, il a fait aussi une petite erreur, car dans la carte publiée par moi, avec la description de mon voyage (tome I, 1861), la ville de Rio

Cuarto se trouve à l'Ouest de Cordova, et plus encore que le rapport cité l'indique. Il est évident que M. Gould n'a pas consulté sur ce point mon livre. Il faut noter que la hauteur de 417 mètres, donnée dans le texte à la ville de Cordova, se réfère à la plaine au-dessus du bassin de la ville ; celle-ci a la hauteur moindre de 382 mètres, comme je l'ai dit dans mon *Voyage*, etc., tome I, page 501.

22 (113). Un jeune botaniste, M. G. Hiéronymus, maintenant professeur de botanique à l'Université de Cordova, a donné un exposé général de la végétation de la province de Tucuman, lequel se trouve dans le *Bulletin de l'Académie nationale des sciences exactes à Cordova*, tome I, 1875. Nous renvoyons le lecteur à cet exposé assez détaillé.

23 (117). Il résulte de ces températures très-basses, qui se trouvent déjà quelquefois au commencement de mai, depuis le 10 du mois, que la canne à sucre, généralement cultivée à Tucuman, est exposée à de grandes pertes, si ces températures basses viennent avant la récolte, qui ne se commence pas avant la première semaine du mois de mai ; car la plante est très-sensible à une baisse de la température au-dessous de zéro, et se perd complétement jusqu'à la racine par une seule gelée de la nuit. J'ai vu moi-même un grand champ ruiné par une telle gelée, avant mon arrivée dans la ville ; on remarquait une multitude de petites taches noires sur les feuilles, produites par la rosée gelée pendant la nuit, qui tuent bientôt toute la partie de la plante au dehors de la terre. J'ai observé le même effet au Brésil, sur les feuilles des bananiers, le 31 juillet 1851. Tout près de Santa Lucia, dans Minas Geraës, plusieurs des feuilles les plus jeunes, et par conséquent les plus sensibles, étaient tuées par une gelée de la nuit. (Comparez mon *Voyage au Brésil*, page 413.)

24 (128). Les observations de M. Schickendantz sont aussi publiées dans les *Geograph. Mittheil.* du docteur Petermann, de l'année 1868, page 205. Dans cette publication, les observations sur la température sont données en centigrades ; dans le texte d'ici je les ai changées en degrés Réaumur.

25 (131). J'ai parlé, dans différents petits mémoires zoologiques, sur cette similitude remarquable de la faune de Patagonie et des environs de Mendoza, San Luis et Cordova, principalement de l'identité spécifique des insectes, qui était déjà signalée par Darwin (*Voyages d'histoire naturelle*, t. II, page 93 de la traduction allemande). Dans l'introduction au livre cinquième, le lecteur trouvera des communications plus détaillées sur le même thème.

26 (137). La supériorité de la végétation du côté occidental de la Patagonie sur celle du côté oriental, au-dessous du 39°, où de nombreux ruisseaux prennent leur origine dans les Cordillères, pour former le territoire très-étendu des sources du rio Negro, que nous avons indiqué (tomo I,

page 338), est constatée dernièrement par le voyage du lieutenant Musters, que je ne connaissais pas en original pendant la conception du premier tome, comme je l'avais dit dans la note 80, page 407. L'auteur confirme aussi l'existence des forêts de pommiers sauvages (dont j'avais douté tome I, page 196), dans un endroit tout près du 38°,30' latitude australe nommé *Manzanares*, comme les indiens qui vivent dans ces parages, d'après le mot espagnol *manzana*, qui signifie *pomme*. Il est évident par ce nom que ces arbres furent introduits par les jésuites, qui avaient fondé une mission au nord du lac Nahuel Huapi, abandonnée après leur expulsion. Nous savons par le voyage de Darwin (traduction allemande, tome II, page 56) que les pommiers se cultivent avec une grande facilité sous le même degré de latitude au Chili, et il n'est pas surprenant que les indiens aient conservé des arbres si utiles à leur propre existence. Sous la même latitude se trouvent aussi, dans les gorges des Cordillères, des deux côtés de la chaîne, les sapins américains (*Araucaria chilensis*) qui donnent des pépins comestibles, également usés par les indiens sous le nom espagnol de *piñones*.

27 (138). Dernièrement, M. J. B. Massé a publié un petit mémoire sur le climat de la République Argentine dans les *Anales de la Sociedad Cientifica Argentina*, tome I, numéro 2 (février 1876). Ce mémoire est fondé sur les observations communiquées dans le second rapport de M. Gould, et en donne quelques autres, que je ne pouvais pas prendre en considération pendant la conception de cette partie de mon livre, parce qu'elles n'étaient pas encore publiées à cette époque. Ce sont les observations faites à Salta, Corrientes et San Juan, qui me manquaient auparavant. Elles prouvent un bon accommodement à mes propres stations. Ainsi, les températures de *Salta* tombent entre les moyennes de Cordova et Paraná, parce que la localité, quoique plus au Nord, a une élévation considérable sur le niveau de la mer ; celles de *Corrientes* surpassent un peu les correspondantes de Tucuman, à cause de sa situation moins élevée sous le même degré, et celles de *San Juan* sont un peu supérieures (presque 1° R.) aux mêmes de Mendoza, parce que la ville est située non-seulement plus au Nord, mais aussi moins élevée sur le niveau de la mer. Les moyennes de la pression barométrique de Salta et de San Juan sont données comme suit, celles de Corrientes manquant complètement.

	PRINTEMPS	ÉTÉ	AUTOMNE	HIVER	ANNÉE
Salta...	661,10	660,13	662,11	663,56	661,75
San Juan...	714,0	710,0	712,0	716,0	713,0

LIVRE QUATRIÈME

Tableau géognostique de la République Argentine

(AVEC UNE CARTE GÉOGNOSTIQUE) °

I

APERÇU GÉNÉRAL DE LA GÉOGNOSIE DU PAYS

Le caractère géognostique de ce pays est d'une uniformité à peu près générale ; il est presque partout identique à lui-même et les variations sont peu sensibles. J'ai déjà eu l'occasion d'exprimer autrefois cette opinion et je ne peux mieux faire que de répéter ici ce que je disais en 1861 : « La grande uniformité du caractère universel de
« l'Amérique, et principalement de sa moitié méridionale,
« se trouve répétée dans la configuration de son sol ; ce sol,
« avec ses grandes plaines et ses grandes chaînes de mon-
« tagnes, peut s'étudier comme un livre ouvert ; on peut
« examiner sa construction géologique de l'Est à l'Ouest,
« ou *vice-versa* de l'Ouest à l'Est, sans perdre le fil continu
« de son histoire, qui donne son origine et son accroisse-
« ment successif jusqu'à nos jours. Si la distance n'était
« si grande d'un côté à l'autre de l'Amérique, et si petite
« la différence des couches qui constituent son sol, on ne
« pourrait nulle part étudier mieux la géologie de notre
« globe que dans un voyage de Buénos-Ayres à Valparaiso ;

« car, dans ce voyage, un peu long il est vrai, on ren-
« contrerait non seulement toutes les époques géologiques
« de la surface de notre globe, mais encore dans le même
« ordre où elles se sont formées l'une après l'autre [1]. »

Pour confirmer cette assertion par quelques faits plus précis, j'ajouterai que la surface supérieure du pays est formée d'une couche demi-sablonneuse, d'une épaisseur peu considérable, surtout sur les montagnes, appartenant à l'époque des alluvions des temps historiques, contemporaines du dépôt des sables du Rio de la Plata et de ses principaux affluents.

Sous cette couche, d'une couleur grise, généralement d'une épaisseur d'un demi-mètre, se trouve aussi, sur tout le territoire argentin, jusqu'à 35 à 38° latitude Sud, de l'Est à l'Ouest, même sur le flanc des montagnes, jusqu'à 1500 ou 1800 mètres d'altitude, une marne rouge-jaune, demi-sablonneuse, appartenant à l'époque Quaternaire ou Diluvienne, aussi nommée Post-Pliocène. On rencontre cette couche, généralement d'une épaisseur de 10 à 15 mètres, à nu sur les rives escarpées du Rio de la Plata, aux environs de Buénos-Ayres. On la retrouve avec les mêmes caractères jusqu'au pied des Cordillères, à l'Ouest et au Nord, c'est-à-dire à Mendoza et à Tucuman, et sur toutes les montagnes, à la hauteur indiquée et même jusqu'à 2000 mètres.

Dans cette couche et principalement dans sa moitié inférieure sont enterrés les ossements des grands mammifères éteints, qui ont fait une si grande célébrité aux environs de Buénos-Ayres et en général à presque toute la Pampa argentine. D'ORBIGNY, empruntant au langage local le nom de cette couche, l'a dénommée « formation pampéenne » à l'époque même où DARWIN la baptisait presque du même nom : « vase pampéenne » (*Pampean mud*).

Sous cette couche *uni generis*, qui constitue le sol de la République Argentine, depuis la chaîne des montagnes du

Tandil et de Tapalquen jusqu'à la frontière du Nord, se trouvent deux autres couches sédimentaires, qui, jusqu'à présent, sont seulement connues dans quelques endroits très-limités, mais qui se manifesteront peut-être aussi plus tard dans toute la plaine Argentine, jusqu'aux pieds des monts. Ces deux couches appartiennent à la *formation tertiaire*, et se distribuent comme la supérieure, nommée par D'Orbigny la *formation patagonienne*, et l'inférieure nommée par lui *guaranienne*.

La supérieure, qui semble correspondre aux couches pliocène et à une partie des miocènes de l'Europe, est une formation marine, où le sable domine mêlé avec plus ou moins d'argile, et contenant des couches supérieures calcaires, évidemment formées par des coquilles triturées et des limaçons marins, enfermant aussi quelques couches très-minces d'argile plastique, avec des restes d'animaux d'eau douce et terrestres. On voit cette formation à nu et très-développée sur la rive orientale du rio Paraná, depuis Diamante jusqu'à la frontière boréale d'Entre-Rios, et dans toute la Patagonie jusqu'au détroit de Magellan, où elle est presque à découvert, formant le sol du pays même, sans cesser d'être couverte par la formation diluvienne. Dans l'intérieur de la République Argentine la formation patagonienne n'est pas connue, quoiqu'il semble très-vraisemblable qu'elle doive se trouver aussi sur la plus grande partie de la plaine de ce pays, au-dessous de la formation pampéenne. L'opinion que cette formation ne s'étend qu'à l'Ouest, jusqu'au méridien de San Luis, n'est pas sûrement établie.

La moitié inférieure de la formation tertiaire, nommée la *guaranienne*, se trouve également à nu dans la découpure de la rive orientale du rio Paraná, le long de la province de Corrientes ; son aspect est celui de couches sablonneuses et argileuses, d'une couleur rouge, contenant en quelques endroits, en grandes quantités, des sphéro-sidérites enveloppés dans des couches sablonneuses. Jusqu'ici, on n'a trouvé aucun reste organique dans cette formation plus épaisse que l'autre.

Dans les perforations de Buénos-Ayres, faites jusqu'à la profondeur de 200 mètres et plus, on a observé la même disposition des couches, reposant immédiatement sur les roches métamorphiques de la formation azoïque ; mais ici l'argile plastique domine et compose à lui seul presque toute la formation.

Rien ne prouve jusqu'ici que cette formation existe, comme les précédentes, dans toute la République, mais comme on voit, au pied des Cordillères et des différentes chaînes de montagnes de l'intérieur, principalement à l'exposition méridionale, des couches sablonneuses de la même couleur rouge et sans pétrifications, on peut soupçonner qu'elles appartiennent à la même formation guaranienne.

Toutes les formations géologiques qui sont au-dessous de cette couche inférieure tertiaire, entre elle et le terrain houiller, sont jusqu'à présent inconnues dans notre République, au moins on ne saurait en parler avec certitude. J'ai reçu dernièrement quelques indications sur l'existence de couches de la formation crétacée dans la vallée comprise entre la sierra de San Luis et celle de Cordova, mais ces descriptions ne sont pas assez détaillées pour me permettre d'avancer une affirmation. J'en dirai autant des couches de la formation jurassique ou oolithique, examinée pour la première fois par DARWIN dans les Cordillères de Mendoza. Je n'ai pas personnellement visité ce territoire, mais j'ai reçu, pendant mon séjour à Mendoza, quelques pétrifications évidemment jurassiques, telle que l'*Ammonites communis*, venant de la Cordillère voisine, qui prouverait l'existence du terrain jurassique dans cette partie des Andes. Les fleuves de la Patagonie, descendant de la Cordillère, portent aussi ces mêmes pétrifications, dénonçant ainsi l'existence du terrain jurassique sur le versant oriental de cette gigantesque chaîne de montagnes. Là s'arrête ce que nous savons de l'existence du terrain secondaire dans notre pays jusqu'au terrain houillier.

Ce terrain lui-même est signalé, dans quelques localités occidentales du pays, presque sous la même latitude que les vestiges du terrain jurassique. Nous le connaissons dans les environs de Mendoza, au pied de la sierra de Uspallata, soit à l'occident, soit à l'orient, s'élevant dans l'intérieur du versant occidental jusqu'à la moitié de la hauteur; mais il apparaît encore plus remarquable à la pointe australe de la sierra de la Huerta, où la formation carbonifère se présente plus étendue et plus riche en charbon.

Toutes les couches sédimentaires observées jusqu'à nos jours dans les montagnes de la République Argentine, sont plus anciennes que le terrain houiller et appartiennent à l'époque primaire ou paléozoïque de la transition, plus vulgairement désignée sous le nom de système du Grauwacke. Les deux chaînes de montagnes avant la *Cordillère real*, que nous avons désignées déjà dans le tome Ier, page 202, sous le nom de *Procordillera* et *Contracordillera*, sont formées par des couches argileuses ou calcaires dures et tenaces, appartenant à cette même époque ancienne et qui s'étendent aussi dans la Cordillère principale jusqu'au sommet, au moins dans la partie boréale du pays, où cette formation occupe presque uniquement le grand massif de la montagne.

Les montagnes à l'est de la *Procordillera* sont toutes formées par des schistes métamorphiques ou azoïques de la même époque que les montagnes de la côte du Brésil et de la Bande Orientale de l'Uruguay, çà et là interrompues par des massifs granitiques et quelques petits cônes trachytiques, qui forment souvent les sommets les plus hauts de ces montagnes. Rarement on rencontre quelques-unes de ces roches porphyriques, qui occupent une très-grande étendue dans la chaîne principale des Cordillères, où les cônes trachytiques formés par une variété nommée l'Andesit, sont aussi plus nombreux et plus hauts que dans les montagnes de la plaine. Celles-ci s'élèvent soudainement sous la forme de chaînes insulaires sur une mer de sable, généralement avec une inclinaison modeste d'un côté et très-forte et très-abrupte de l'autre.

Voilà en peu de mots la description générale géologique du terrain argentin; aperçu que nous développerons plus en détail dans les chapitres prochains, suivant la succession des formations du haut en bas dans l'ordre où nous les avons indiquées dans cette ébauche préliminaire.

II

FORMATION MODERNE DES ALLUVIONS

Nous avons déjà dit dans la description de la plaine Argentine, tome 1er, page 165, que la couche superficielle du sol est, dans toute son étendue, sablonneuse, complétement nue et sans végétation de graminées dans la moitié occidentale du pays, mais couverte dans la moitié orientale d'un herbage vert, plus ou moins épais, soutenu par un humus assez fertile, qui constitue la richesse de ses pâturages; nous nous déterminons à donner à celle-ci le nom de *pampas fertiles*, en opposition avec les plaines occidentales qui se nomment avec raison *pampas stériles*. Cette couche superficielle, principalement formée par un sable fin gris, appartient à l'époque actuelle de la formation du globe, désignée dans la langue scientifique, comme produit des temps historiques, sous le nom d'alluvions.

L'apparence générale de cette couche est assez variable, suivant les endroits où elle s'est déposée. Dans les terrains où la surface est quelque peu ondulée, il se forme de petits bassins capables de recueillir les précipitations humides de l'atmosphère assez considérables pour se transformer en état fluide ; une végétation plus forte prend naissance dans les environs de ces lagunes, et les restes de cette végétation annuellement décomposée se mêlent avec le sable au fond des lagunes, le transformant en une terre végétale noire. Le même phénomène se produit dans les forêts épaisses de la partie orientale du Nord de la République, sous l'influence d'une végétation vigoureuse. La formation des lagunes est due principalement à l'imperméabilité du merge tenace diluvien au-dessous du sable alluvien répandu par toute la pampa argentine ; les mêmes raisons ont contribué à la formation des parties marécageuses de la plaine, que nous avons déjà décrites sous les noms de *cañadas*, *pajonales*, *cienegas* et *bañados*, répandus en grand nombre par toute la pampa fertile orientale, et se trouvant aussi dans quelques localités plus favorisées de la pampa stérile occidentale. Mais là où font défaut ces conditions favorables, où comme dans la pampa stérile le sol est également plat et la pluie trop pauvre pour huméfier toute la couche sablonneuse, généralement plus épaisse dans cette moitié occidentale du pays, le sol conserve sa couleur grise et son caractère mobile sous l'impulsion des vents ; la petite quantité de vapeurs précipitées se volatilise bientôt et la surface reste sèche et stérile, se changeant même souvent en sable mouvant. Dans cette partie de la pampa les marécages sont rares et se trouvent presque exclusivement le long des ruisseaux et des petits fleuves qui parcourent son sol généralement avec une rapidité trop considérable, par suite de l'inclinaison trop forte de la plaine vers l'Est, pour former de grandes inondations ou des infiltrations dans le sol voisin. Aussi ces cours d'eau sont très-pauvres, comme nous l'avons vu lors de leur description géographique et ne peuvent pas alimenter les pâturages des grandes plaines.

La couche alluvienne normale n'a pas, en général, une épaisseur de plus d'un demi-mètre ; mais elle s'augmente jusqu'au double et au triple dans quelques endroits favorisés, principalement dans les terrains bas du lit des fleuves. Ainsi, je l'ai trouvée sur les bords du rio Salado du Sud de la province de Buénos-Ayres à deux mètres, et dans la perforation du puits artésien de Barracas on a touché la couche diluvienne inférieure à 12^m35 au-dessous de la surface supérieure du terrain alluvien. Dans le lit du Rio de la Plata son épaisseur générale atteint 3 et 4 mètres, mais elle manque complétement là où les concrétions dures de la couche diluvienne, nommées *tosca*, s'élèvent au-dessus du niveau général du fond de notre estuaire [2].

J'ai examiné plusieurs fois ce sable à l'aide du microscope, et j'y ai toujours trouvé, comme masse principale, des petits grains de quartz mélangés avec une quantité de plus petits atômes rouges d'argile, et blancs de chaux, qui se dénoncent facilement par le traitement du sable avec l'acide sulfurique, produisant une effervescence générale de la masse par la décomposition de la chaux. En outre, j'ai trouvé quelques restes organiques qui m'ont semblé être des enveloppes silicieuses des Diatomées et des petites aiguilles des Spongilles, sans pouvoir déterminer leur nature plus exactement. Nulle part, je n'ai trouvé des produits de la mer, tels que des Foraminifères; cette absence provient évidemment de ce que la couche n'est pas un produit sous-marin, mais une véritable couche terrestre d'eau douce.

Dans quelques endroits, comme par exemple dans la plaine aux environs du rio Salado du Sud, qui a une faible inclinaison des deux côtés vers le lit du fleuve, et dans les endroits semblables des autres rivières et ruisseaux, se trouvent, en grande quantité, dans les parties inférieures de la couche plus épaisse dans ces endroits, de petites coquilles fluviatiles, qui prouvent un contact antérieur de cette couche avec l'eau dans des siècles passés. On ne trouve pas ces petites coquilles dans la surface actuelle du sol, elles manquent même dans la partie supérieure de la couche ; mais les *vizcachas*, animaux communs dans toute la campagne de Buénos-Ayres, poussent ces coquilles en quantité en dehors de leurs excavations avec la terre et les accumulent à côté de la grande ouverture générale de leurs terriers. J'ai examiné avec soin ces accumulations et j'ai trouvé uniquement des espèces actuelles, qui vivent encore dans les eaux de la campagne, même la grande *Ampullaria australis* (Voyage de d'Orbigny, Moll. pl. 51, fig. 3 et 4). J'ai trouvé quelquefois parmi les autres coquilles plus petites, des échantillons encore si frais que les couleurs se distinguaient assez bien; j'ai encore trouvé le *Planorbis montanus* (Ibid., pl. 44, fig. 5 et 8) et en plus grande quantité la *Paludinella Perchappii* (Ibid., pl. 48, fig. 1 et 4) également commune dans tous les ruisseaux. J'étais bien surpris de trouver que ces animaux ne vivaient plus dans le rio Salado tout près, à cause de son eau saumâtre, contenant une grande quantité de sulfate de soude en dissolution, ce qui tendrait du reste à prouver, qu'à l'époque de la formation des alluvions l'eau était moins salée qu'aujourd'hui, en raison peut-être de ce que le lit de la rivière n'était pas alors si profondément enfoui dans le terrain diluvien salifère. Il est évident qu'au temps où ces innombrables coquilles vivaient dans les eaux, où sont déposés ces alluvions, cette eau devait contenir une grande quantité de chaux, qui leur était nécessaire pour former leurs coquilles, et que le dépôt actuel des alluvions doit contenir des éléments d'effervescence en raison des débris de coquilles qui y abondent. Les animaux ont fixé cette chaux dans leurs téguments et l'ont restituée à la terre sablonneuse des alluvions qui formaient le fond de l'eau où ils vivaient.

Il est important de noter aussi, pour bien comprendre ce phénomène, que le lit du Rio de la Plata et de ses grands affluents est formé d'un sable semblable aux alluvions superficielles de la plaine pampéenne, quoique ces lits soient en général à 10 ou 15 mètres au-dessous de la surface du terrain diluvien et au-dessous des alluvions modernes. On peut contrôler tous les jours cette ressemblance par un simple examen des sables apportés dans les rues de Buénos-Ayres au pied des édifices en construction pour être mélangés à la chaux. Souvent on trouve dans ce sable des coquilles, principalement d'espèces d'*Unio* et *Anodonta* contenant des animaux vivants ; le même sable existe sur les parties basses des rives, que le fleuve submerge presque annuellement dans ses hautes crues.

Sur ces parties basses des rives, sont déposées dans différents endroits, des couches de coquilles plus anciennes, qui ne vivent plus dans le fleuve dans les mêmes régions. Ces dépôts se rencontrent dans les environs de Buénos-Ayres, à Belgrano, à Puente-Chico, au nord et au sud de la ville, où ils sont formés par des coquilles vivant encore actuellement dans l'eau saumâtre assez loin du fond de l'estuaire platéen, principalement par l'*Azara labiata*, une des coquilles les plus communes dans la moitié externe dudit estuaire. Il n'est pas douteux qu'ils sont de la même époque alluvienne, quoique les animaux soient morts depuis longtemps et leurs coquilles arrivées déjà à un degré assez avancé de décomposition, ce qui leur assigne une date assez ancienne. Aussi, le mélange de ces coquilles avec quelques rares débris de véritables coquilles marines, comme les *Ostrea, Venus, Cardium* et *Tellina*, démontre que dans le temps de leurs dépôts l'Océan se rapprochait davantage de ces régions.

Il est aussi rare de trouver des cailloux dans ces gisements que dans le lit du Rio de la Plata ; dans le sable employé à la maçonnerie, les seules petites pierres que l'on trouve proviennent du fondement de l'île de Martin Garcia, leur état peu roulé démontre une origine très-rapprochée. Cette même absence générale de cailloux dans tous les alluvions de la *Pampa* prouve que depuis le commencement de l'époque actuelle les circonstances n'ont pas varié et que la différence des dépôts anciens est due uniquement à l'éloignement actuel de l'influence de la mer sur ces dépôts, et aussi à l'élévation du fond de l'estuaire dans sa partie interne. Quand se formèrent les dépôts de l'*Azara labiata* l'eau de l'estuaire était encore plus salée, et la plus grande profondeur de cette partie même est démontrée par les ossements de baleine trouvés dans les îles de l'embouchure du rio Paraná, dont nous aurons à parler plus tard.

Quant aux cailloux qui manquent au sable du Rio de la Plata, comme à la plupart des fleuves de la *Pampa* argentine, et se trouvent seulement dans quelques petits et dans la partie supérieure de leurs cours, voisins des montagnes d'où ils descendent; ils manquent aussi dans les dépôts alluviens de la plaine, mais ils ne sont pas rares dans les dépôts voisins des montagnes et principalement au pied des Cordillères. De même, les chaînes secondaires de l'intérieur de la République et même les petites montagnes du sud-est de la *Pampa*, qui forment la chaîne du Tandil avec leur continuation jusqu'à l'Océan Atlantique, sont entourées de couches alluviennes très-riches en cailloux. On en trouve de différentes grandeurs, dans toute la profondeur de la couche, jusqu'à la couche diluvienne, et même s'enfonçant un peu dans celle-ci. J'ai étudié ces grands dépôts, principalement dans les environs de Mendoza et de Catamarca, et je les ai trouvés dans ces deux localités de la même composition et nature [3]. Dans le premier endroit je les ai examinés dans l'escarpement d'un petit ruisseau d'une hauteur de 10 mètres, où les couches les plus profondes n'étaient pas percées jusqu'aux pierres originaires de la montagne voisine. Toute cette couche était formée par un sable fin de couleur grise, très-semblable à celui du Rio de la Plata, renfermant des cailloux complétement arrondis, depuis la grosseur d'œufs de poules jusqu'à celle de melons et de citrouilles, formés de débris de la montagne voisine et accumulés les uns sur les autres, séparés par du sable, sans s'unir en une masse dure. Le lit même du ruisseau se composait de cailloux semblables et laissait soupçonner une profondeur plus considérable de toute la couche. La surface du terrain voisin du ruisseau était couverte d'autres cailloux plus grands mélangés à quelques autres d'un diamètre énorme, se touchant les uns les autres, petits et grands, et laissant de loin en loin un étroit espace aux petits arbustes et aux *Cactus*, qui s'étaient fait une place au milieu d'eux avec leurs racines, sans cependant cacher les grandes pierres répandues sur la plaine inclinée [1].

La couche correspondante, au pied de la sierra d'Ambate dans la vallée de Catamarca, dans laquelle est bâtie la capitale, était composée complétement de la même manière. On avait fait au milieu de la place une grande excavation pour en extraire les pierres nécessaires à la construction d'une église nouvelle. Ces pierres étaient principalement formées de gneiss, d'une forme arrondie, acquise par le frottement de l'une avec l'autre dans le long parcours qu'elles y avaient fait, et qui avait en même temps produit un sable fin, aujourd'hui distribué dans les interstices et autrefois partie intégrante de leur propre matière. L'eau descendant des montagnes avait imprimé le mouvement aux débris plus ou moins grands de pierres qui se détachaient, et le contact entre eux pendant le transport les avait diminués et polis jusqu'à leur donner

leur forme actuelle ; peu à peu la force impulsive étant
annihilée à l'arrivée dans la plaine, a commencé pour
eux la période du repos où ils gisent.

Pendant que ces couches des escombres se trouvent seulement dans le voisinage des montagnes, nous rencontrons
très-loin de leur pied, et en général au milieu de la
plaine, une autre formation particulière de la même époque. Nous voulons parler des dunes de sables *(medanos)*
qui se présentent assez souvent à côté des grandes lagunes, mais aussi dans des endroits où elles n'existent pas,
quoiqu'il est vraisemblable qu'il ait existé sinon une lagune du moins une rivière ou un rivage de la mer. La
lutte entre deux forces perpétuellement en activité, celles
du vent et de l'eau, produit cette accumulation du sable,
jusqu'à une hauteur de 5 à 7 mètres, sous la forme d'une
chaîne de petites collines, contrariées par l'opposition de
ces deux forces. Les ondulations de l'eau portent le sable
du fond à la côte et le laissent tomber là où leur mouvement cesse ; ici le sable est séché peu à peu par l'air
et le soleil, sa couche superficielle se change en sable
mouvant qui, retenu à sa place par l'opposition du vent
du rivage, s'amasse sur la hauteur. Ce phénomène se produit également dans la plaine sèche sablonneuse, si les
vents opposés se répètent avec quelque régularité ; les
vents violents du Sud-Ouest, connus sous le nom de *Pamperos*, contribuent surtout à former des collines de sable,
qui constituent des barrières quelquefois de plusieurs lieues
contre l'action des vents dominants. Sur les bords de la
mer, ce sont surtout les vents du Sud-Est qui forment les
dunes couvrant presque toute la côte basse de Patagonie. Il est utile de noter que beaucoup de lagunes sont
bordées d'un côté d'une rive élevée, et de l'autre d'une
très-basse ; dans ce cas, le rivage haut est généralement
celui qui regarde l'Est, et le bas celui qui regarde l'Ouest.
J'ai observé plusieurs fois des dunes dans l'intérieur de

la *Pampa* ; j'en ai fait mention dans mon *Voyage*, par exemple à propos du lac Tambito (Voy. I, 147) et une autre fois sans lagune au *Medano de Gaula* (page 357); enfin, tout près du rio Salado, à côté du ruisseau Ciasco [5], dans la province de Buénos-Ayres. Dans cette même province court une ancienne chaîne de dunes parallèle au rio Salado, commençant au nord du fort de Junin, près de *Mar Chiquito* et continuant dans la direction de la petite ville du Bragado; elle forme un arc concentrique à la côte de la mer, coupe le rio Salado et semble indiquer une ancienne côte de l'Océan Atlantique [6].

Je fus surpris de trouver sur ces dunes, que j'examinai moi-même, une remarquable végétation de graminées du genre *Elymus*, que j'avais vue autrefois dans ma patrie, sur la côte Baltique de Poméranie, sur les presqu'îles *Darss* et *Moenkgut ;* Bravard raconte la même observation (*Registro estadístico de Buenos Aires, t. I, p. 16*). faite par lui sur les côtes de France; il parle très en détail de leur nature et en tire quelques conclusions sur la formation de la *Pampa,* qui me paraissent trop hypothétiques pour m'y arrêter.

En même temps que du phénomène des dunes, il me semble opportun de parler des accumulations de coquilles à l'embouchure des grands fleuves et sur les rives inférieures plus ou moins distantes des côtes de la mer. Ces anciens dépôts ne forment pas une couche simple, mais un assez grand lit de dépôts successifs, qui appartient sans doute à l'époque dernière des alluvions, mais formé longtemps avant le siècle actuel. La plupart des coquilles sont cassées et toutes plus ou moins décomposées à la surface ; elles apparaissent à différents niveaux, par couches, avec intercalation de sable des alluvions, les plus inférieures déposées sur des bancs diluviens ou sur des anciennes collines d'alluvions. On emploie actuellement ces couches de coquilles mêlées avec le sable pour couvrir les allées de nos promenades ; aussi est-il facile d'en étudier fréquemment la nature. J'ai fait un examen attentif d'un gisement de cette sorte, à demi-hauteur de l'escarpement, à Belgrano, village situé à deux lieues au nord de Buénos-Ayres, à environ dix mètres au-dessus du niveau ordinaire du fleuve voisin, et j'ai trouvé presque exclusivement des débris de l'*Azara labiata*, mélangés avec quelques cailloux très-petits de la grosseur des petits pois, avec çà et là d'autres débris très-diminués des huîtres, ayant ses angles aigus peu arrondis, et des autres morceaux semblables de coquilles marines que je n'ai pu déterminer (*).

Dans un autre endroit, au sud de Buénos-Ayres, nommé *Puente Chico*, auprès du chemin de fer de Quilmes, on trouve mêlées avec l'*Azara labiata* le plus souvent des coquilles marines des genres *Cardium* et *Venus*, qui prouvent que la mer se rapprochait davantage de cette localité à l'époque où se formèrent ces dépôts, sans que cependant il faille poser en principe que l'Océan ait une influence directe sur ces dépôts ; et même, les couches de coquilles étant alternées avec des couches de sable d'alluvion, nous avons la preuve du concours prêté par le fleuve à l'Océan pour la formation de ces gisements. Ils ont une étendue assez limitée et dépassent rarement une centaine de pas (**).

On a trouvé les mêmes coquilles de l'autre côté du Rio

(*) BRAVARD a donné, page 25 de ses *Observations géologiques sur la plaine de Buénos-Ayres* (1857 et 1858), une liste des coquilles qu'il dit avoir trouvées dans la même localité; mais il va trop loin quand il donne ces coquilles comme parfaites; je n'y ai vu, pour ma part, que des débris presque méconnaissables.

(**) Tout dernièrement, M. LÉONARDO PEREYRA, propriétaire d'une grande *estancia* située entre Quilmes et Ensenada, où la même couche d'*Azara labiata* existe en continuation à *Puente Chico*, m'a apporté des ossements d'une baleine enterrée dans cette couche, entre les coquilles, et sans doute de la même époque. On a trouvé le crâne, dont l'occipital avait la largeur d'une vare et demie, et on m'a apporté une partie du rocher bien conservée. Il semble que le squelette entier est en place.

de la Plata, sur la côte de la Bande Orientale, où elles ont été examinées par Sellow, d'Orbigny et Darwin (Voyez mon *Voyage*, tome I, page 83). Plus au Sud, à Bahia Blanca, Darwin a parlé d'un dépôt semblable, formé principalement de coquilles marines, et d'Orbigny en a examiné un plus au nord de la rivière Paraná, près de San Pedro, uniquement composé d'*Azara labiata* (Voyez son *Voyage*, tome III, part. 3, pages 13 et 259 ; part. 4, pages 161 et 172) [7].

Ce dernier dépôt se trouve actuellement à une hauteur de 20 mètres au-dessus du niveau régulier du fleuve, quand le dépôt semblable de Belgrano ne se trouve pas à plus de 8 à 9 mètres du même niveau. On doit donc admettre que le fleuve a beaucoup creusé son lit pendant l'époque alluvienne, et d'une façon plus marquée encore dans les parties supérieures de son cours que dans les parties inférieures, rendant ainsi la baie du Rio de la Plata plus basse, et changeant, à travers les siècles, l'eau saumâtre en douce. Le même fait est démontré par les dépôts de coquilles éloignés de la rive actuelle du fleuve, sur les parties basses du terrain qui, dans quelques endroits, comme à *Puente Chico*, entre Buénos-Ayres et Quilmes, se présentent avec le caractère d'anciens creusements de la côte ; l'eau de mer doit avoir été en contact avec les endroits où les coquilles sont déposées, aucune autre force que le mouvement des vagues contre la terre ne saurait, en effet, les avoir transportées là. Sans doute, il ne faudrait pas aller jusqu'à déclarer que la mer était très-profonde dans ces parages, entre Quilmes et Colonia del Sacramento, mais l'on peut assurer que l'eau saumâtre, qui aujourd'hui ne dépasse pas Montevideo, s'étendait alors jusqu'aux lieux, au-dessus de Buénos-Ayres, où l'on trouve des dépôts semblables de coquilles. L'aspect même et le genre des dépôts prouvent aussi que ces coquilles ne vivaient pas ici longtemps, et de son côté, leur état de décomposition, qu'elles ont été transportées déjà mortes au dépôt, et ont été roulées par les vagues, perdant peu à peu quelques parties calcaires de leur surface, aujourd'hui mêlées avec le sable qui les accompagne, et même exposées à l'influence de l'air et du soleil pendant la marée basse, quand les flots laissent la rive à découvert. D'un autre côté, l'épaisseur des couches, assez considérable, prouve encore que la formation des bancs de coquilles n'a pas été l'œuvre d'un court espace de temps, mais qu'au contraire des siècles ont travaillé à leur accumulation.

Quant à l'époque où se sont formés ces bancs de coquilles, l'opinion des observateurs diffère. Quelques-uns, comme DARWIN, croient qu'ils appartiennent à l'époque diluvienne et sont contemporains des grands mammifères éteints, enterrés dans le dépôt de ces formations. D'autres, comme D'ORBIGNY et BRAVARD, regardent ces bancs coquillifères comme des productions d'une époque particulière entre la diluvienne et l'alluvienne, dénommant exclusivement ces couches *diluviennes* et conservant pour la grande formation antérieure le nom de *formation quaternaire* ou *postpliocène*. Mais il me semble que ces distinctions de dénominations n'ajoutent rien à l'intelligence des phénomènes; personne ne met en doute que ces couches coquillifères ne soient plus anciennes que les alluvions modernes et plus récentes que les véritables couches quaternaires. Je suis donc d'opinion de considérer les couches coquillifères comme les plus anciens dépôts alluviens, principalement quand je remarque que ces couches de coquilles sont mêlées dans leur étage inférieur avec la marne rouge diluvienne et dans leur supérieur avec le sable gris des alluvions modernes, comme on le voit clairement dans le dépôt de Belgrano.

Il est évident qu'à l'origine de ces dépôts, l'eau de mer, qui apportait les coquilles, arrivait jusqu'à la couche diluvienne supérieure et que peu à peu le fleuve lui a aussi laissé son sable au même endroit, mélangeant ainsi son propre dépôt de sable aux couches supérieures des coquilles, et arrivant ainsi, par cette couche de sable accumulée, à empêcher le contact de l'eau de mer avec le dépôt diluvien. DARWIN émet la même opinion sur les couches de la baie de Bahia Blanca près de la *Punta Alta* (*Geolog. observ.*, page 83), quand il décrit comment les cailloux et le gravier des alluvions (*C*) se sont déposés dans les fissures superficielles de la couche rouge diluvienne (*B*), et comment une formation s'est insensiblement substituée à une autre.

L'identité d'époque de ces dépôts coquillifères avec les alluvions se démontre aussi par l'identité des organismes que l'on y rencontre : les coquilles appartiennent à des espèces vivant encore dans le voisinage. Je crois que la formation de ces gisements est contemporaine des dépôts de coquilles marines sur les côtes du Chili, et que celles-ci doivent leur niveau actuel à une élévation progressive du sol, les nôtres proviennent des mêmes causes. J'ai examiné personnellement un dépôt moderne près de Caldera, port actuel de Copiapó (*Voyage*, tome II, page 304), et j'ai pu facilement me rendre compte de la grande ressemblance des deux phénomènes (*). Il faut admettre que, si les dépôts chiliens appartiennent à l'époque actuelle, ce qui est l'opinion générale, les dépôts similaires de la côte orientale de l'Amérique du Sud sont de la même époque, puisqu'il n'existe pas de différence notable entre les deux. Il semble très-vraisemblable que non – seulement la côte du Chili, mais même la côte de Patagonie jusqu'à l'embouchure du Rio de la Plata, se soient élevées pendant la période historique ; cette dernière à un degré moindre. Il est probable que les mêmes forces ont produit les mêmes phénomènes sur les deux côtes de l'Amérique, et il me semble que telle est aussi

---

(*) Comparez sur ces couches chiliennes l'exposition de DOMEYKO dans les *Anales de la Universidad de Santiago de Chile*. Mars 1862.

l'opinion que DARWIN a indiquée dans son *Voyage*, tome I, chap. 9.

M. AUGUSTE BRAVARD, qui a fait en 1856 une exploration scientifique de la baie de Bahia Blanca et a publié en 1857, à Buénos-Ayres, en s'appuyant sur les observations de D'ORBIGNY et DARWIN, une carte géognostique de cette région, a déposé dans nôtre Musée public une collection de pierres et de pétrifications trouvées dans les couches examinées par lui. J'ai comparé ces échantillons avec ceux que j'ai moi-même rapportés du rio Salado, et n'ai trouvé aucune différence remarquable entre les deux régions. L'habile observateur a indiqué dans sa carte, immédiatement au-dessous des dunes qui couvrent les bords des plages basses, cinq couches différentes, donnant ensemble une épaisseur de deux à cinq mètres, suivant les endroits. La couche supérieure, sous la couleur jaune, est de la même composition que le sable gris que j'ai trouvé comme couche superficielle du terrain voisin du rio Salado, avec un mélange de coquilles fluviales; DARWIN l'a signalée dans ses coupes avec *D*. — Dans la carte des perforations de Barracas, publiée dans l'Atlas de MARTIN DE MOUSSY, planche XXI, cette couche est d'une épaisseur de 8,02 mètres. Elle correspond au dépôt actuel du Rio de la Plata et à la terre végétale des *pampas* aussi bien que des forêts; à Bahia Blanca, elle semble contenir un peu plus d'argile que dans le reste de la province de Buénos-Ayres. L'épaisseur considérable qu'elle a à Barracas, et que dénonce la perforation, provient sans doute de conditions locales; elle me semble indiquer que cette localité a été, au commencement de l'époque actuelle, un bassin que les alluvions du fleuve ont rempli peu à peu jusqu'à la hauteur actuelle. Le petit ruisseau voisin, le « Riachuelo », a lui-même contribué pour sa part au remplissage, produisant dans les temps anciens, à son embouchure, des ensablements qui, avec les siècles, se transformaient en îles, comme cela se produit actuellement à l'embouchure du Paraná et des autres rivières qui aboutissent au Rio de la Plata. Dans les dépôts de ces îles on trouve assez souvent, à côté d'objets ayant appartenu aux Indiens du temps avant la conquête, des ossements d'animaux actuels et entre autres des ossements de baleines ; un squelette complet de ce cétacé a même été trouvé, à un demi-mètre au-dessous du sol, enveloppé de racines des grands saules qui couvrent les rives de ces îles [8]. Ces restes démontrent que la baie du Rio de la Plata était plus profonde au temps, où les baleines y sont venues échouer ; car aujourd'hui, où ces animaux entrent encore quelquefois dans cet estuaire, poussés par les gros temps, ils ne peuvent flotter que jusqu'à quelques lieues au-dessous de Buénos-Ayres, mais d'aucune manière jusqu'au delta du rio Paraná. Les cinq grandes baleines que j'ai vues échouées en 14 ans de séjour, ont été trouvées au-dessous de Buénos-Ayres, sauf une très petite, en face de Belgrano, Il est donc possible d'affirmer que la partie supérieure de la baie était autrefois plus profonde, et que depuis l'époque, presque contemporaine, où les baleines remontaient jusqu'au Paraná, le fond s'est élevé d'une façon remarquable. On doit supposer que ces modifications se produiront à l'avenir dans le même sens, et que les bancs existant actuellement vis-à-vis de Buénos-Ayres se changeront, avec les siècles, en îles couvertes d'arbres, laissant devant la ville un faible courant d'eau entre les îles ainsi formées et la terre ferme où est bâtie Buénos-Ayres.

Les quatre couches situées au-dessous de la couche superficielle que Bravard a teintes en vert dans sa carte de Bahia Blanca, sont des dépôts marins, comme le prouve la quantité des coquilles marines qu'elles contiennent ; par cette raison même, ces coquilles ne se trouvent pas dans les terrains bas des fleuves et des marais anciens de l'intérieur de la *Pampa*. La couche la plus rapprochée de la superficie, parmi ces quatre, se compose d'un gros gravier mêlé de chaux, provenant des coquilles triturées par le mouvement des vagues de la mer disparue. La seconde se compose d'un sable plus pur, contenant des restes d'ossements d'animaux terrestres, transportés dans cette couche par les courants d'eau douce et lavés de la formation plus ancienne diluvienne. On y a trouvé, par exemple, des restes de *Megatherium*, *Mylodon* et *Scelidotherium*, qui ont été transportés d'une couche diluvienne. La troisième couche et la quatrième ont été autrefois des dépôts marins; la troisième est presque exclusivement composée de coquilles, et l'autre est une marne sablonneuse formée des premiers dépôts de sable marin, mêlés avec la superficie des couches argileuses diluviennes, ce qui fixe la date de ces dépôts et les dénonce comme contemporains des couches inférieures des bancs coquillifères, existant sur les bords du fleuve Paraná et de l'estuaire du Rio de la Plata.

Je n'ai aucun doute sur la contemporanéité de ces deux dépôts. BRAVARD, dans sa carte, les a nommés couches diluviennes, et remarque qu'il a trouvé dans les quatre, mêlés entre eux, des organismes d'eau douce et marine, la plupart identiques avec les espèces actuelles; il déclare en même temps que les ossements des grands animaux terrestres sont transportés de couches plus anciennes et ne sont, par conséquent, pas contemporains de la formation des couches. DARWIN a émis une autre opinion; il croit que les coquilles marines et les ossements des animaux terrestres sont contemporains (*Géol. observ.*, page 86), et combat l'opinion opposée de D'ORBIGNY, acceptée par BRAVARD. Mais, d'après les preuves palpables déposées par celui-ci dans notre Musée, je m'associe à l'opinion des deux savants français, d'autant plus que DARWIN lui-même concède que ces couches marines de la côte sont contemporaines des autres de l'intérieur du pays contenant l'*Azara labiata* en quantité majeure. En ce cas, les couches sont évidemment les couches inférieures des alluvions, non-seulement plus jeunes que les diluviennes, mais encore les premières de l'époque actuelle. Que les dépôts coquillifères ne se trouvent pas partout, cela est naturel et provient de leur origine marine ; de même les cailloux se trouvent dans le voisinage des montagnes [9].

Pour compléter notre description de l'époque alluvienne, il faudrait nécessairement parler des salines, que nous avons décrites dans la partie géographique (tome I, page 177); mais nous préférons en faire l'examen dans le chapitre suivant, où nous aurons à parler du caractère salé du fond de cette époque ; notre exposé viendra alors à sa vraie place.

III

FORMATION DILUVIENNE, DITE QUATERNAIRE OU POSTPLIOCÈNE

La configuration générale de la plaine argentine et son extension ne sont pas dans une corrélation aussi étroite avec la couche superficielle du pays, que nous avons décrite dans les pages précédentes, qu'avec la formation inférieure à cette couche qui atteint une épaisseur de 10 ou 20 mètres au moins, pouvant s'augmenter çà et là jusqu'à 40 ou 50 mètres. Cette formation, que nous nommons diluvienne, parce qu'elle nous semble contemporaine de la même formation dans l'ancien hémisphère, s'étend sur toute la partie centrale et boréale de la République, et se termine entre les 35 et 38° degré de latitude sud, qu'elle dépasse même près des côtes de l'Océan Atlantique [10]. Si on trace sur la carte une ligne de l'embouchure du rio Quequen Grande au volcan de Maypú, on indique assez exactement les limites méridionales de la formation [11].

L'aspect général de ce gisement, auquel D'ORBIGNY a donné le nom de Pampéen, et que DARWIN appelle *the pampean mud*, est celui d'une marne jaune-rouge, plus ou moins grisâtre, contenant tantôt plus de sable, tantôt plus d'argile et de la chaux; cette dernière matière domine dans quelques endroits à tel point qu'elle forme des concrétions presque pures, imitant des branches ramifiées, ou même des dépôts durs-massifs, en bancs, connus dans le pays sous le nom de *tosca*. Traité par des acides, ce sable dénonce par l'effervescence produite la présence de la chaux, mais sans qu'il soit possible de la trouver isolée du sable et de l'argile.

Un examen plus minutieux au microscope indique bientôt de petites graines, semblables à des parcelles transparentes de quartz, et d'autres grains noirs assez nombreux, mêlés tous à une poudre fine jaune-rouge plus abondante, qui constitue la masse matérielle fondamentale, contenant les autres grains. Les parcelles blanches de chaux sont plus rares et difficiles à reconnaître, quoique l'effervescence au traitement d'un acide en démontre la présence. Les deux autres parties de quartz et d'argile semblent être en quantités égales, mais comme les morceaux de quartz sont plus grands que ceux d'argile, le nombre seul des premiers est inférieur à celui des molécules d'argile. DARWIN dit dans ses *Observ. géol.*, page 77, qu'il n'a jamais trouvé de grains de chaux indépendants dans la masse, mais cette différence d'observation provient sans doute de la différence des lieux où elle a été faite ; j'ai toujours noté une effervescence quand j'ai traité l'argile d'alluvion avec l'acide sulfurique. BRAVARD a essayé de démontrer la relation entre les deux substances principales, mais il a pu se convaincre qu'il n'existait aucune fixité dans cette relation ; tantôt le sable domine et tantôt l'argile, et dans le même lieu on trouve les plus grandes variations, soit que trois parties de sable soient mêlées avec une partie d'argile, ou deux parties d'argile avec une partie de sable. Enfin, on trouve des endroits où le sable est presque pur et la masse, par conséquent, plutôt grise que rouge. Les petis grains noirs sont du fer, car l'aimant les attire et sous la flamme du chalumeau ils se changent en verre noir. On peut supposer qu'ils sont des restes de roches augitiques, comme les parcelles d'argile de roches feldspathiques, la décomposition des anciens rochers plutoniques et métamorphiques des montagnes ayant formé toute la couche diluvienne.

BRAVARD prend les grains noirs pour du fer titanique, et cette dénomination me semble assez exacte; cependant, il n'est pas possible de dire avec certitude si tous sont de la même sorte. Très-vraisemblablement, les figures dendritiques et les tâches noires, qui se trouvent sur les grands ossements fossiles dans les couches diluviennes, sont dues à la décomposition de cette substance noire en quantité considérable ; il me semble que c'est plus probablement un oxyde de manganèse [12].

Quoique la chaux soit contenue en quantité moindre dans la masse, elle constitue dans quelques endroits des dépôts particuliers. Aussi, voit-on très-souvent des concrétions calcaires dans la masse, soit en forme de ramification, soit en petites boules de la grosseur d'un pois ou d'une noix. Cette chaux n'est pas pure, mais bien mêlée avec du sable et de l'argile, et par cela même plus ou moins jaunâtre, contenant même souvent des figures dendritiques noires. Les bancs durs, en bosse, que l'on nomme dans le pays *tosca*, sont les plus riches en chaux. Dans quelques endroits, comme par exemple dans le Rio de la Plata, près de Buénos-Ayres, ces bancs forment de véritables roches; ils s'étendent aussi en couches planes d'une grande surface entre le Tandil et l'Azul. De même que dans les précédents, la chaux dans ces bancs n'est pas pure, mais mélangée avec de l'argile et fournit un bon élément pour la fabrication de la chaux hydraulique ; on a essayé déjà l'application de celle-ci dans les constructions d'art. Cette couche a toujours une couleur plus claire que la vraie marne diluvienne et une consistance plus dense, se rapprochant de celle de la *tosca*.

J'ai vainement cherché au microscope des restes organiques aussi reconnaissables que les caratales silicieuses des Diatomées, ou les étuis calcaires des Foraminifères. Cependant Darwin dit que dans les morceaux de terrain diluvien de Bahia Blanca, qu'il avait envoyés à Berlin pour être soumis à l'examen du célèbre microscopiste Ehrenberg, ce savant a trouvé 20 espèces de petits organismes dont 17 d'eau douce et trois de mer. Il déduit de cette observation que ce dépôt a dû se former dans un grand estuaire, où se jetait l'eau douce des grands fleuves. Mais cette hypothèse ne peut s'adopter à toute la formation, qui s'élève sur les montagnes de l'intérieur du pays jusqu'à une hauteur de 1700 mètres, et se trouve en Bolivie à Tarija même à une hauteur plus grande. Une formation d'une telle étendue ne peut pas s'être formée dans un estuaire, mais seulement dans une mer ouverte, et si elle était un dépôt marin, on devrait trouver dans les couches beaucoup d'organismes marins, qui manquent complétement dans l'intérieur du pays et se trouvent aussi très-rarement tout près des côtes actuelles. L'absence de ces organismes nous oblige à tenir les couches diluviennes pour des dépôts d'eau douce, comme le sont celles d'Europe et à déclarer même douteuse la coopération des grands fleuves, vu le manque d'animaux d'eau douce. Les rares organismes trouvés par Ehrenberg ne prouvent pas autre chose qu'une singularité locale, qui peut même se répéter dans d'autres endroits, et l'influence de la mer dans quelques parties près des anciennes côtes, mais ils ne permettent pas de baser sur cette seule circonstance une conclusion générale sur la formation des couches dans leur universalité.

Dans les concrétions calcaires pas plus que dans la *tosca* je n'ai trouvé aucun vestige des Foraminifères, qui sont généralement assez abondants dans toutes les couches calcaires marines. La *tosca* est, de même que les concrétions ramifiées, un mélange de petites particules calcaires amorphes, mêlées avec un peu de sable et quelques points noirs ou jaunes de fer ou d'argile; elle se formait aussi mécaniquement et non pas par cristalisations d'une solution calcaire, ni par le dépôt de cailloux calcaires d'une formation plus ancienne. La *tosca* est un produit épigénétique, qui se formait dans le dépôt d'après sa précipitation, principalement de la décomposition des montagnes plus anciennes, dont quelques-unes sont très-riches en couches calcaires, comme nous le verrons plus tard. L'action moléculaire, qui déjà dans ces dépôts commençait à s'exercer, a réuni çà et là les atomes les plus égaux, et sous cette même influence se sont formées des concrétions calcaires, mieux préparées pour cette réunion que les autres matières.

Dans quelques cas fort rares on trouve dans la *tosca* des cavités quelquefois remplies d'eau, dans lesquelles j'ai aussi trouvé des petits cristaux de carbonate de chaux.

Darwin remarque que l'habile observateur, le docteur Carpenter, a trouvé dans la *tosca* des vestiges des coquilles et des Foraminifères (*Geolog. observ.* page 77). Averti par cette observation, j'ai soumis plusieurs fois de la *tosca* à l'examen du microscope sans jamais y trouver aucun reste d'organisme. Je ne peux donc partager la déduction de Darwin, que la *tosca* ait été formée par la décomposition de l'enveloppe calcaire d'animaux de ce genre. Je ne crois pas qu'une observation aussi individuelle soit suffisante pour servir de fondement à une théorie, et je dois insister sur mon opinion, que la décomposition des nombreuses couches de chaux dans les roches anciennes des montagnes de l'époque métamorphique ou azoïque a recouvert de chaux celle de la formation diluvienne [13].

Cependant, même en renonçant à prouver l'existence des coquilles marines ou de Foraminifères dans les couches diluviennes, et en déclarant que l'existence de la chaux dans ces couches provient de toute autre cause que des résidus de ces animaux, nous ne pouvons nier absolument qu'on trouve des restes d'animaux marins cà et là dans la formation. Un jeune savant du pays, M. Moreno, m'a montré de grands morceaux d'une coralline du genre *Astraea*, trouvés à San Nicolas à une profondeur de 1 mètre 80 à 2 mètres, en faisant les excavations nécessaires aux fondations d'une maison. Des morceaux mesuraient 20 centimètres de largeur à 30 de longueur, avec la construction radiale de l'intérieur, commune à toutes ces boules corallines, appartenant évidemment à une grande masse hémisphérique cassée, couverte de marne diluvienne. Ils ne sont pas frais, mais en demi-décomposition, conservant à leur surface naturelle les cellules des polypes presque intactes, mais roulées dans la surface cassée. Les différents morceaux appartiennent à deux espèces d'une grandeur inégale ; le morceau plus petit a des cellules plus grandes, de 7 millimètres de diamètre, le plus grand appartenait à une demi-boule à peu près d'un mètre de diamètre, mais les cellules polypifères n'ont pas plus de trois millimètres de diamètre. Ce morceau est mieux conservé et assez frais ; dans le plus petit existent de grands trous de pholades, qui ont percé la masse en diverses directions. Mais aussi, dans ce morceau, les cellules de la surface naturelle sont assez bien conservées [14]. On ne sait d'où sont venus ces morceaux, car ils n'ont pas les caractères d'une formation sur place, et il n'existe pas de formation antérieure dont ils aient pu se détacher.

Parmi les autres objets étrangers à la masse diluvienne même on peut mentionner, comme très-généralement répandues, les trois catégories suivantes :

1° Des cailloux et des couches de gravier ;

2° La présence d'une grande quantité de différents sels dans la masse terreuse ;

3° Beaucoup d'ossements des grands mammifères terrestres éteints.

Les cailloux et les couches de gros graviers sont aussi rares dans la formation diluvienne que dans l'alluvienne ; la plus grande partie du terrain de la République est un simple mélange de particules fines de sable et d'argile décrites plus haut, sans variation remarquable et sans véritable arrangement, en étages séparés. Mais, dans quelques endroits, on trouve de petites couches de cailloux, telles que je les ai notées dans mon *Voyage* (tome II, page 87). Cependant, dans la province de Buénos-Ayres, de telles couches sont très-rares, il n'en existe pas tout près de la capitale. BRAVARD ne les avait trouvées nulle part pendant ses nombreuses recherches d'ossements fossiles aux environs de la ville ; il en a tiré cette conclusion assez étrange, que tout le dépôt diluvien est un produit atmosphérique des grandes dunes accumulées par les vents. MM. HEUSSER et CLARAZ ont prouvé que des couches de cailloux existent aussi dans la province de Buénos-Ayres, où on les trouve au sud du rio Salado, dans le voisinage des chaînes de montagnes du Tandil et de l'Azul, intercalées dans des couches de graviers assez gros. Même tout près de la côte océanique, ils ont trouvé dans les escarpements de la Loberia Grande des cailloux des roches volcaniques [15]. Dans les autres escarpements très-hauts et à découvert, sur le bord du rio Paraná, depuis Buénos-Ayres jusqu'à Corrientes, on ne voit jamais de telles couches; elles manquent aussi sur les bords du rio Salado, au sud de Buénos-Ayres. Ici les couches sont simplement terreuses et sans aucun cailloux ; le sol est une marne pure, assez argileuse, qui à l'Ouest devient plus sablonneuse, d'après quelques observateurs [16]. Mais dans l'intérieur du pays, où cette même formation se présente également abondante, jusqu'à la frontière du Nord et jusqu'aux pieds des Cordillères, des couches de cailloux se trouvent assez souvent dans le voisinage des montagnes. Je les ai observées le premier dans les escarpements du rio Segundo (*Voyage*, tome II, page 52) pendant ma visite à Cordova en 1859. Là j'ai vu plusieurs couches de cailloux l'une au-dessus de l'autre, à peu de distance, les morceaux de la grosseur d'une noix jusqu'à celle d'un œuf, quelques-uns formés d'un quarz blanc, quelques autres de différentes roches plutoniques, tous mêlés avec la marne jaune-rouge diluvienne, et les couches séparées entre elles par des couches pures de marne d'une épaisseur variant d'un demi-pied jusqu'à un pied. Plus tard, j'ai répété la même observation dans la vallée de la *Punilla*, entre les deux chaînes de la sierra. En traversant un chemin profondément encaissé dans le sol, je trouvai exactement le même arrangement dans ces escarpements. Dans le fond d'une excavation du sol creusée par la pluie, que les habitants nomment ici *cometierra*, je trouvai la carapace d'un *Glyptodon*, et comme mes ouvriers s'occupaient à le tirer de la terre, j'examinai les couches voisines diluviennes avec leurs cailloux et je reconnus assez clairement des débris roulés des montagnes voisines. Je pus me convaincre alors que la plupart des cailloux n'avaient pas été longtemps en mouvement, puisque leurs coins n'étaient pas tous arrondis, mais seulement superficiellement ronds, imitant plutôt la figure irrégulière de petites pommes de terre que de boules régulières. Cette forme anormale prouve que le chemin du transport de ces cailloux n'était pas très-long, ou que la force qui les transportait était très-faible (Voyez mon *Voyage*, tome II, page 87).

De toute manière, restent prouvés la présence des cailloux dans la formation diluvienne et le fait que la matière qui les compose a été transportée par l'eau, et que les montagnes voisines ont fourni la substance pour la formation aussi bien des cailloux que de la vase. Si l'on examine que cette vase est presque pure dans la province de Buénos-Ayres et contient des cailloux seulement aux environs des petites montagnes du Sud, on se trouve involontairement convaincu, que des cours d'eau ont transporté, d'une hauteur plus considérable, ces matériaux à leur place actuelle, et qu'ils s'y sont immobilisés, quand l'eau perdit la force de les mouvoir, au moment où elle arrivait dans la plaine horizontale, se jetant probablement dans une baie plus éloignée ou dans l'Océan même.

Nous tirons la même démonstration de l'uniformité générale de la vase diluvienne et du peu de différence qu'on y trouve. L'égalité générale du produit prouve que toujours les mêmes forces étaient en activité, que jamais ces forces ne se sont accrues pendant des périodes prolongées, qu'un progrès uniforme s'est continué pendant toute la formation. Quoique la grande épaisseur du dépôt prouve que sa formation exigea un temps fort long et que, par conséquent, des couches plus anciennes et plus jeunes existent dans toute sa masse, on ne saurait noter des différences importantes dans les couches des différents âges : de la surface jusqu'aux couches inférieures, règne la même marne rouge-jaune, tout au plus un peu diversifiée par les différentes quantités de sable et d'argile, mais sans l'apparence de couches véritablement distinctes. Si l'on remarque, comme nous l'avons établi, que le sable domine dans la partie occidentale de notre province, et l'argile dans la partie orientale, ce phénomène s'accorde merveilleusement avec notre théorie sur l'accumulation du dépôt à Buénos-Ayres. Car le sable, plus fort que les particules plus fines d'argile, a un poids plus grand et doit tomber le premier, quand le mouvement de l'eau s'arrête. Sur la même loi est fondé le manque de cailloux à Buénos-Ayres : la force de l'eau coulant à cet endroit avait perdu depuis longtemps la force de transporter des morceaux si grands, et les avait laissés dans les parties plus élevées occidentales du terrain actuel, dans le voisinage des montagnes. Cette force même n'était pas continue, elle s'augmentait un peu de temps en temps, et cette augmentation temporaire occasionnait l'alternative des couches purement terreuses et des couches de cailloux. L'alternation des couches est une preuve évidente, que quelques petites variations ont eu lieu aussi pendant toute la formation du dépôt, en général si homogène [17].

Les mêmes causes ont produit les alternations de sable et d'argile contenues dans les couches ; les variations de la force motrice de l'eau courante les ont seules occasionnées. Cette eau, coulant peu à peu plus lentement, laissait tomber le sable et transportait seulement l'argile plus loin ; sa force, venant à s'augmenter, le sable était de nouveau mis aussi en mouvement. Cette différence de force dépendait de l'augmentation de la quantité d'eau, plus capable alors de mouvoir un poids plus grand. Quand la crue cessait, l'eau perdait de nouveau une partie de sa force, laissant tomber les pierres et les graviers, ne transportant plus que le sable et les plus fines parcelles d'argile. Ces crues se répétant de temps en temps, à la suite de fortes pluies, se répétaient aussi les effets. Ainsi s'explique la variété des matières diluviennes, provenant simplement de la variabilité de toutes les forces terrestres qui les mettaient en mouvement.

La seconde catégorie des matières incluses dans les couches diluviennes se compose d'autres dépôts durs, qui ne sont pas transportables à une grande distance. Ce sont des bancs ou des couches secondaires de carbonate ou de sulfate de chaux cristallisée. Ils se trouvent généralement circonscrits dans des limites assez étroites, qui se manifestent déjà par ce premier caractère, qu'ils existent en petite quantité, semblables à des formations subordonnées et épigénétiques. Il me semble qu'il a dû exister des lagunes anciennes, qui se sont desséchées avec le temps, laissant sur les fonds des sels, jusque-là en suspension dans leur eau. Dans cet ordre d'idées, je me rencontre avec BUAVAUD, qui a observé une couche de sulfate de chaux près de la rivière de *Matanzas*, aux environs de Buénos-Ayres, et avec MM. HEUSSER et CLARAZ, qui citent des géodes calcaires, mêlés avec du plâtre, dans les escarpements du cap Corrientes; renfermant, dans quelques cas, des cavités pleines d'eau, ancien agent de la formation des cristaux. Nous avons, dans notre Musée public, provenant de la rivière de *Matanzas*, de grands cristaux sous la figure bien connue des jumeaux hémitropiques, nommés *fer de lance*, et nous savons que les habitants des environs emploient ce plâtre à blanchir l'intérieur et l'extérieur de leurs maisons.

La similitude générale de ces dépôts cristallisés nous engage à parler ici, plus en détail, de la formation et de la qualité des lagunes, que nous avons décrites, comme très-communément répandues dans toute la province de Buénos-Ayres, tome I, page 160, seq.

Nous avons expliqué que l'imperméabilité de la couche diluvienne pour l'eau atmosphérique tombée sur le sol, est la cause de l'existence de ces lagunes dans les faibles ondulations de la surface de la campagne ; que de la même manière se formaient les parties marécageuses du terrain, appelées dans le pays *cienegas*, *cañadas* et *bañados*, et que ces dépôts alimentent les sources de nombreux petits ruisseaux qui sillonnent le sol de la province de Buénos-Ayres. Par son imperméabilité la couche diluvienne devient la cause de toutes les eaux stagnantes et courantes de la province, donnant ainsi sa richesse naturelle au terrain qui, sans ces eaux, serait aussi stérile que les plaines occidentales de la République. Il est évident que la constitution chimique du sol doit influencer par ses substances solubles l'eau, que ses qualités mécaniques d'imperméabilité ont contribué à arrêter. Les marais (*pantanos*), avec leur couche de vase perméable, dans laquelle le roseau et les graminées aquatiques jettent leurs racines, doivent aussi leur formation aux mêmes causes. La vase est une formation secondaire, transportée par les eaux affluentes avec la pourriture des plantes décomposées, qui, elles non plus, ne pourraient exister sans la couche imperméable inférieure qui retient l'eau sans l'absorber. La pluie étant rare dans la moitié occidentale du pays, les marais y sont rares aussi, faute d'eau pour les former ; l'évaporation du peu d'eau tombée se fait trop vite par suite de la sécheresse générale; cette évaporation elle-même est bientôt transportée par les vents dans d'autres régions. Ces circonstances ont amené la formation des *salinas*, qui occupent le centre de la République : les régions les plus basses, dans une étendue énorme, se sont transformées en lagunes sèches, qui avaient ramassé les eaux contenant les substances solubles du sel en suspension. D'autre part, les terrains nommés *salitrales* prouvent l'existence de matières solubles évidemment en assez grande quantité dans le sol même.

En ce qui touche l'origine des substances solubles contenues dans le sol argentin, il n'existe aucun doute qu'elles sont des formations secondaires, qui ne se trouvaient pas sous la même forme dans les roches anciennes, décomposées pour fournir les matériaux des dépôts diluviens. Elles se sont formées plus tard de la matière de ces roches, faisant des productions nouvelles épigénétiques. Nous savons que la vase fine d'argile attire, il est vrai, assez lentement l'humidité, mais aussi qu'elle la retient mieux que le sable très-divisé, et exerce par cela même une attraction sur les sels formés. L'existence de ces sels dans la marne diluvienne est démontrée par les efflorescences presque constantes de sa surface près des ruisseaux qui traversent ce dépôt. Généralement, la surface des escarpements du rivage est couverte de ces efflorescences de sel blanc ; les cristaux qui la composent sont trop petits pour être distingués à l'œil nu, mais leur existence se révèle au goût, surtout si l'on dissout une certaine quantité de cette marne dans de l'eau.

Nous nous sommes antérieurement occupés suffisamment des salines (tome I, pages 177 et suiv.); nous avons dit leur étendue et leur composition, nous n'avons pas à nous répéter ici. Il suffit d'énumérer de nouveau les différents sels qu'elles contiennent.

Ces sels sont de double qualité : les uns sont sulfates, les autres sont chlorures. Ces deux produits secondaires se forment principalement par la décomposition des roches primitives par l'influence de l'atmosphère, phénomène qui se produit encore de nos jours et sous nos yeux.

Les sulfates sont assez généralement dérivés de la décomposition du plâtre, quoique celui-ci semble être aussi un produit secondaire épigénétique du temps de la formation de la marne diluvienne. Les habitants donnent aux terrains mêlés avec le sulfate le nom de *salitrales*, parce qu'ils croient que le sel contenu est du nitre, que les Espagnols appellent *salitre*. Mais le sel des *salitrales* est surtout du sulfate de soude, formé, peut-être, par la décomposition des sulfures métalliques par l'atmophère, s'unissant avec l'acide sulfurique ainsi formé, la soude contenue dans les roches décomposées feldspathiques. La soude a une affinité très-grande avec ledit acide, elle se met en union avec celui-ci et forme ainsi un nouveau sulfate (le sel de Glauber), très-commun dans baucoup de districts où les *salitrales* sont répandues. De la même manière se forme le sulfate de magnésie (sel d'Epsom), généralement mêlé avec l'autre ; les deux sont facilement solubles dans l'eau et par conséquent contenus dans tous les districts *salitrales* [18].

Les chlorures peuvent être en partie des produits originaires, mais la plupart sont aussi épigénétiques, principalement ceux des salines, où ils se déposent de préférence. Car l'opinion, autrefois assez répandue, que ces dépôts de sel sont les restes d'une inondation générale de la plaine des *pampas* par la mer, est actuellement presque abandonnée ; principalement parce que les alluvions qui ont produit ces bassins salifères sont trop modernes pour qu'une semblable inondation générale ait été possible, et l'élévation des couches diluviennes au-dessus du niveau actuel de la mer, atteignant 1500 à 1800 mètres, contribue aussi à détruire cette hypothèse.

Les lagunes contenant le chlorure de soude sont plus rares que les sulfates, généralement répandus dans toute la formation ; elles se trouvent principalement dans les régions australes, assez distantes de la côte océanique. Malheureusement, je n'ai pu visiter aucune de ces lagunes, mais Darwin en a décrit une, au nord-ouest de *El Carmen*, au nord du rio Negro (*Voyage*, tome I, chap. 4), dont les habitants extraient annuellement le sel pour leur usage et pour en faire même un objet de commerce. Le chlorure de soude se trouve, pendant l'été, à l'état de couche superficielle, de 10 à 12 centimètres d'épaisseur, sur le fond de la lagune sèche ; mais, pendant l'hiver, l'humidité et les pluies le dissolvent, la lagune, dans cette saison, étant généralement pleine d'eau. La qualité du sel n'est pas très-bonne, et on le considère comme inférieur à celui des îles du Cap-Vert, où se trouvent des dépôts semblables. Il y a aussi du sulfate de soude, mêlé avec le chlorure, principalement sur les bords de la lagune, qui pourrait être formé secondairement par la décomposition du plâtre (sulfate de chaux) assez abondant dans les environs. Les *gauchos* ont renversé cette formation ; ils croient que le plâtre et le sulfate de soude ont formé le chlorure de soude et ils nomment le premier le père et le sulfate de soude la mère du chlorure. Plus justement, on devrait aussi dans ce cas admettre la formation simultanée des trois sels de la décomposition des rocs anciens, comme nous l'avons indiqué plus haut des autres faits. Quelques observateurs croient que le sulfate de chaux est aussi formé épigénétiquement du carbonate de chaux, contenu dans la marne diluvienne, déduisant l'acide sulfurique de la décomposition des substances organiques du sol. Mais la préexistence du plâtre, simultanément avec le carbonate de chaux me semble plus vraisemblable, car il se montre à côté du carbonate dans toutes les eaux courantes et même dans les puits artificiels.

Cette grande quantité de sels contenue dans le sol de la République Argentine appelle l'attention de l'observateur, et il se demande, non sans étonnement, non-seulement d'où sont sortis les sels, mais aussi comment ils ne s'épuisent ou ne diminuent pas, depuis tant de siècles écoulés. Quant à leur origine, nous avons déjà donné notre opinion plus haut, et nous ne voulons pas revenir ici sur ce que nous avons dit de leur origine épigénétique. La décomposition des roches anciennes fournissait les matériaux, et la condensation de l'humidité atmosphérique les transportait et les distribuait. Admettre, comme le fait d'Orbigny et en partie aussi Darwin, que la mer s'étendait encore sur toute la plaine Argentine, au temps de la formation des dépôts diluviens, c'est ne pas tenir compte des phénomènes déjà indiqués antérieurement. Si les couches diluviennes se trouvent encore à une hauteur de 1500 à 1800 mètres, même sur le plateau central bolivien, il faudrait donc déclarer que presque toute l'Amérique méridionale se trouvait encore sous la mer à cette époque, et cette hypothèse extravagante ne s'appuie sur aucune preuve directe fournie par les couches du sol. Il n'est pas possible de soutenir une pareille opinion, si les couches même des dépôts la combattent. Mais si, pourtant, les sels diluviens ne peuvent être considérés sous un autre point de vue que comme dépôts d'une solution aqueuse, et dont le dépôt de la marne, qui les contient, est aussi évidemment une ancienne vase produite par des eaux courantes, on ne saurait attribuer à une autre force, que celle des précipitations d'eau douce de l'atmosphère et des courants de leur masse, l'origine des deux phénomènes. C'est la seule explication admissible d'après ma manière de voir.

Pour approfondir cette hypothèse et en démontrer la raison il faut considérer les excavations centrales de la plaine Argentine, où se trouvent actuellement les salines, comme des lagunes anciennes pleines d'eau pendant l'époque diluvienne; mais d'eau douce venue des sommets des montagnes voisines et produite par la condensation, probablement en plus grande quantité que de nos jours, des vapeurs de l'atmosphère, descendant dans la plaine à l'état de courants plus ou moins violents. Ces lagunes formaient de grands lacs intérieurs, recevant les vases et les sels solubles des courants, qui venaient s'y décharger. Comme ces lacs étaient plus profonds au commencement des dépôts, ils n'avaient pas d'écoulement vers la mer; la vase s'y accumulait avec les sels, et comme l'affluence diminuait avec le cours des siècles par les modifications intervenues dans la constitution atmosphérique du pays, peu à peu plus semblable à l'état actuel, l'évaporation de l'eau augmentait et la production en diminuait, amenant ainsi une baisse lente du niveau des lacs. Aussi les sels restaient-ils dans la vase, et le lac devenait un vaste marais. Si ces lacs eussent eu un écoulement continuel, les sels ne se fussent pas déposés sur leur fond ; l'eau en s'écoulant les aurait transportés dans l'Océan, comme cela se produit à présent dans les *Rios Salados* du pays, et peu à peu ces sels eussent disparu ; mais faute d'écoulement de l'eau ils restaient dans le fond tels que nous les trouvons aujourd'hui, et leur existence prouve que l'écoulement de l'eau a fait défaut. La répétition périodique des affluences due à la décomposition continuelle des roches originaires et aux pluies annuelles, a augmenté la quantité des sels bien plus modérément à l'approche des transformations physiques de l'époque actuelle. Nous savons bien par l'observation des fleuves du pays, que plusieurs, qui traversent le territoire salé, se changent de doux en salés. Les sels sont partie intégrante du sol parcouru par ces fleuves, depuis sa formation ; ils y ont été introduits par la marne diluvienne, formée de la même manière par la décomposition des roches primitives. L'eau accumulée sur ce fond salé dissolvait les sels, comme font les fleuves actuels, et les lagunes perpétuelles dans les localités les plus basses devenaient naturellement salées. Ces sels dissouts restaient pour toujours dans le sol, si la lagune n'avait pas d'écoulement. Mais où les eaux accumulées trouvaient leur chemin jusqu'à la mer, elles absorbaient peu à peu les sels, et le sol se changeait en terre végétale fertile. Même les plantes salines ont contribué à ce résultat, elles couvraient le sol d'une couche végétale superficielle et empêchaient l'eau de toucher le fond salifère. On comprend alors, en raison de cette différence des conditions actives, comment les lagunes salées et les lagunes d'eau douce se trouvent dans le même pays, et quelques-unes à peu de distance l'une de l'autre.

Souvent on trouve épars dans la formation diluvienne, comme troisième élément de leur composition, des ossements de grands mammifères terrestres éteints, qui par leur masse énorme ont donné naissance à la croyance aux géants humains, principalement les cuirasses presque sphériques des Glyptodontes, nommés ici par le peuple illettré : tête de géant (*cabeza de gigante*). D'un autre côté, quelques personnes, même de la société plus instruite, par exemple des membres du clergé, ne veulent pas concéder que ces os sont dans leur état naturel ; ils croient qu'ils ont acquis leur grandeur peu à peu par accroissement dans la terre même, après la mort de l'animal, et que sa grandeur durant son vivant était beaucoup moindre.

Il est inutile même de réfuter ces idées extravagantes ; je les ai mentionnées seulement pour démontrer que l'homme est plus disposé à croire les choses les plus invraisemblables, qu'à accepter l'explication exacte d'un prétendu miracle, quoique la science ne peut en admettre aucun comme un fait bien constaté [19]. Un ossement fossile est exactement le même, quant à son aspect, s'il est trouvé en état de conservation parfaite, comme il était dans le corps de l'animal vivant ; il n'a pu s'augmenter, au contraire, il a perdu de son volume ; la substance organique, mêlée avec les précipitations de la chaux, qui forme le fond de sa composition. Cette masse organique, à l'origine, se présentait sous l'aspect d'un tissu de cellules, où le phosphate de chaux se déposait peu à peu par couches, en quantité croissante, jusqu'à ce que l'os eût acquis sa grandeur naturelle et sa dureté complète. La pétrification d'un os parvenu à cet état n'est autre chose que la destruction de la masse organique par la décomposition naturelle après la mort, décomposition qui n'atteint ni la forme générale ni la texture interne que les couches organiques ont donnée à la chaux, en la transformant en une masse solide et dure. Si cette décomposition se produit en plein contact avec l'air et l'eau, l'os sera généralement détruit ; mais quand il est contenu dans une enveloppe dure et compacte de terre, il conserve son aspect, sa texture et sa forme. Un os, dans cet état de pétrification, reçoit souvent aussi quelques substances dures nouvelles, telles que du carbonate de chaux ou acide silicique, qui prend la place de la substance organique perdue, mais ce n'est pas la règle ; au contraire, de la quantité de substance organique non décomposée, connue sous le nom de colle, retenue dans la texture de l'os, dépend sa conservation. En général, ces os se conservent d'autant mieux que le sol où ils sont déposés est plus sablonneux, et que l'absence de contact avec l'air est plus complète ; des dépôts riches en carbonate de chaux sont un mauvais milieu pour leur conservation, parce que l'os attire la chaux, et cette attraction le déforme et le fait exclure des cabinets d'étude comme inexact. De tels os se trouvent en grande quantité dans le dépôt diluvien du pays, mais non pas dans toute son étendue, ni en égale quantité dans toute sa surface. Nous examinerons avec attention ces deux faces de ce phénomène.

Le niveau, où les ossements fossiles sont déposés, sont les

couches inférieures au-dessous de la moitié de l'épaisseur de
la marne diluvienne ; c'est là où se trouvent en plus grand
nombre les ossements des espèces éteintes ; les couches supérieures en sont généralement dépourvues ou ne contiennent que des débris des grandes espèces et des restes de
quelques espèces plus petites, la plupart encore existantes.
C'est pour cette raison que les os fossiles se trouvent surtout
dans les lits des ruisseaux profondément encaissés ; c'est là
où l'on doit les chercher ; la surface naturelle de la formation diluvienne ne renferme pas d'ossements fossiles, et
même les escarpements hauts de 6 à 10 mètres des affluents
du Rio de la Plata n'en contiennent pas, pendant que le lit
du fleuve même en a fourni une ample moisson à tous ceux
qui se sont occupés d'y faire des recherches. Actuellement,
on les trouve encore assez souvent, même dans la ville de
Buénos-Ayres, en creusant des puits ou des souterrains de
quelque profondeur. C'est ainsi qu'on a trouvé dans l'intérieur de la province des squelettes entiers, bien connus dans
la science et remarquables par leur parfaite conservation; on
a même trouvé le squelette de la mère avec son petit. Ce
sont les deux types de *Mylodon gracilis* qui existent dans notre Musée ; le petit est malheureusement en assez mauvais
état par la faute de l'homme qui a fait cette double trouvaille. Des découvertes semblables ne sont pas rares et prouvent que les deux animaux ont été tués à l'improviste, au
lieu même de leur repos. C'est ce que prouvent aussi les
squelettes entiers, conservés dans leur position naturelle,
quand d'un autre côté les squelettes défectueux et renversés le dos en bas, le ventre en haut, prouvent avec une égale
évidence, que ces animaux ont été tués avant leur ensevelissement dans la vase et transportés à quelque distance par
l'eau, principalement si la tête, la queue et les extrémités
manquent. Ce sont en effet les parties le plus facilement séparables du tronc par l'eau courante au moment de la putréfaction du cadavre, exposé à l'action de l'air et des autres

forces externes atmosphériques. J'ai observé que les cadavres des grands animaux, tels que le *Megatherium,* ont perdu les extrémités gauches plus souvent que les droites, et je me crois autorisé à déduire de cette observation, que le côté droit de l'animal pendant la vie était plus pesant et obligeait son corps à tomber de ce côté au moment de la mort. Quelquefois on trouve les membres détachés épars à une certaine distance du cadavre, ou même les ossements principaux d'un cadavre disséminés sur un espace assez restreint ; observations qui prouvent que la force locomotrice n'était pas assez grande pour éloigner beaucoup les unes des autres les différentes parties du même individu. Supposant que c'était l'eau qui séparait les os du cadavre, il faut évidemment conclure, que c'était un courant assez lent et non pas la force d'un fleuve ou d'un déluge général. De telles dispositions indiquent des pluies fortes mais courtes, une inondation locale, et ainsi se trouve confirmée mon opinion de la formation du dépôt diluvien par des précipitations fortes de l'atmosphère, et éliminée la théorie de la formation du dépôt par le flot marin. Enfin, sur ces mêmes observations, nous pouvons encore asseoir d'autres conclusions assez importantes.

En premier lieu l'existence des os des animaux éteints seulement dans les couches inférieures de la formation prouve que ces animaux gigantesques ont vécu au commencement de l'époque diluvienne et qu'ils moururent longtemps avant la fin de cette époque, pendant la première moitié de sa durée. Si leur existence s'était prolongée pendant toute la formation des couches diluviennes, on devrait trouver aussi des squelettes entiers dans les couches supérieures, où jamais on n'en a trouvé, et où seulement on a rencontré des débris transportés d'un niveau inférieur, ou des os d'animaux encore vivants. Cette observation m'a amené à conclure à l'existence de deux périodes différentes dans la même époque. Sans donner mon opinion comme indiscutable, je crois pouvoir établir le parallèle de la période plus ancienne avec la période préglaciale européenne, et de la plus récente contenant les espèces correspondantes à l'époque actuelle au temps postglacial ; sans cependant indiquer par ce parallèle l'existence de forces ou moyens de même nature, car les preuves font complétement défaut pour établir l'existence dans ce pays de forces glaciales. (Voyez note 28).

La manière dont sont disposés les squelettes entiers des animaux éteints, nous démontre aussi qu'ils n'ont pas été victimes d'une force momentanée, d'un cataclysme qui aurait tué tous les animaux, car dans ce cas les squelettes entiers doivent être déposés non-seulement tous dans la même couche, mais aussi également conservés ou décomposés. La différence de conservation et la différence de hauteur, quoique peu considérable, prouvent que ces animaux ont été tués dans des temps différents et de différente manière, et qu'il s'est écoulé au moins des siècles, sinon plusieurs milliers d'années, depuis leur apparition jusqu'à leur complète destruction. Examinant toutes les circonstances avec soin, il me semble très vraisemblable que ces animaux soient morts d'une mort naturelle en différents temps et de différentes manières, et si quelques-uns dénotent une morte subite, c'est qu'ils seront tombés par aventure dans des marais, ou auront été surpris par des crues momentanées dans leur lieu de repos. De telles inondations se sont répétées de temps en temps, détruisant les cadavres des animaux noyés et transportant les membres de quelques-uns à différentes distances, du reste, selon que le courant était plus fort ou plus faible. Assez souvent on ne trouve pas les squelettes dans leur position naturelle ; principalement les grandes cuirasses des Glyptodontes sont généralement renversées, ou sont quelquefois en position perpendiculaire ; j'en ai vu moi-même dans la vallée de *La Punilla*. (*Voyage*, II, 85). Dans ce cas ils sont vides, comme celui dont je parle; et seulement si la position est la véritable position naturelle, ventre en bas, on trouve dans la cuirasse les ossements du squelette, comme cela s'est présenté dans le cas du magnifique exemplaire du *Panochthus tuberculatus*, conservé dans notre Musée, ayant été trouvé parfaitement intact dans sa position naturelle (Voyez *Anales del Museo Público de Buenos Aires*, tome II).

M. Aug. Bravard, qui s'occupait beaucoup de la recherche des ossements fossiles dans les environs de Buénos-Ayres, dit dans sa description du territoire (*Registro Estadístico de Buenos Aires*, tome I, page 11), qu'il a observé souvent dans les contours des squelettes parfaits une grande quantité de petites coques ovales vides, qu'il croit être les cages des larves des mouches qui ont mangé la viande de l'animal mort; il en conclut que ces cadavres n'étaient pas submergés, mais déposés sur un terrain sec, parce que les larves des mouches ne peuvent pas vivre dans l'eau. Il résulte de cette observation, que le cadavre dût être couvert bientôt après la destruction des parties molles par les larves, et enveloppé d'une couche de sable mouvant, qui s'augmentait et se renouvelait de temps à autre. Cette explication semble non-seulement très-ingénieuse, mais aussi très-naturelle, si on concède l'exactitude de l'observation. Pour ma part, je doute beaucoup de cette exactitude ; je n'ai jamais vu un semblable phénomène, quoique j'aie extrait aussi plusieurs exemplaires presque complets de squelettes, et je doute aussi que des coques si fragiles et si minces aient pu être conservées et que la peau dépouillée d'une larve de mouche ait échappé à la destruction pendant un séjour de plusieurs milliers d'années dans la terre. Je crois que Bravard s'est trompé, ou si en vérité son observation est exacte, il a pris un simple cas pour la règle et en a sorti des conclusions dont il n'était pas permis de tirer[20]. Pour cette raison je ne donne aucune valeur à son opinion, quoique je n'en veuille pas nier positivement la possibilité, en faisant observer que les larves des mouches vivent aussi dans des cadavres, mais seulement demi-couverts par l'eau et que la présence de leurs coques ne prouve pas absolument le dépôt du corps sur un terrain sec. L'animal pouvait être noyé et les mouches lui appliquer leurs œufs, quand l'eau s'était retirée de son cadavre par écoulement. Il faut reconnaître que ces cadavres ne pouvaient se trouver dans l'eau profonde d'un golfe, s'ils contenaient des larves de mouches. N'oublions pas que Bravard a voulu surtout combattre cette théorie de d'Orbigny et Darwin ; son observation, si exacte, lui fournissait une preuve de plus et il y insistait en la considérant de grande importance.

Je peux comparer à celle-ci une autre observation que j'ai faite personnellement, non-seulement une fois, mais très-souvent, que les grands ossements et principalement les squelettes entiers sont entourés d'une enveloppe de sable presque pur, au milieu de la couche pleine d'argile des environs. Cette enveloppe de sable laisse aisément enlever les os qui y sont ensevelis, mais ceux qui sont entourés d'une argile dure se brisent facilement ; c'est aussi ce qui arrive presque toujours à ceux déposés dans la tosca en contact avec de fortes concrétions calcaires. J'ai souvent observé dans le cours de mes nombreuses fouilles que principalement les grandes parties d'un squelette, tels que le bassin ou le tronc tout entier, sans membres, qui manquent généralement, quand le cadavre a été transporté au loin, ou seulement balloté quelque temps dans un courant d'eau, se trouvaient déposées dans une excavation pleine de sable, de la couche d'argile au milieu de laquelle je les découvrais. Je m'expliquai ce phénomène par l'activité d'un courant d'eau, charriant les substances du dépôt. Dans ce courant, l'objet en question formait un obstacle et obligeait l'eau à le contourner ; celle-ci, dont le courant était ainsi contrarié, laissait tomber les particules plus pesantes de sable aux environs de l'obstacle et transportait seulement les plus légers d'argile, formant de cette manière une accumulation de sable autour des ossements mis en travers de son courant. Cette explication est sans doute la plus logique, et démontre en même temps que l'objet était déposé dans l'eau, et que celle-ci l'enveloppait d'abord du sable le plus pesant qu'elle charriait, avant que se produisît l'exhaussement du sol où l'objet était enseveli par le dépôt des vases plus fines contenues dans la même eau. Toutes ces conclusions se tirent naturellement du fait constaté ; elles prouvent aussi que la formation est un dépôt de courants successifs d'eau douce et détruit l'hypothèse d'un dépôt dans un grand golfe ou dans la mer ouverte, aussi bien que celle d'un dépôt atmosphérique accumulé par les vents à la manière des dunes [21].

Nous arrivons à la seconde partie de notre question, concernant la répartition horizontale des os sur toute la plaine argentine. Nous observerons d'abord que la province de Buénos-Ayres contient les plus riches gisements de tout le pays et que la quantité des ossements diminue sensiblement dans la direction de l'Ouest et du Nord ; quoique cependant quelques endroits plus au Nord, entre les chaînes des montagnes alentour du grand plateau bolivien, principalement aux environs de Tarija, sont aussi très-riches. Au contraire, sur la campagne échelonnée de la Patagonie on ne trouve des ossements fossiles de cette catégorie que sur les bords orientaux de la côte de la mer, ou dans les ravins qui descendent de la plaine voisine à l'Océan. A Buénos-Ayres on trouve aussi des ossements, mais seulement au niveau du fond du fleuve; ils sont souvent mis à jour dans les travaux faits pour les puits de la ville ou autres excavations de la même profondeur. A l'époque où M. BRAVARD était à Buénos-Ayres, vers 1856, il cherchait les os seulement dans le lit du Rio de la Plata; à marée basse il remontait en suivant la rive jusqu'à San Isidro, et trouvait dans ce parcours de cinq lieues la plus grande partie de sa collection. Je fis alors sa connaissance et lui parlai de mon projet d'entreprendre moi aussi des recherches, il me répondit avec bonhomie : « Vous ne

» trouverez rien, M. Seguin (celui qui l'accompagnait au
» commencement de ses recherches) et moi nous avons
» tout pris »; et c'était la triste vérité, je ne trouvai que
le bassin et quelques os de *Scelidotherium*, tout près du
môle, fortement scellé dans la tosca, et par conséquent
impossible à enlever intact. Probablement Bravard l'avait
vu aussi mais l'avait laissé là, parce qu'il avait reconnu
l'impossibilité de l'extraction complète. Plus tard, on m'a
de temps en temps apporté des os trouvés dans les puits nouveaux, la plupart inutiles pour la collection à cause de leur
état de destruction. J'ai acquis de cette manière un morceau
de la mâchoire inférieure de *Macrauchenia*, avec trois dents,
quelques parties du bois d'un cerf et le tibia d'un grand
oiseau aquatique, probablement d'une cigogne. Plus dans
l'intérieur de la province, où la couche diluvienne est
moins épaisse que tout près de Buénos-Ayres, les os ne
sont pas enfouis si profondément, mais la hauteur régulière est ici celle du lit des ruisseaux et petits fleuves,
comme le rio Lujan, le rio Salado; dans les parties supérieures des escarpements on ne trouve rien, ou seulement par exception quelques os isolés; les grandes parties d'un squelette se trouvent dans la moitié inférieure
de la formation. Le territoire compris entre les deux petites villes de Lujan et Mercedes, où le rio de Lujan parcourt la plaine, est réputé pour la richesse de ses gisements; presque tous les squelettes parfaits sont de cet
endroit. Le lit du rio Arecifes est aussi bien connu comme
terrain très-riche : c'est dans cette partie de la province
que l'on a trouvé le squelette parfait du *Glyptodon asper* de
notre Musée, et tout près de là-même, Bravard trouva
un squelette défectueux de la *Macrauchenia* avec la tête
parfaite, et M. Pacheco, le propriétaire du terrain, le corps
du *Dœdicurus giganteus* (*Anales*, II, 393). Enfin la région
du rio Salado, qui descend par une ancienne vallée, à
présent changée en plaine, est très-riche en ossements;

j'ai pu réunir en huit jours une collection superbe, contenant des squelettes peu défectueux du *Mylodon giganteus* et *Mylodon gracilis*, beaucoup d'os de *Hippidium principale*, de *Toxodon*, *Glyptodon* et autres animaux de la même époque.

La Bande Orientale opposée à Buénos-Ayres, est aussi très-riche en ossements fossiles; les premiers débris d'un *Glyptodon*, qui ont été envoyés en Europe, provenaient de cette partie du terrain, mais en général la quantité des ossements est inférieure à celle de Buénos-Ayres. La région la plus riche de ce côté semble être les environs de Mercedes du rio Negro, entre les ruisseaux de Sarandi et Coquimbo. Là se trouvent des os de *Mylodon*, *Toxodon* et *Mastodon*, comme je l'ai observé pendant mon séjour dans cette ville, dans les collections de quelques amateurs (*Reise*, I, 79). Ces os étaient tout noirs et très-durs, quoique assez ruinés; il me semble qu'ils ont dû être transportés de loin et fortement imprégnés d'oxyde de fer et de manganèse.

Dans l'intérieur, plusieurs voyageurs, comme D'ORBIGNY, DARWIN et BRAVARD, ont mentionné de riches dépôts sur les rivières du rio Paraná à San-Nicolas, Rosario, Santa-Fé, Paraná, où on a trouvé des exemplaires très-curieux; même plus haut, au Paraguay, se trouvent des os identiques; là on a découvert tout dernièrement (janvier et février 1875) un riche dépôt à Berrero, dont on m'a communiqué quelques os de *Glyptodon* et *Mylodon*, mais en général ce terrain est plus pauvre que les environs de Buénos-Ayres. Un dépôt de la même richesse, et probablement encore plus riche, se trouve dans les régions de la frontière bolivienne, près de Tarija, où dans une couche de gros graviers et de petits cailloux, sur les escarpements de la vallée, existe une grande quantité d'ossements fossiles. MM. WEDDELL et DE CASTELNEAU ont tiré de là les éléments de leurs riches collections, composées des mêmes espèces si abondantes dans les environs de Buénos-Ayres. Cependant dans toutes les régions de l'intérieur de la République, à l'Ouest et au Nord-Ouest, ces mêmes espèces sont fort connues, et leurs os, aussi dans ces localités, se trouvent ensevelis dans les couches inférieures diluviennes, surtout à une hauteur considérable dans les vallées des chaînes de montagnes. Les deux cuirasses de *Glyptodon* que j'ai vues dans la Punilla, entre les deux chaînes de la sierra de Cordova (*Reise*, II, 85 et 87), se trouvaient à une hauteur d'environ 1100-1200 mètres au-dessus du niveau de la mer. Pendant mon voyage de retour de Mendoza, en 1858, un habitant de San Luis vint me consulter sur la valeur d'un grand squelette trouvé par lui dans les environs de la ville, à côté du rio Quinto, et plus tard un ingénieur allemand, occupé au tracé du chemin de fer andin, m'apportait plusieurs os du *Equus argentinus*, décrit dans mon travail sur les chevaux fossiles de la *pampa* et ramassés par lui-même dans ce territoire. A Mendoza encore, une personne m'offrait une queue du *Glyptodon*, trouvée dans les environs, au moins à 780 ou 800 mètres au-dessus du niveau de la mer. Plus au Nord, d'autres cas semblables sont venus à ma connaissance. Au versant ouest de la sierra Achala, dans un endroit nommé *Mina Clavero*, on trouva le joli exemplaire demi-complet du *Panochthus bullifer*, décrit dans les *Annales du Musée* (tome II, 149). M. Schickendantz m'a aussi envoyé beaucoup de débris d'un exemplaire complet du même animal, trouvé sur la sierra de Belen, de la province de Catamarca, à une hauteur de plus de 1600 mètres. D'Orbigny dit dans son *Voyage* (tome III, partie 3, page 250), que la même formation diluvienne, contenant des ossements fossiles, s'élève en Bolivie à la hauteur de 4000 mètres; il parle aussi de la richesse des environs de Tarija et Cochabamba qui, suivant lui, ont une élévation de 2575 mètres. Ces deux localités occupent une position similaire sur les versants des montagnes qui descendent du plateau de Puna ou Despoblado : Cochabamba au nord-est, Tarija au sud-est du plateau, dans les vallées qui se dirigent vers la plaine de la *Pampa*. Enfin, nous savons par les recherches scrupuleuses de Lund au Brésil, que ces mêmes animaux ont vécu aussi dans ce pays, car leurs os s'y trouvent dans les cavernes, et quelques-uns, comme le *Machaerodus, Ursus, Hoplophorus, Scelidotherium* ou *Platyonyx*, ont été découverts par cet observateur consciencieux et habile, dans ces cavernes, avant d'être connus dans notre pays. Très-vraisemblablement la formation diluvienne, qui contient ces os, s'étend sur toute la plaine brésilienne, depuis le versant oriental des Cordillères jusqu'au versant occidental des montagnes de la côte Atlantique, occupant de même tout le lit du fleuve Amazone, et s'élevant même sur les plateaux des Cordillères. M. de Humboldt le premier a trouvé sur le plateau de Quito le *Mastodon*, que Cuvier décorait du nom de ce célèbre savant, et l'on trouve ce même animal non seulement à Tarija, mais aussi dans les environs de Buénos-Ayres. D'autres voyageurs ont prouvé son existence dans le plateau semblable de Bogotá, au-dessus du rio de Magdalena ; toute la plaine centrale sud-américaine, depuis Carracas jusqu'à la lagune Bebedero en Patagonie, est formée d'une couche sédimentaire du même âge diluvien, riche en ossements fossiles, qui prouvent, par l'identité des espèces, la contemporanéité de la formation. Dans les plaines des *pampas* au Sud, et dans les plaines des *Llanos* au Nord leurs couches inférieures diluviennes sont du même âge et recouvertes par des couches plus modernes alluviennes, produites par les grands fleuves qui parcourent aujourd'hui ce sol immense qu'ils ont formé à une époque antérieure.

Les limites de la formation au Sud ne sont pas déterminées jusqu'à présent avec certitude. Qu'elle n'ait pas pour limites extrêmes la latitude de Mendoza et San Luis, comme

Darwin l'avait supposé, cela est prouvé par mes observations, comme je l'ai déjà dit plus haut. Il n'est pas possible de savoir, sans un examen exact, jusqu'où elle s'étend dans le Sud. Cependant nous savons que la formation diluvienne existe encore dans les environs de la sierra de Tandil à l'Est, mais elle manque dans ceux de la sierra Ventana; les limites doivent exister entre ces deux points. Je suis porté à déduire de l'inclinaison générale de la plaine pampéenne du Nord-Ouest au Sud-Est, que les véritables limites concorderont avec cette même inclinaison, se dirigeant parallèlement aux deux chaînes de montagnes susnommées jusqu'au pied des Cordillères. Une ligne droite tracée dans cette direction sur la carte géographique du territoire aboutissait à peu près au volcan de Maypu (34° L. S.), et c'est là que je suis disposé à fixer les limites diluviennes au Sud. Au sud du cap Corrientes nous ne connaissons la formation que dans quelques points isolés; Bravard l'annonce dans sa carte géographique de Bahia Blanca, comme couche inférieure du terrain bas avant l'escarpement de la formation tertiaire à Punta Alta, et cette observation nous autorise à admettre leur extension plus au Sud dans les territoires correspondants. Darwin l'a trouvée dans un ravin du port Saint-Julien, où il découvrit les ossements de la *Macrauchenia*, car cet animal appartient à la formation diluvienne, comme le prouvent les os trouvés même dans le sol de Buénos-Ayres. Je crois que dans cette baie on trouvera la même disposition que dans celle de Bahia Blanca.

À cette démonstration sur l'étendue horizontale de la formation, nous ajouterons celle-ci : qu'elle a dans toute son étendue la même uniformité perpendiculaire. La marne diluvienne conserve son caractère homogène du haut en bas et ne dénote aucune différence dans les diverses couches qui se répètent dans un ordre sûr et uniforme. Les escarpements de la rive des fleuves sont identiques à Bué-

nos-Ayres, à Parana, à Mendoza et à Tucuman, où je les
ai étudiés pendant près d'un an. Dans la dernière ville,
j'ai vu creuser sous mes yeux un puits qui descendait
à 10 mètres dans la formation diluvienne, et à cette profondeur atteignait une couche de gravier et petits cailloux
dans laquelle on trouvait l'eau à un demi-mètre. Cette
couche manque plus à l'Ouest; au pied de la sierra voisine
elle est remplacée par une couche blanche fine et de tosca
molle, dans laquelle on trouve l'eau. Cette même couche
se présente à 24 lieues au delà de la ville, dans le terrain bas, entre le rio Tala et le rio Salado. Dans les escarpements des excavations, l'eau sort de cette couche en
petite quantité en temps ordinaire, mais abondante en
temps pluvieux. Il me semble que c'est là la couche inférieure de marne diluvienne qui reçoit l'eau des pentes
des montagnes voisines au pied de la sierra, l'absorbe et
la filtre jusque dans la plaine. Le gravier qui dans la
ville occupe la place de cette couche est probablement le
dépôt d'une rivière de l'époque diluvienne qui traversait
cette couche et y a laissé ce dépôt (Voyez *Reise*, II, 141).

L'épaisseur de la formation diluvienne au-dessous de
Buénos-Ayres est bien connue, en raison des essais malheureux de construction de puits artésiens dans l'enceinte
de la ville. Ces travaux ont démontré que dans le niveau
général de la *pampa* de tels puits ne sont pas possibles;
résultat que j'avais pronostiqué dès le début de la perforation. Les seuls endroits où l'on pouvait espérer un
résultat favorable étaient les parties où le sol s'abaisse à
15 ou 20 mètres au-dessous du niveau du terrain plan,
ou dans les creusements naturels tels que ceux de Barracas et de Tuyu, quoique même dans ce cas l'eau ne sera
jamais bien potable, par suite de la présence de beaucoup de substances solubles dans les couches sédimentaires de notre terrain, comme l'a prouvé l'expérience [22].
Sous le sol de Buénos-Ayres, qui s'élève au lieu où était

autrefois entreprise la perforation, à 15 mètres au-dessus du Rio de la Plata, la couche diluvienne avait l'épaisseur de 45 mètres ; on rencontrait d'abord la marne pure, mais plus bas on trouvait beaucoup de concrétions calcaires semblables à la tosca de la rivière près du môle. Après une perforation de 20 mètres, la tarière entrait dans un sable gros, qui contenait aussi de petits cailloux de différente qualité, quelques-uns semblables à ceux du rio Uruguay ; plus bas encore, le sable se changeait en cailloux d'un gros calibre, très-difficiles à perforer. Cette couche de sable, de 25 mètres d'épaisseur, était la plus inférieure de la formation diluvienne, aussi riche en eau que la couche correspondante à Tucuman. C'est là sans doute, sinon la plus ancienne couche diluvienne, la plus moderne tertiaire ; hypothèse qui reste douteuse à cause du manque de pétrification. Mais comme ce sable, d'après les cailloux qu'il contient, semblables à ceux du rio Uruguay, me semble être un produit de l'eau douce, je préfère l'attribuer à la formation diluvienne.

Dans la perforation de Barracas, où le terrain peut être regardé comme type de la composition du sol dans les parties basses de l'ancienne côte de la rivière, les diverses couches se montraient d'une manière différente. Ici la formation diluvienne est couverte d'une couche de sable gris de 6 mètres d'élévation, appartenant à la formation d'alluvions et égale au dépôt actuel du Riachuelo et du Rio de la Plata. Sous cette couche s'en présente une autre assez semblable audit sable, de 12 mètres d'épaisseur, qui contient quelques valves d'*Azara labiata*, dont la présence démontre que cette couche est aussi de l'époque alluvienne et a été composée du dépôt de l'ancienne baie du Rio de la Plata, au commencement de l'époque actuelle ou historique. Au-dessous de ce dépôt commence, à la profondeur de 16 mètres, la marne rouge diluvienne ; mais ici elle n'a que 2 mètres d'épaisseur, contient beaucoup de concrétions calcaires, en correspondance avec la même couche de marne dans la baie de Bahia Blanca, à Punta Alta, où ce gisement a une épaisseur de 6 mètres, d'après l'indication de BRAVARD dans sa carte géologique de la baie. Sous cette marne mince se trouve la même couche de sable avec des cailloux, que l'on rencontrait dans la perforation à Buénos-Ayres même, plus forte ici que sous l'église de *La Piedad*, de 29 mètres; c'est-à-dire 45 mètres sous le niveau du ruisseau du Riachuelo, contenant quelques débris des coquilles fluviatiles, qui prouvent que ce dépôt est en réalité un produit d'eau douce, et probablement d'un grand fleuve ancien. Si cette couche de sable fluviatile correspond au gravier à Tucuman, comme produit contemporain, il est évident que les mêmes principes actifs ont imprimé leur influence dans tout le pays sans autre différence que celle provenant des distances [23].

D'après ces observations, le niveau de la formation diluvienne se trouve à une profondeur égale à Buénos-Ayres et à Barracas, c'est-à-dire à 44 ou 45 mètres au-dessous du niveau du Rio de la Plata ; mais le niveau supérieur diffère dans ces deux localités, car à Buénos-Ayres elle s'élève jusqu'à 12 mètres au-dessus du niveau du fleuve, et à Barracas elle reste à 3 mètres au-dessous du même, ayant là 58 mètres de profondeur et ici seulement 39.

Ayant ainsi suffisamment établi la composition matérielle et les deux caractères de la couche diluvienne horizontale et perpendiculaire, nous arrivons à l'examen de sa formation, que nous avons indiquée plus haut, seulement en passant, nous proposant de la déterminer plus tard, en soumettant son examen au contrôle de nos propres recherches. Nous avons déjà indiqué qu'il existe plusieurs hypothèses sur l'origine et le perfectionnement des couches qui composent la formation diluvienne.

D'Orbigny a posé l'hypothèse qu'une mer générale couvrait toute la *Pampa* Argentine à la suite d'un cataclysme violent et instantané, probablement produit par un soulèvement dans les Cordillères, lequel élevait la surface du sol de la mer voisine et faisait déborder ses eaux. A l'encontre de cette hypothèse, on peut dire avec raison que la formation diluvienne existe en Bolivie, d'après les observations de D. Forbes, *(Report an the géol. of South-Amer.* 1861), à une hauteur de 4,800 mètres au-dessus de la mer, et dans la République Argentine jusqu'à 1,000 et 1,500 mètres, mais qu'elle manque en Patagonie, qui a seulement une élévation de 100–800 mètres dans ses diverses régions [24]. Il faut donc admettre que toutes les parties centrales de l'Amérique du Sud étaient encore submergées jusqu'à la hauteur indiquée, alors que la Patagonie se trouvait déjà émergée, quoiqu'il ne soit pas possible de concéder que la grande différence de niveau entre les deux époques successives, la tertiaire supérieure et la diluvienne, soit expliquée par la seule action d'élévation dans les Cordillères. Nous savons que pendant le dépôt de la formation diluvienne de grands animaux terrestres ont vécu sur le sol de l'Amérique centrale, et non pas seulement dans le voisinage des Cordillères, mais aussi dans le terrain bas de la province de Buénos-Ayres, car les squelettes parfaits qui se trouvent ici enterrés, prouvent évidemment que les animaux vivaient sur son sol.

Cette observation démontre sûrement que le terrain de la province de Buénos-Ayres n'était pas submergé jusqu'à une hauteur de 1,000 ou 1,500 mètres, et de ce seul fait nous pouvons conclure que l'hypothèse d'un cataclysme n'est pas admissible et qu'elle ne saurait expliquer les phénomènes décrits dans notre exposé antérieur, tels que l'épaisseur générale de la formation, son dépôt et la présence de restes si nombreux d'animaux terrestres, en même temps que l'absence complète d'animaux marins.

Darwin, qui semble avoir compris le poids des raisons qui venaient contredire cette thèse, a modifié un peu l'opinion de d'Orbigny et admis la formation lente du dépôt diluvien dans un grand estuaire pendant un espace de plusieurs milliers d'années. Mais à cette hypothèse ainsi modifiée de la formation marine du dépôt diluvien, on peut faire les mêmes objections ; elle ne tient pas compte de l'élévation des couches diluviennes sur les montagnes jusqu'à la hauteur indiquée, et nous oblige aussi à accepter l'extension de l'estuaire jusqu'en Bolivie et plus encore au Nord. Croire que lesdits animaux terrestres vivaient sur les rivages de l'estuaire à une hauteur considérable n'est pas permis à cause de la conservation parfaite des squelettes tout près de Buénos-Ayres ; dans ce cas les squelettes doivent être transportés à une distance trop grande pour conserver leur membres, queues, têtes, etc., unis avec le tronc ; les squelettes se seraient décomposés même dans un transport assez court dans l'eau courante ; le grand poids de leur corps les fait tomber au fond de l'eau tout près de leur véritable habitation. Ces squelettes entiers n'ont jamais été transportés ; les animaux sont morts à la place où ils se trouvent, parce que le transport d'un *Megatherium* entier dans l'eau courante est impossible à admettre. Il y a plus, on ne comprend pas le manque d'animaux marins [25] ; car ces animaux vivent de préférence dans les baies ou les golfes et les mers étroites, et même si les couches diluviennes s'étaient formées dans un golfe, seule l'existence de l'estuaire d'un grand fleuve peut expliquer l'énorme masse du dépôt. Dans ce cas même on doit trouver des coquillages fluviatiles, qui manquent absolument. Nous savons par l'étude de la formation plus ancienne tertiaire, que pendant cette époque il existait réellement un golfe assez étendu, qui avait reçu aussi l'eau douce d'un grand fleuve, et néanmoins l'on trouve des bancs d'huîtres et beaucoup d'autres coquilles marines dans les couches déposées dans ce golfe tertiaire; ce qui se passait, il y a quelques milliers d'années, dans le golfe pouvait aussi se répéter dans les siècles plus rapprochés de nous dans le même lieu ; mais il n'existe aucune preuve évidente que des animaux semblables aient existé dans un golfe quaternaire, et convaincu par cette observation nous nions l'existence du golfe marin dans cette période. Son existence est une hypothèse sans fondement, toutes les observations faites sans parti pris lui sont contraires. Il suffit de regarder le dépôt des squelettes entiers dans les environs de Buénos-Ayres, pour comprendre qu'il n'y avait pas là de golfe, quand ces animaux sont morts et ont été enterrés.

Cette conviction claire a sans doute conduit BRAVARD à fonder sa théorie de la formation des dépôts diluviens par des agents atmosphériques, à la manière des dunes et à déclarer que l'immense plaine de la *Pampa* est une couche de sable mouvant quaternaire. Les termes même dans lesquels est faite cette déclaration suffisent à la faire condamner; n'est-elle pas insoutenable cette hypothèse extravagante d'une surface de 25,000 milles géographiques carrés de terrain également nivelé, formé de l'accumulation de sables mouvants. Les dunes, en effet, sont des dépôts étroits le long des côtes marines et ne se trouvent jamais étendues horizontalement sur une plaine aussi vaste que les *pampas ;* de plus ce ne sont pas des produits primaires, mais secondaires ; leurs matériaux sont apportés de loin, mais non pas formés sur le lieu de leur dépôt. Les dunes supposent, pour motiver leur existence, de grands dépôts de sables, antérieurs à leur formation, ou un désert comme le Sahara, qui ne pouvait exister là où vivaient les grands animaux terrestres éteints. L'existence de ces animaux s'élève avec la même autorité contre la théorie des dunes, qui supposerait un désert, que contre celle d'un estuaire. BRAVARD croit que ces animaux ont été enterrés vivants par le sable mouvant, comme il arrive des caravanes dans le Sahara, ou qu'ils mouraient naturellement et étaient couverts plus tard par le sable. Dans les deux cas, les ossements des cadavres eussent dû rester unis en groupes sans s'épandre. Mais la plupart des ossements que l'on trouve sont isolés les uns des autres, et même aux squelettes entiers manque généralement une partie extrême, soit la queue, soit la tête. Nous possédons dans le Musée public des squelettes entiers de *Megatherium*, *Machaerodus*, *Hippidium*, auxquels manque toujours la queue; le squelette entier du premier, conservé à Madrid, est dans le même état. Nous avons deux queues entières de *Megatherium* et trois bassins, mais aucune queue n'a été trouvée en contact avec un bassin, chacun des cinq objets a été trouvé isolément. Ce manque des grandes parties plus promptes à se détacher n'est pas compréhensible par la théorie d'un enterrement soudain de l'animal vivant, mais seulement par celle d'un courant d'eau qui entourait le cadavre et séparait les parties périphériques moins fortement unies au tronc; la putréfaction commencée ayant déjà dissout les liens d'attache, l'eau courante non seulement les séparait, mais les transportait à des distances plus ou moins grandes, en raison de la force ou du volume plus ou moins grand de son courant. Il est aussi difficile de croire que le sable mouvant peut enterrer soudainement un animal aussi fort que le *Machaerodus*, plus grand et plus vigoureux que le tigre, ou le *Megatherium*, cette créature gigantesque qui avait la faculté de se lever assez haut sur ses larges pieds postérieurs et sur sa puissante queue, et rester longtemps dans cette position, pour laisser passer l'orage de sable mouvant, car nous n'avons aucune raison de croire que cet orage pût se faire sentir sans discontinuer; il devait certainement ressembler à ceux de l'époque actuelle et ne durer que quelques heures.

Enfin, les cailloux dont nous avons parlé plus haut (page 178) prouvent que la formation qui les contient ne peut devoir son existence à l'influence des vents, car des cailloux d'une grosseur notable ne se laissent pas transporter par les vents, ou au moins ne s'accumulent pas en couches dans le sable mouvant. Nous reconnaissons la présence fréquente de petites pierres dans les dunes [26] et concédons la possibilité de leur existence, mais nous ne connaissons aucun précédent de couches entières de pierres dans les véritables dunes; les couches de cailloux sont toujours accumulées par des eaux courantes, et l'existence de cailloux dans les couches, dont nous nous occupons, nous oblige à repousser toute autre explication de leur formation. Devant tous ces faits juxtaposés, le savant indépendant se voit obligé de déclarer l'impossibilité de la formation pampéenne par l'accumulation du sable sous l'impulsion du vent. Nous pouvons bien admettre que quelques cadavres aient pu être couverts par le sable mouvant, principalement quand on trouve dans leurs contours des coques de larves de mouches, mais un cas particulier ne peut pas détruire à lui seul tous les arguments, ni servir seul de base à une théorie générale de la formation du dépôt qui le contient et du dépôt diluvien par les vents et non par l'eau courante.

L'opinion qui attribue la formation de la marne diluvienne à la décomposition longtemps prolongée des roches métamorphiques a été émise par moi, il y a plus de six ans, dans la seconde livraison des *Anales del Museo Público de Buenos Aires,* publiée en 1867, mais écrite en 1866, page 112 et suivantes: mes études depuis n'ont pu que la fortifier davantage. C'étaient les Granits, les Syenites, et principalement les Gneiss avec la chaux, formant le fondement de toutes les montagnes centrales de la République Argentine, lesquels fournissaient les matériaux pour cette marne; l'influence de l'atmosphère sur ces roches détruites par le procédé bien connu de la décomposition, et les pluies descendant de ces montagnes, condensations de l'atmosphère sur leurs sommets, ont transporté les masses décomposées dans la plaine. Ce même procédé, se continuant pendant une longue suite de siècles, a formé par accumulation la couche diluvienne, l'étendant jusqu'à lui donner une épaisseur de 20-25 mètres sur toute la plaine pampéenne. La force primitive de la formation n'a rien d'une catastrophe soudaine, d'un cataclysme, mais c'est un travail lent, continué pendant des milliers d'années; travail insensible pendant le court espace de temps d'un simple âge humain, et qui se continue toujours sans que nous y prêtions attention, travail lent qui modifie sans cesse la surface de notre globe. De grandes averses, qui formaient [des ruisseaux et des rivières sur les montagnes, ont conduit les produits de la décomposition jusqu'à la plaine, et se continuant avec la même activité les ont conduits jusqu'à la mer, où ils forment actuellement les terrains bas de la côte, témoins de la tranquillité des courants qui ont laissé tomber leurs mélanges terreux. Aussi trouvons-nous aujourd'hui la marne diluvienne déposée à Bahia Blanca et dans le port de Saint-Julien, comme nous l'avons vu plus haut. Voilà en peu de mots la loi d'évolution de la couche diluvienne [17].

Au reste, je partage les vues de d'ORBIGNY et de DARWIN, autant qu'il est possible, en présence de la différence fondamentale de ma théorie. Je concède que des mouvements volcaniques répétés dans les Cordillères ont dû contribuer à la formation progressive de la plaine argentine, et que probablement une élévation considérable de cette grande chaîne de montagnes a déterminé le commencement de l'époque diluvienne. De même, je ne doute pas qu'il n'existât aussi, pendant cette époque, de grands estuaires là où sont aujourd'hui le Rio de la Plata et la Bahia Blanca, les deux probablement plus grands alors qu'à présent, et recevant l'eau salée de la mer en plus grande quantité. On peut même concéder que les débris de coraux, trouvés à San Nicolas, dons nous avons parlé plus haut, page 177, sont une preuve d'extention de ce golfe marin jusqu'à cet endroit ; mais je nie avec énergie que l'eau de la mer a participé à la formation de la couche diluvienne dans l'intérieur de la République, en dehors du golfe, laissant dans les parties les plus basses du terrain quelques grands lacs marins ; j'affirme, au contraire, que ces lacs ont été formés par l'eau atmosphérique, et que tout le dépôt diluvien a été accumulé et transporté par des averses répétées, produites probablement par un changement dans la constitution météorologique du pays, introduisant une plus grande humidité à une époque antérieure à celle de leur stérilité actuelle, qui commence avec l'époque des alluvions. Pendant la formation de la couche diluvienne la surface plane du terrain du pays s'élevait toujours entre les montagnes. Le fond des vallées se remplit jusqu'à une certaine hauteur, où la vase se pouvait soutenir ; alors se formèrent aussi des grands dépôts sur les plateaux, comme en Bolivie, enveloppant dans toutes ces régions les ossements des animaux vivant dans ces plaines, vallées et plateaux et qui furent tués pendant les grandes averses qui se répétaient de temps à autre. Il est très-possible que des mouvements volcaniques répétés dans les Cordillères, les éruptions des grands cônes ou des petites chaînes que nous rencontrons dans les Cordillères en si grand nombre, ont contribué à la formation complète du sol de la *Pampa*, fournissant les débris triturés qui provenaient de ces grands ébranlements et qui, portés par les eaux, venaient au milieu de la plaine remplir les lacs de leurs débris et les changeaient en *Salinas*.

La durée de la période diluvienne peut se calculer avec une certaine exactitude par l'épaisseur des couches déposées. Nous savons par mes observations des puits artificiels à Mendoza et à Tucuman, relatées page 201 et note 10, que la formation a ici une épaisseur de 10 à 12 mètres, et par les perforations à Buénos-Ayres nous voyons qu'elle s'élève à 20 mètres, ou si la couche du gravier au-dessous de la marne appartient aussi à l'époque diluvienne, à une hauteur de 45 à 50 mètres. Prenant les deux nombres comme base d'un calcul, nous trouvons une épaisseur moyenne de 30 mètres au moins. Pour former par la décomposition des rochers une couche de vase si épaisse, il faut un espace de temps de trente mille ans, si nous prenons les expériences sur l'activité des fleuves actuels comme mesure, car même les fleuves les plus grands ne produisent pas plus de 3 pouces (7 cent.) par siècle. Considérant aussi les fortes pluies tombées de temps en temps sur les provinces du Nord, dont nous avons parlé pages 122 et 123, et supposant que des mêmes averses se soient répétées dans les temps préhistoriques d'une manière plus violente et à des intervalles plus courts, nous comprenons facilement que tout le terrain voisin était complétement inondé, et que les animaux qui vivaient sur ce sol à cette époque mouraient, laissant leurs squelettes dans le fond formé en dernier lieu par ces averses. Il n'est pas vraisemblable que les averses aient été simultanées sur toute la plaine argentine, et dans le cas que de telles catastrophes se soient répétées, il est évident que les squelettes ne peuvent se trouver tous au même niveau, et si en vérité un grand fleuve, plus puissant encore que le Paraná actuel, transportait les débris des cadavres pendant quelque temps, il n'est pas surprenant aussi que les membres détachés soient venus s'échouer enfin dans le grand golfe où se déversait ce fleuve, et s'ensevelir dans les couches de son lit. Si ce golfe était plus étendu, comprenant encore une partie considérable de la province actuelle de Buénos-Ayres, ce terrain doit contenir les ossements transportés, comme cela se présente réellement dans cette province ; mais on ne peut admettre le transport d'un squelette entier de l'intérieur jusqu'à l'embouchure du fleuve par ses eaux. Car où nous trouvons aussi assez souvent des squelettes entiers dans la même province, nous sommes obligé d'admettre que les animaux ont vécu dans les lieux où leurs squelettes sont enterrés. Il est même possible que quelqu'un de ces animaux vivants ait été tué par les eaux soudainement arrivées, que son corps ait été enterré par la vase mêlée avec les eaux, ou qu'il se soit engagé inconsidérément dans les parties marécageuses tout près des anciennes côtes du fleuve ou de la baie, qui sans doute existaient à l'embouchure de ce grand fleuve, comme elles existent aujourd'hui à celle du fleuve Amazone. Nous serions très-disposé à croire que des marais de cette nature (*pantanos*) ont été le tombeau de beaucoup d'animaux de cette époque.

De même aussi, des tempêtes soudaines, plus fortes que les *pamperos* actuels, peuvent avoir enterré dans le sable mouvant quelqu'un de ces animaux. J'ai décrit, page 38, une forte tempête de ce genre, comme il en apparaît encore quelquefois à Buénos-Ayres, et je ne doute pas qu'il n'en existât de semblables aussi dans les temps qui ont précédé l'époque actuelle. Il est très-possible qu'une semblable tempête, passant sur un terrain sablonneux, a pu envelopper et tuer quelques-uns de ces grands animaux, mais c'était toujours des cas exceptionnels et on ne peut pas admettre que de semblables tempêtes aient formé la couche entière diluvienne, comme Bravard voulait essayer de le démontrer. Il est un fait bien constaté, c'est que les forces physiques de notre globe ont été toujours les mêmes, sauf quelques différences graduelles, et cette considération nous fait admettre la possibilité d'ensevelissement des animaux dans les sables mouvants, comme cela arrive encore à présent quelquefois dans le Sahara d'Afrique ; mais la plaine argentine n'a jamais été un Sahara dans sa généralité, et les ossements, qui blanchissent aujourd'hui dans le Sahara, ne proviennent pas tous de cadavres répandus par le sable mouvant. La terre a travaillé, il est vrai, toujours avec les mêmes forces, mais il est vrai aussi que ce n'est pas une force seule qui a pu produire un certain phénomène, mais la concordance de toutes celles capables d'être mises en activité. La différence des choses dans les différentes périodes n'est pas absolue, elle est relative, plus intense pendant la jeunesse de notre planète. Les forces ont travaillé plus vite, parce que la résistance des couches déjà formées était moindre ; la présence des innombrables productions stratifiées, formées par la décomposition perpétuelle des roches primitives, vint augmenter la pression des couches, leur connection s'accrut et il devint chaque jour plus difficile de les diviser. Dans cette lutte continue de la cause et de l'effet, de l'intérieur de la terre contre l'extérieur, l'action des forces s'est de moins en moins fait sentir, jusqu'au jour où enfin elles ont manqué pour la continuation du même travail jusqu'à nos jours ; notre planète est alors entrée dans l'époque de l'équilibre des forces, qui caractérise véritablement l'époque actuelle. Que cet équilibre soit destiné ou non à se perpétuer éternellement, nous ne voulons pas l'examiner : l'état actuel suffit à nous satisfaire et à nous ôter toute préoccupation pour le temps de notre existence et aussi, croyons-nous, pour les siècles prochains.

En résumé, parlant de la subdivision de notre formation, il n'a pas été possible jusqu'à présent d'en déterminer les parties avec certitude, mais quelques observations me semblent démontrer que l'on doit admettre une division en deux sections, l'inférieure, beaucoup plus ancienne, et la supérieure, beaucoup plus moderne. Il ne me semble pas que l'on puisse découvrir entre elles des différences matérielles importantes, bien que les animaux fossiles enterrés dans chaque partie prouvent qu'elles appartiennent à des périodes différentes.

La section inférieure, que je suis disposé à assimiler à l'époque préglaciale de l'Europe, comme je l'ai déjà dit plus haut (page 192), contient seulement des espèces éteintes, et la plupart de ces animaux n'existent pas actuellement dans notre pays, même sous des formes analogues ; aussi, dans la section supérieure ont-ils déjà disparu. Je nomme cette partie la diluvienne plus ancienne.

La section supérieure, plus moderne, renferme les restes des espèces vivantes, soit complétement identiques, soit au moins aussi semblables qu'on peut les regarder comme leurs prototypes.

J'assimile cette époque à la postglaciale de l'Europe, mais je préfère la nommer la formation diluvienne plus moderne, pour éviter que l'application des mots préglaciale et postglaciale fasse croire à l'existence de phénomènes de glaciers chez nous, et dont nous n'avons nulle part la preuve [28].

Pour donner un fondement plus sûr à la distinction des deux sections, je veux énumérer ici les espèces de mammifères trouvés jusqu'à présent dans chacune des deux parties de la formation diluvienne.

De la section inférieure nous ne connaissons que les espèces suivantes, d'une taille gigantesque, dont on ne trouve aucun représentant dans la supérieure et encore moins dans l'époque moderne ou alluvienne. Le plus grand nombre des animaux des deux catégories ont été décrits par moi dans les *Anales del Museo Público de Buenos Aires*, où le lecteur trouvera plus de détails.

1. FERAE.

1. *Machaerodus neogaeus.*
2. *Felis longifrons.*
3. *Ursus bonaërensis* (*U. brasiliensis* LUND).

LISTE DES ANIMAUX ÉTEINTS 215

2. EDENTATA.

A. *Gravigrada.*

4. *Megatherium americanum.*
5. *Mylodon (Lestodon) giganteus.*
6. — (—) *gracilis.*
7. — *robustus.*
8. — *Darwini.*
9. *Scelidotherium (Platyonyx). leptocephalum.*
10. — (—) *Cuvieri.*
11. *Megalonyx meridionalis.*

B. *Biloricata.*

12. *Doedicurus giganteus.*
13. *Panochthus tuberculatus.*
14. — *bullifer.*
15. *Hoplophorus euphractus.*
16. — *ornatus.*
17. — *elegans.*
18. — *pumilio.*
19. *Glyptodon clavipes.*
20. — *reticulatus.*
21. — *(Schistopleurum) asper.*
22. — (—) *elongatus.*
23. — (—) *laevis.*

C. *Cingulata.*

24. *Dasypus (Eutatus) Seguini.*

3. PACHYDERMA.

A. *Imparidigitata.*

25. *Macrauchenia patachonica.*

26. *Hippidium principale.*
27. — *neogaeum.*
28. *Equus curvidens.*
29. — *argentinus* [20].

B. *Multidigitada.*

30. *Toxodon Burmeisteri.*
31. — *Oweni.*
32. — *Darwini.*
33. *Typotherium cristatum.*

4. PROBOSCIDEA.

34. *Mastodon Humboldti.*
35. — *Antium.*

En dehors de ces espèces, aujourd'hui connues, on trouve quelques débris d'espèces que l'on ne saurait jusqu'à présent déterminer avec exactitude. Tels sont :

Ossements de baleines, retrouvés tout près de la côte de la mer et peut-être appartenant à l'époque plus moderne ou même actuelle ;

Le *femur* et le *tibia* d'un oiseau semblable à la cigogne ;

Plaques de la cuirasse d'une grande tortue d'eau douce ;

Les deux espèces de coralines que nous avons mentionnées page 177.

De la section plus moderne, nous connaissons les ossements des espèces suivantes :

1. BIMANA.

1. *Homo sapiens.* Des os humains ont été trouvés disposés çà et là dans le terrain de la province de Buénos-Ayres, mais je ne suis pas sûr qu'ils appartiennent réellement à cette époque ou à la plus moderne des alluvions. Les

débris, que j'ai vus, étaient complétement semblables aux ossements des Indiens autochthones et ne prouvent, par leur texture, rien qui les rattache à un âge plus ancien. Il ne semble pas qu'ils soient contemporains des animaux de l'époque inférieure, parce que nous manquons de preuves pour déterminer sûrement qu'ils aient vécu simultanément.

II. FERAE.

2. *Canis jubatus.* Nous avons un crâne complétement semblable à celui de l'espèce vivante.
3. *Canis protalopex.* De même, de cette espèce, notre Musée possède un crâne qui ressemble beaucoup à celui du *Canis magellanicus.*
4. *Canis avus.* La mâchoire inférieure, que j'ai vue, est en tout identique à celle du *Canis Azarae.*
5. *Mephitis primaeva.* Le crâne ressemble beaucoup à celui de *Meph. patachonica,* sauf qu'il est d'une taille un peu supérieure.

III. GLIRES.

6. *Ctenomys bonaërensis.*
7. *Myopotamus antiquus.*
8. *Lagostomus angustidens.*
9. *Cavia breviplicata.*
10. *Cerodon antiquum.*
11. *Hesperomys spec.*

Tout les os des espèces nommées, que j'ai vus, sont presque identiques à ceux des espèces vivantes.

IV. EDENTATA.

12. *Dasypus (Euphractus) villosus.*
13. — (*Tolypeutes*) *conurus.*

Ces deux espèces ne diffèrent pas des actuelles.

V. Ruminantia.

14. *Cervus magnus* (comme *C. paludosus*).
15. — *pampeanus* (comme *C. campestris*).
16. *Auchenia Lama* (le Guanaco fossile).

VI. Pachyderma.

17. *Dicotyles torquatus* (le fossile et le vivant sont identiques).

La plupart des espèces nommées sont si semblables aux espèces vivantes, qu'il n'est pas possible de trouver des différences fixes. Elles se trouvent dans les couches les plus supérieures, principalement dans les plus sablonneuses, qui sont très-semblables aux couches alluviennes. En général, les ossements sont rares dans cette seconde section et beaucoup plus rares que les autres dans la section inférieure ; aussi est-il peu fréquent de découvrir des parties bien conservées et entières, des crânes, par exemple. On trouve des débris insignifiants, tels que des dents, qui se distinguent à peine de celles des espèces vivantes. Je n'ai pas vu de dents de chevaux trouvées dans la section supérieure diluvienne, et je ne doute pas que cet animal ne soit déjà disparu avec les animaux colossaux de la division inférieure. Les ossements de ces mêmes animaux, trouvés dans la division supérieure, sont toujours en très-mauvais état, et sans doute élevés par les courants d'eau de la division inférieure.

IV

FORMATION TERTIAIRE SUPÉRIEURE, DITE LA PATAGONIENNE

Cette formation, nommée ainsi par d'Orbigny, à cause de sa grande extension en Patagonie, et d'après son origine le contraire de l'antérieure ou quaternaire, c'est-à-dire un dépôt marin, formé par différentes couches d'argile, sable, marne et calcaire, entre lesquelles le sable domine autant que l'argile dans l'antérieure, et forme la masse principale, avec laquelle les autres parties sont unies à l'état de couches subordonnées. En comparant ces couches dans différentes localités, on remarque bientôt qu'elles ne se comportent pas de même dans tous les lieux, et démontrent au contraire une variabilité très-grande, même dans des lieux séparés par une très-petite distance. Les couches d'argile pure sont principalement très-rares, et ne surpassent pas généralement 3-5 centimètres, ou n'atteignent même pas cette épaisseur minime. Le sable, de son côté, n'est presque jamais pur, mais toujours mêlé avec quelques parties d'argile, ce mélange lui donne une couleur jaune-grisâtre. La couche, où le sable domine, renferme beaucoup de coquilles marines, quelques restes d'écrevisses et une quantité considérable d'ossements de poissons, entre lesquels les dents de requins sont surtout nombreuses. On trouve même beaucoup d'objets des poissons d'eau douce, tels que des Siluriens, et aussi quelques os de mammifères, soit marins, soit terrestres, mais les échantillons en sont assez rares. Le calcaire forme, mais seulement dans la moitié supérieure de la formation, une partie essentielle, et se présente sous forme de couches assez compactes et de l'épaisseur de 1-2 mètres au-dessus des couches de sable inférieures, qui contiennent une quantité énorme de valves de coquilles, entre lesquelles dominent de grandes écailles d'huîtres et un limaçon marin du genre *Turritella*;

au-dessus apparaît un banc d'huîtres intact, où les deux écailles se trouvent encore en complète union. Ces couches de chaux, qui sont évidemment formées par les coquilles triturées et accumulées en grande quantité, donnent de très-bons matériaux pour la construction; on les exploite depuis longtemps dans ce but, sans que l'extraction en ait été jusqu'à présent très-considérable.

Quoique la qualité des dépôts de cette formation prouve évidemment, par la présence des restes de nombreux animaux marins, qu'ils sont formés par la mer, et très-probablement dans un golfe assez profond et large, ils ne contiennent pas dans leurs matériaux de précipitations des sels, auparavant solubles dans l'eau de mer, que nous avons trouvés en si grande quantité dans la marne diluvienne. Jamais on ne voit sur la surface sèche des dépôts les excrétions blanches de sels, qui sont si générales sur la marne de la formation antérieure, et on conclut, par raison de leur manque, sur l'origine différente des sels dans celle-ci. Il me semble bien prouvé par cette circonstance, que les sels ne sont pas les restes d'une mer ancienne, mais d'une origine épigénétique ; car s'ils provenaient de la mer, ils doivent se trouver aussi dans les couches tertiaires, véritablement marines. Mais ils manquent, comme aussi les dépôts des sels en forme de lagunes desséchées. Cependant, il est vrai que les lagunes contenant du chlorure de soude, dont nous avons traité plus haut, page 184, se trouvent dans la surface des couches tertiaires, parce que les diluviennes manquent dans leur territoire, entre les 36 et 37 degrés de latitude sud, mais l'époque de leur formation est plus moderne, appartenant à la période diluvienne ou même aux temps moins reculés des anciennes alluvions (*).

(*) Les lagunes salées, existant dans le terrain au nord-ouest de Bahia Blanca, sont indiquées sur la nouvelle carte de M. le Dr. PETERMANN un peu trop loin au Sud, comme toute la partie voisine de la même carte. La lagune de San Lucas se trouve sous 36° 54' L. S., à 4° 18' ouest de Buénos-Ayres ; l'autre lagune, Salinas, à

La courte description que j'ai donnée ici de la formation est fondée sur mes propes études près de la ville de Paraná, en Entrerios, où elle apparaît dans l'escarpement trèsélevé de la rive orientale du fleuve, depuis la ville de Diamante jusqu'à l'embouchure du rio Guaiquiraró. Il résulte d'autres observations que peut-être la même formation se trouve au-dessous de la diluvienne, dans la partie orientale du pays, et se prolonge au Sud, au-delà de la limite, que nous lui avons fixée plus haut (page 200), de Bahia Blanca au volcan de Maipú, en s'élevant au niveau de la plaine échelonnée de Patagonie, jusqu'au détroit de Magellan, pour s'abaisser avec des chutes assez rapides près de l'Océan Atlantique. Dans l'intérieur de la République, on ne connaît pas de couches semblables au nord de la ligne indiquée, mais nous savons par les perforations exécutées à Buénos-Ayres que la même formation se trouve ici à une profondeur de 90-92 mètres au-dessous de la diluvienne, avec la même épaisseur qu'à Paraná, et nous déduisons de cette observation qu'elle doit s'étendre plus à l'Ouest et peut-être jusqu'au pied des Cordillères.

Le long de la côte atlantique, D'ORBIGNY le premier, et depuis DARWIN, ont étudié la formation. Plus tard, BRAVARD l'a examinée, ainsi que je l'ai fait moi-même, à Paraná, en Entrerios. Comme celui-ci en 1858, j'ai publié sur cette localité, plus tard, une monographie spéciale dans mon *Voyage*, tome I, page 410, seq.

La description de D'ORBIGNY se trouve dans son grand ouvrage sur ses voyages dans l'Amérique Méridionale (tome III, part. 3, Paris 1842. 4.). Il a visité le même endroit que moi à Paraná et aussi la Patagonie dans les environs du village El Cármen, au rio Negro ; il a décrit les couches qu'il a étudiées; ses indications sont d'accord

---

37° 10' L. S., et la troisième au côté méridional de la chaîne de la sierra Ventana, à 37° 20' L. S., d'après les observations du Colonel MELCHERT, de l'état-major du Gouvernement national.

avec ce que j'avais antérieurement relevé. Pour déterminer plus exactement ses résultats, il classait les espèces suivantes de mollusques :

Ostrea patachonica.	Pecten Darwinianus.
— Ferraresi.	Venus Münsteri
— Alvarezi.	Arca Bonplandiana.
Pecten paranensis.	Cardium multiradiatum.

Quelques années plus tard Darwin visita les mêmes endroits, poussant plus au Sud, vers la côte patagonienne, et examinant la Bahia Blanca, la baie de Saint-Julien et le rio de Santa Cruz jusqu'à sa partie la plus haute, comme je l'ai dit tome I, page 310. Les résultats de ses observations sont publiées dans son *Voyage;* il les reproduit plus tard, avec plus de détails, dans ses *Geological Observations* (London 1846, 8), où il ajoute les espèces suivantes à celles observées par d'Orbigny :

Pecten actinoides.	Nucula ornata.
— centralis.	— glabra.
— geminatus.	Fusus patagonicus.
Cardium pulchum.	— Noachinus.
Cardita patagonica.	Scalaria rugosa.
Mactra rugata.	Turritella ambulacrum.
— Darwini.	— patagonica.
Terebratula patagonica.	Voluta alta.
Cucullaea alta.	Trochus collaris.
	Crepidula gregaria.

Les deux descriptions, se complétant l'une par l'autre, donnent une esquisse bien nette de toute la formation ; elles suffisent à la faire connaître, quoique des recherches postérieures aient augmenté beaucoup le nombre des espèces fossiles, et élargi notre connaissance de la faune de cette partie de la période tertiaire. Il faut d'autant plus insister que M. Martin de Moussy, après avoir étudié la constitution physique de toute la République Argentine, par ordre du gouvernement du général Urquiza, pendant les années 1854-60, se présentait avec une opinion complétement différente sur l'âge des couches dans les environs de la ville de Paraná, les donnant dans le journal officiel : *El Nacional Argentino*, de l'année 1856 (n⁰ˢ 161-164) comme appartenant à la formation jurassique. Des coquilles décrites déjà par d'Orbigny et Darwin comme tertiaires, il en identifiait quelques-unes avec des espèces jurassiques, s'appuyant sur le *Cours élémentaire de géologie de Beudant*, figure 83 et pages 200-289 ; erreur remarquable, qui fut corrigée bientôt par Bravard.

Cet observateur exact avait été nommé en 1857, par le même gouvernement argentin, au poste de Directeur du Musée national et Inspecteur général des mines de la République; il travailla avec beaucoup de zèle à la fondation du nouvel établissement pendant mon séjour à Paraná en 1858. S'appuyant sur ses recherches minutieuses, il publiait en même temps une : *Monografía de los terrenos marinos de las cercanías del Paraná*, où il démontrait l'exactitude des recherches antérieures de d'Orbigny et Darwin, et augmentait le nombre des espèces fossiles contenues en grande quantité dans la formation. Malheureusement, il se contenta de nommer ces nouvelles espèces sans les décrire, et cet oubli empêche le plus souvent de les reconnaître. Ce travail acquiert une valeur nouvelle des preuves de la grande variabilité qu'il donne des couches qui composent la formation dans les différentes localités, souvent à une distance très-rapprochée les unes des autres. L'auteur compare les escarpements de la rivière à l'est et à l'ouest de la ville, et en second lieu démontre, par son argumentation, que quelques-unes des couches subordonnées contiennent des restes d'animaux d'eau douce et même d'animaux terrestres, prouvant aussi par cette découverte qu'elles ont été produites par un fleuve qui se jetait dans l'ancien golfe marin, et par conséquent que la terre ferme existait dans les environs du golfe en question.

Prenant comme base de mes propres recherches ces travaux de mes prédécesseurs, j'ai donné dans mon *Voyage* (tome I, page 410, seq:), une description générale des environs de l'ancienne capitale de la République, où je poursuivis mes études pendant une année entière, de juin 1858 à juillet 1859; j'en donne ici un extrait assez complet pour le faire connaître, y ajoutant quelques corrections résultant de mes observations postérieures.

La disposition des escarpements de la rive du fleuve prouve évidemment que ces dépôts ont été accumulés dans un ancien grand golfe marin, qui avançait plus encore dans l'Amérique méridionale que la région où existe actuellement la ville de Paraná. Il est très-possible et même vraisemblable que ce continent n'existait pas alors dans la forme que nous lui connaissons, mais se composait de quelques grandes îles s'élevant de l'Océan, semblables aux montagnes actuelles de l'intérieur de la République, entre les Cordillères et le fleuve Paraná ; leurs versants inclinés formaient la partie occidentale de la terre ferme au côté de cet archipel, et Corrientes avec Entrerios et les territoires voisins du Brésil, l'autre partie orientale, séparés entre eux par la mer intérieure, où se déposaient les vases charriées des sommets de ces îles par les courants d'eau douce: ainsi se formait le gisement tertiaire supérieur. Nous croyons pouvoir soutenir aussi cette hypothèse par la rareté des débris d'animaux terrestres et d'eau douce dans les couches en question, comparée avec la grande quantité de restes d'animaux marins, quoique les bancs d'huîtres, presque intacts, prouvent que la mer, où ces bancs existaient, n'était pas très-profonde, et d'aucune manière un Océan ouvert, mais bien une côte voisine de la terre.

En même temps, le dépôt des coquilles marines dans les couches actuelles prouve que le détroit ancien était plus profond au commencement de l'époque de leur formation; l'épaisseur du dépôt s'augmenta avec les siècles, et le changea peut-être successivement en golfe, car ces coquilles sont très-peu nombreuses dans les couches inférieures du dépôt, et manquent souvent ici complétement. Cependant, j'ai trouvé dans le niveau le plus inférieur une petite couche d'argile plastique, d'environ 5 centimètres d'épaisseur, avec beaucoup de débris de petites coquilles semblables aux espèces d'eau douce, sans qu'il me soit possible d'en déterminer exactement le genre. Mais Bravard avait trouvé dans une autre couche encore plus profonde le crâne d'un dauphin (*Delphinus*) qui ressemblait par son bec très-allongé et étroit au genre actuel *Pontoporia*, qui est bien connu pour vivre de préférence dans les bouches des fleuves et ruisseaux, et non pas loin de la côte dans l'Océan ouvert. Sans doute un fait si simple ne peut pas servir d'argument général, car il est évident que les coquilles manquent dans les couches les plus inférieures, commencent dans celles du milieu et s'augmentent dans les supérieures; observation qui prouve assez clairement le changement successif du golfe, car tous ces animaux ne vivent jamais loin d'une côte et ne se rencontrent pas dans les profondeurs de l'Océan. Nous concluons de cette observation que le golfe ou le détroit était, au commencement de l'époque, plus large et plus profond, et que son fond s'élevait doucement par le dépôt nouveau de couches uniformes, en même temps que les côtes s'avançaient davantage en dedans, augmentation causée par l'activité des fleuves et des ruisseaux qui s'y jetaient. Pendant que s'effectuait ce progrès lent, la plus grande partie de la formation se déposa à l'état de mélange intime de sable et d'argile; mais de temps à autre une forte averse, tombée sur la terre voisine, emportait l'argile pur, et le déposait entre les autres gisements sablonneux, comme une couche mince mêlée de coquilles lacustres. Cet événement exceptionnel se répétait de temps à autre. Comme il est contesté que ces minces couches d'argile sont plus rares dans la moitié supérieure de la formation, il me semble aussi trouver dans ce fait un argument en faveur de mon opinion, car l'argile transportée ne restait pas compacte dans l'eau coulante tout près de la côte, se déposant seulement dans l'eau plus profonde et plus tranquille : le lit étant plus large le transport de l'argile dans l'eau profonde était plus facile. Jamais on ne trouve de coquilles marines dans ces couches minces d'argile plastique ; généralement elles ne contiennent pas de fossiles, comme cela est naturel, le transport de l'argile ayant été effectué assez loin par la mer. Cette substance, moins pesante que les coquilles contenues dans le même courant d'eau, ne se déposait qu'en arrivant dans l'eau tranquille.

Le peu d'épaisseur de ces couches d'argile, dépassant très-rarement 5 à 10 centimètres, prouve qu'elles ont été formées par une action passagère, et que l'argile était sans doute amenée par des averses.

Croire qu'elles ont été ramenées par le mouvement des vagues de la profondeur de la mer, n'est pas admissible, car, dans ce cas, leur présence devrait se constater partout et non pas dans quelques endroits spéciaux, comme cela est en réalité.

Pour donner plus d'évidence aux idées que j'émets ici, je veux examiner les choses plus en détail et passer en revue la totalité des couches des escarpements du fleuve, à l'ouest de la ville de Paraná, à une épaisseur moyenne d'environ 30 mètres. De cette hauteur, la partie inférieure sans coquilles comprend presque 15 mètres. La base de cette partie est une couche de marne très-fine, d'une couleur verdâtre, déposée presque au niveau de la hauteur moyenne du fleuve qui, d'après mes propres recherches, ne contient pas de fossiles, quoique BRAVARD ait trouvé dans cette même couche le crâne du dauphin, ce qui prouve leur origine marine. Au-dessus de la marne commence la couche générale sablonneuse, mêlée avec de l'argile d'une couleur jaune-grisâtre, et dans celle-ci j'ai trouvé, comme 1 mètre au-dessus de la marne verdâtre, la mince couche d'argile plastique avec les débris de coquilles fluviatiles semblables au genre *Cytherina*, ou aux jeunes individus du genre *Unio*, le plus grand nombre d'une figure allongée, quelques-uns plus courts. Je n'ai pas trouvé de couche semblable en amont, dans les mêmes escarpements à l'est du port de la ville, d'où nous conclurons que leur existence est due à des causes rares et exceptionnelles. Par contre, on trouve dans l'autre côté d'Est, à la même hauteur, une assez grande quantité de débris de poissons d'eau douce, principalement de plaques provenant de la peau d'un Silurien, mêlées avec des dents de requins, ce qui prouve que l'eau des fleuves a participé à cette formation par ses dépôts, en se mêlant avec l'eau marine du golfe. Une couche très-épaisse de sable, au-dessus de ces débris d'animaux d'eau douce, ne contient pas de fossiles, mais bientôt on les rencontre, à la hauteur de 14-16 mètres, par groupes isolés, principalement les valves des deux espèces les plus communes : *Venus Münsteri* et *Arca Bonplandiana*, et dans leur voisinage, mais à une hauteur différente, des valves simples du *Pecten paranensis* et plus communément du *Pecten Darwini*. Il est important de noter que ces valves simples des deux espèces, appartenant à la section de Monomyaires, sont toujours très-bien conservées et se séparent facilement du sablé ; par contre, on ne trouve presque jamais une paire de valves ensemble et encore en contact ; les deux valves des Dimyaires, au contraire, comme le *Venus* et *Arca*, sont presque toujours complètes, mais très-fragiles et très-décomposées dans leur texture. On est obligé de laisser quelque temps en place ces coquilles bien nettoyées et de les faire sécher au soleil, pour pouvoir les extraire du sable sans les briser. Il est évident que ces animaux moururent à la place où on les trouve : ce qui le prouve c'est la surface intacte de leurs coquilles conservées avec toute la finesse des rayures; mais ils sont restés longtemps exposés à l'influence de l'eau, et, sous cette influence, la substance organique de leur composition a probablement disparu avant qu'ils soient couverts par le sable. Cependant, il y a aussi des endroits où les valves des mêmes espèces se trouvent toujours séparées, ce qui prouve qu'ici l'animal était mort avant que ses valves fussent ensevelies par le sable. De l'autre côté, l'existence toujours séparée des valves du genre *Pecten* s'explique par leur habitude de vivre en haute mer, noyées dans l'eau, et non pas rampant sur le fond, comme les Dimyaires. Ces espèces de *Pecten* sont aussi mortes en haute mer et tombées au fond, déjà un peu décomposées; il en résultait que les deux valves se détachaient facilement et se trouvaient à une certaine distance l'une de l'autre. J'ai en vain cherché un seul *Pecten* avec ses deux valves ; enfin, depuis mes recherches minutieuses et inutiles, j'ai reçu un jour deux valves différentes, mais si bien unies que je pouvais les croire du même individu, d'un *Pecten Darwinianus*; le plus grand *Pecten paranensis* semble avoir vécu plus loin de l'ancienne côte, parce que jamais je n'ai réussi à réunir deux valves d'un même individu.

Au-dessus du milieu de la formation, où se trouvent ces coquilles en abondance, le sable est presque dénué de fossiles ; enfin, aux trois-quarts de la hauteur, se rencontrent çà et là quelques valves d'huîtres séparées, qui manquent complétement dans la partie inférieure. Nous en concluons que leur présence est plutôt due à un hasard; un véritable banc d'huîtres n'existait pas encore dans ce niveau, probablement parce que la mer était trop profonde pour les huîtres, mais non pas assez profonde pour les Dimyaires antérieurement trouvées; le banc d'huîtres de l'espèce qui vivait déjà ici était plus voisin de l'ancienne côte, et seulement quelques valves isolées des individus morts ont été transportées par le mouvement des vagues dans la partie plus profonde de l'ancien golfe. Mais comme le fond du golfe s'élevait de plus en plus par suite des nouveaux dépôts, le banc d'huîtres s'éloignait loin de l'ancienne côte, et c'est ce banc que nous trouvons encore intact au niveau supérieur de la formation. Ici existent des milliards d'individus accumulés dans leur ordre naturel, la plupart ayant 15-18 centimètres de longueur; dans une certaine région ils sont même encore plus grands, avec des valves d'une épaisseur énorme, tous intacts. Parmi ces huîtres, on trouve seulement une coquille que BRAVARD a nommée *Osteophorus typus*; les individus en sont disposés, comme les huîtres, horizontalement, les interstices sont remplis par la vase calcaire; cet arrangement prouve que leur état n'a été en rien modifié. L'espèce d'huîtres la plus commune est l'*Ostrea patagonica* et ensuite l'*Ostrea ferraresi*.

Au-dessus du banc d'huîtres on trouve une petite couche de sable, presque 28-30 centimètres d'épaisseur, et sur cette couche le grand dépôt de calcaire déjà mentionné plus haut, de 3-4 mètres d'épaisseur, qui forme la surface supérieure de la formation. Cette couche de calcaire est en exploitation depuis longtemps; le regard peut pénétrer dans l'intérieur ouvert dans différents endroits, et on a ainsi l'occasion d'étudier sa composition, principalement en remontant le lit desséché du ruisseau Salto, où cette couche est entièrement ouverte. Le ruisseau fait, à une distance d'une demi-lieue de l'embouchure, une chute de 10-12 mètres sur le banc supérieur plus dur de cette couche calcaire; c'est de cette chute que lui vient son nom. Déjà les débris des carrières donnent une idée assez nette de la composition de la chaux; on comprend facilement qu'elle a été formée par des coquilles marines, sans participation des polypiers. Leur absence prouve que le dépôt calcaire n'est pas un banc de coraux, mais plutôt un composé de *detritus* de valves de mollusques, principalement formé par les espèces plus haut nommées de l'*Arca* et *Venus*, en outre par les coquilles d'un limaçon marin, nommé par Bravard : *Cerithium americanum*, qui s'y mêle en grande quantité. Presque jamais on ne trouve de coquilles complètes bien conservées, ni de l'une ni de l'autre espèce, mais principalement des moules, soit de la cavité intérieure, soit des rugosités de la surface formées par la chaux elle même, fine et amorphe, mais assez dure. Il est évident que ce calcaire a été formé par les coquilles triturées, qui renfermaient d'autres individus des mêmes espèces, logés dans leur intérieur; certaines coquilles étaient moulées dans la masse malléable et ensuite décomposées en raison de leur affinité, et peu à peu changées en matière calcaire amorphe. Dans quelques endroits on voit mêlé avec la chaux un sable quartzeux très-fin, et dans d'autres lieux, où l'eau était restée entre les coquilles, des cristaux élégants de carbonate de chaux, formant des efflorescences dans des cavités à présent vides. Ces cavités sont éparses dans toute la masse calcaire et quelquefois s'y trouvent en grand nombre. Ailleurs, on trouve des couches différentes superposées l'une sur l'autre et caractérisées par ces qualités accidentelles. Aussi j'ai vu dans la carrière, tout près de l'embouchure du ruisseau Salto, trois couches différentes, chacune de l'épaisseur d'un mètre. L'inférieure était d'un calcaire très-riche en cavités, avec de belles croûtes de cristaux fins de carbonate de chaux, entre lesquelles une substance noire, probablement d'oxyde de manganèse, s'était accumulée. Cette couche était suivie d'une seconde, disposée en petits lits en direction oblique déposés contre la première, d'une épaisseur ne dépassant pas 0,60 mètre, sans structure cristallisée ; les lits étaient inclinés sous des angles de 40-42 degrés, relativement à l'inférieure. Dans des distances de 2-3 pouces (7-10 centimètres) on trouvait dans cette seconde couche différents dépôts de débris de coquilles, alternant avec la masse de chaux amorphe, quelques-unes contenant seulement des huîtres, et les autres des moules de *Venus* et *Arca*, ainsi que des petits cailloux blancs de la grosseur de noix et de noisettes. Enfin au-dessus existait la troisième couche principale, calcaire amorphe avec des cavités, contenant beaucoup de croûtes, de cristaux de carbonate de chaux, et çà et là, entre celles-ci, d'autres cristaux de sulfate de chaux et de masse de silex amorphe, intimement uni avec le calcaire amorphe.

La description donnée jusqu'à présent est basée principalement sur mes propres études des escarpements des rives du fleuve à l'ouest du port et de l'embouchure du petit ruisseau Salto; je veux y adjoindre quelques autres recherches faites plus dans l'intérieur des terres, où les escarpements dudit ruisseau se prêtent admirablement à l'étude. En entrant dans son lit où il y a très-peu d'eau, et qui souvent est tout à fait à sec, on remarque que le côté occidental descend presque perpendiculairement, et que l'oriental est plus incliné et divisé en gradins. Sur cette rive on ne trouve pas le banc calcaire, le ruisseau a creusé son lit au bord de la couche calcaire et c'est elle qui, par sa dureté matérielle, forme sa chute, laissant au-dessus les couches sablonneuses intactes. Remontant ainsi le cours du ruisseau sur le bord du banc calcaire, on voit clairement que ce banc est plus épais au Nord, jusqu'à l'embouchure actuelle du ruisseau, et perd de son épaisseur peu à peu dans la direction opposée, correspondant à l'intérieur du terrain, en s'éloignant du lit actuel du fleuve Paraná. Cette disposition prouve évidemment que l'on a sous les yeux la rive d'un ancien golfe maritime.

Immédiatement au-dessous du banc calcaire se trouve

une petite couche d'argile sablonneuse rouge-jaunâtre d'un mètre d'épaisseur, sans fossiles, et plus bas une autre couche également épaisse, plus grisâtre, qui contient quelques valves de grandes huîtres. Au-dessous de cette seconde couche j'ai examiné une troisième couche différente, composée de grandes masses irrégulières calcaires, séparées entre elles, mais accumulées les unes sur les autres, toutes composées de valves de l'*Arca Bonplandiana*, plus au moins détruites, mêlées avec des moules parfaites de l'intérieur de cette même coquille. Cette couche, qui n'est pas un dépôt de cailloux, mais un produit de concrétions primitives formées indépendamment l'une de l'autre, délimite presque la moitié de la hauteur des escarpements; au-dessus d'elle l'argile diminue, comme substance fondamentale, et au-dessous le sable, en masse très-fine jaune-verdâtre, qui se divise, par quelques nuances de la couleur, en trois étages. En prenant toute la hauteur de cette partie d'escarpement à 10 mètres, l'étage supérieur, assez foncé et contenant un peu plus d'argile, en occupe 1 mètre. Au-dessous, commence le second étage, d'une couleur plus claire ; on y remarque quelques trous, provenant sans doute de la chute de masses étrangères. Cet étage a une épaisseur de 5 mètres, et le troisième inférieur encore plus clair de 4 mètres. Dans celui-ci on trouve beaucoup de débris de poissons, mais tous très-décomposés et polis, comme triturés depuis longtemps par le mouvement de l'eau. J'y ai vu aussi quelques petites couches superposées d'argile pure, correspondant aux couches semblables plus au dehors dans l'escarpement du rio Paraná, de 8-10 millimètres d'épaisseur. Enfin la base de toutes ces couches formait un banc de marne verdâtre, que j'avais vu aussi dans le même niveau de l'escarpement de la rivière voisine, et dans cette couche on trouve beaucoup de moules d'*Arca* et *Venus*, mais aucune coquille bien conservée. En général, des fossiles se présentent plus rarement dans cette partie de l'intérieur du terrain, sauf dans le banc plus haut des concrétions déjà nommées, qui se composent presque uniquement de valves des mollusques cités.

Nous examinerons à présent l'autre partie des escarpements à l'est du port, dans l'endroit où était auparavant le port dit Santiagueña. L'apparence générale de ce côté de l'escarpement est la même que celle du côté opposé, mais on remarque quelques différences locales assez sensibles. La plus notable est le manque complet de la formation diluvienne au-dessus de la tertiaire, quoique cette même formation ait une épaisseur de 5 à 6 mètres du côté occidental du port actuel, se divisant ici en deux couches différentes, une grise inférieure de 1,8-2 mètres et une supérieure rougeâtre de 3-3,7 mètres. Du côté occidental, immédiatement après la couche supérieure tertiaire, se trouve une petite couche alluvienne, et cette couche repose sur le banc calcaire de l'autre côté. Ici, elle a une épaisseur qui ne dépasse pas 2 mètres, mais est aussi divisée en trois couches différentes; la supérieure également avec beaucoup de cavités pleines de cristaux de carbonate de chaux et de petites masses noires d'oxyde de manganèse, accompagnées de quelques moules d'*Arca* et de *Venus*. La seconde couche calcaire est très-sablonneuse, mais contient les mêmes gisements; elle ne dépasse pas un demi-mètre d'épaisseur. La troisième couche, 0,8 mètre d'épaisseur, ressemble à la première supérieure, renfermant beaucoup de moules de coquilles, qui se perdent peu à peu dans le niveau le plus inférieur. Au-dessous du banc calcaire commence le dépôt sablonneux, se divisant en deux couches de marne en trois étages plus ou moins différents; la supérieure, encore assez riche en chaux et contenant les mêmes coquilles que le banc calcaire, mêlées avec des dents de requins assez nombreuses. La couche de marne au-dessous est molle, elle a

4 mètres d'épaisseur et contient encore quelques débris de coquilles. Le second étage sablonneux a 0,5 mètre d'épaisseur, est assez dur, très-mêlé de chaux et très-pauvre en coquilles, sans aucun vestige d'oxyde de manganèse, qui se trouve çà et là dans l'étage supérieur. La seconde couche de marne est à peine de 0,1 mètre d'épaisseur, mais très-riche en valves d'huîtres séparées. Au-dessous de cette couche commence le troisième étage, le dernier de sable, de 10 mètres d'épaisseur et plus pur que les autres. Il tranche sur le reste par sa couleur verdâtre en couche de plus de 2 mètres, avec beaucoup de concrétions calcaires, mais sans coquilles. La seconde couche au-dessous de la première est de 0,8 mètre d'épaisseur, sans chaux et aussi sans coquilles, mais plus foncée à cause d'un mélange d'oxyde de fer. Une troisième couche, presque de la même épaisseur (0,7 mètre), commence ensuite avec différents dépôts de couleur jaune et verdâtre, contenant en groupes beaucoup d'huîtres toutes intactes, leurs deux valves unies et fermées, indiquant ainsi que ces animaux ont vécu là. Au-dessous de cette partie supérieure vient l'étage principal, sablonneux inférieur, atteignant presque 3,5 mètres d'épaisseur, panaché de bandes jaunes et verdâtres, mais sans huîtres, avec les mêmes coquilles que dans la partie occidentale des escarpements, les Monomyaires toutes bien conservées, les Dimyaires déposées en groupes assez décomposés et très-fragiles. On trouve aussi quelques groupes de cristaux épigénétiques de sulfate de chaux. Une petite couche d'argile de 0,4 mètre d'épaisseur se prononce au-dessous de cet étage inférieur et sépare le reste, qui est semblable à la partie au-dessus de cette couche d'argile. Ainsi se termine la formation dans sa partie à découvert; le pied du mur de l'escarpement perpendiculaire se perd, au niveau du fleuve, sous les décombres tombés du haut et accumulés là. Dans la petite couche d'argile je n'ai pas vu de

fossiles, mais dans la partie principale sablonneuse on en trouve beaucoup, et non-seulement les mollusques précités, mais aussi des dents de requins et des plaques de peau d'autres poissons, qui semblent appartenir à une espèce de la famille des Siluriens ; toutes assez endommagées à la surface pour avoir été longtemps exposées au frottement produit par le mouvement de l'eau. BRAVARD prétend avoir trouvé dans cette même couche sablonneuse des restes d'animaux terrestres, qu'il attribue à une espèce d'*Anoplotherium* et de *Palaeotherium*, avec le coprolithe d'un carnassier, et déduit de cette découverte la préexistence d'une terre habitable tout près de l'ancien golfe marin. Je n'ai pas été si heureux que lui ; je n'ai trouvé qu'une dent qui me sembe être d'*Otaria*, avec beaucoup de dents de requins. Nous possédons, il est vrai, dans le Musée public un coprolithe, mais de la structure spirale de l'intestin d'un Selachien, une vertèbre d'un Crocodilien et la mâchoire inférieure de *Saurocetus*, décrite par moi comme représentant du groupe des Zeuglodontes dans l'hémisphère austral. BRAVARD attribue ces restes à des mammifères transportés par l'eau courante d'une formation plus ancienne, et en conclut que les animaux ne sont pas contemporains de la formation du dépôt. Je ne vois aucune raison d'admettre cette hypothèse et je préfère les considérer comme contemporains.

BRAVARD donne la description d'un autre lieu assez semblable, près des carrières de M. JOSÉ GARRIGO, où l'on trouve aussi la formation diluvienne d'une épaisseur de 3,3 mètres au-dessus de la tertiaire. Immédiatement au-dessous de la couche diluvienne se présente un banc de sable, de 2 mètres d'épaisseur, d'une couleur blanchâtre, sans fossiles, reposant sur un autre banc gris de 1 mètre d'épaisseur, et renfermant des valves d'huîtres et autres mollusques tels que le *Pecten*. Encore au-dessous l'on rencontre le banc calcaire, de 2,02 mètres d'épaisseur, mêlé avec beaucoup de sable. Dans cette couche calcaire on distingue huit bancs superposés, de différentes structures. Le supérieur est un calcaire assez pur, plein de cavités, sans coquilles, seulement de 0,18 mètre d'épaisseur, et le second un calcaire sablonneux stratifié, de la même épaisseur; sous ce banc en apparait un autre de calcaire plus pur, égal au premier, de 0,5 mètre d'épaisseur, et encore au-dessous un banc très-sablonneux, avec peu de chaux, seulement de 0,3 mètre d'épaisseur. Au-dessous de celui-ci en vient encore un autre de calcaire pur avec des creux, mais ceux-ci sont plus petits et le banc a 0,5 mètre d'épaisseur. Le banc de sable au-dessous de ce troisième banc de calcaire est de 0,7 mètre d'épaisseur, assez riche en chaux et renfermant beaucoup de valves d'huîtres, en compagnie de quelques *Arca* et *Venus*. Le banc de calcaire au-dessous de ce troisième banc de sable est de 1 mètre d'épaisseur, obliquement stratifié, sous un angle d'inclination de 40°, se dirigeant vers le Nord-Est. Ce banc ressemble complétement au troisième inférieur, de l'autre côté du port, que j'ai décrit ci-dessus. Il repose sur un sable dur, peu mélangé de chaux, de 0,06 mètre d'épaisseur, sans fossiles, et formant le fondement de la couche calcaire de ce côté du port.

La seconde partie principale de la formation tertiaire de ce même côté se compose de différentes couches de sable, mieux séparées entre elles. Bravard distingue 17 couches, tantôt plus dures, tantôt plus molles et de différentes couleurs, d'après les différences du mélange de sable et d'argile. La première, la plus rapprochée à celle de calcaire, est une argile verdâtre, de 0,13 mètre d'épaisseur, reposant sur un banc de sable blanc, de 0,10 mètre. Elle contient beaucoup de valves d'huîtres et de concrétions calcaires ramifiées, qui ressemblent beaucoup à des branches d'arbres. Vient ensuite une autre couche d'argile verdâtre, avec des moules de coquilles du genre *Cytherina*, de 0,20 mètre d'épaisseur, et au-dessous de celle-ci de nouveau le sable blanc, avec 20 lignes horizontales noires, qui semblent être d'oxide de manganèse. Une nouvelle couche d'argile verdâtre, avec les mêmes moules de coquilles et une autre espèce, semblable au genre *Phasianella*, suit la précédente, et cette couche est superposée à une autre d'argile gris-verdâtre plus pure, de 1 mètre d'épaisseur. Leur qualité plastique très-prononcée les rend propres à une application industrielle. Au-dessous de cette argile se trouve de nouveau du sable, de 0,11 mètre d'épaisseur, avec des valves d'huîtres, et plus bas encore la même argile plastique, sans fossiles, sur une hauteur de 0,35 mètre. Elle repose aussi sur une couche de sable plus dur, qui se distingue facilement en raison de sa cohésion plus marquée que celle des autres couches plus molles de l'escarpement. Une troisième couche de la même argile plastique se présente ensuite, de 0,9 mètre d'épaisseur et aussi nettement stratifiée que les couches supérieures. Une autre couche de sable, de couleur jaune, de 0,10 mètre d'épaisseur, porte cette argile et se compose à son niveau inférieur d'une argile plus dure, de 0,21 mètre d'épaisseur, contenant des valves d'huîtres. Au-dessous de cette couche se trouve une véritable roche d'huîtres, déposées horizontalement, et sous cette roche apparaît le sable principal, de 4 mètres d'épaisseur, avec plusieurs espèces de mollusques, entre lesquelles se présente une espèce nouvelle d'*Arca*, différente de la commune *Arca Bonplandiana*. Une autre roche de coquilles fossiles sépare cette couche du sable de la plus inférieure, qui a le même aspect et 4,2 mètres d'épaisseur, toutes deux très-riches en débris de poissons, qui présentent ce caractère, déjà mentionné auparavant, d'être très-triturés par le mouvement des eaux. Dans la roche de coquilles on trouve les deux valves presque toujours unies, ce qui prouve que les animaux ont vécu au lieu même où ils sont déposés aujourd'hui. Les espèces principales de cette roche sont : *Ostrea patagonica*, *Pecten paranensis*, *Pecten Darwini*, *Arca Bonplandiana* ; on trouve plus rarement les espèces qui dominent de l'autre côté des escarpements, à l'ouest du port, comme *Venus Münsteri*, *Cardium platense*, en compagnie d'un genre nouveau, que d'Orbigny a pris pour *Tellina*.

Telles sont les données que je peux fournir sur la composition de la formation tertiaire dans les environs de la ville de Paraná. Comme cette même formation ne se présente à découvert dans l'intérieur de la République nulle part ailleurs que dans ce lieu et sur la rive gauche (orientale) du rio Paraná, depuis Diamante jusqu'à la Paz, il n'est pas possible de donner d'indication sur son extension au Nord et à l'Ouest. Au Sud, au contraire, nous la connaissons plus loin par les perforations faites à Buénos-Ayres et dans toute la Patagonie, depuis Bahia Blanca jusqu'au détroit de Magellan, où d'Orbigny et principalement Darwin l'ont étudiée. Nous donnons ici un extrait des recherches du dernier, après avoir indiqué les résultats des perforations faites dans notre voisinage.

Les deux puits faits ici sont à une distance l'un de l'autre d'environ d'un demi-mille géographique ; l'un dans Buénos-Ayres même, tout près de l'église *La Piedad*, est à 15 mètres au-dessus du niveau de la rivière ; l'autre à *Barracas* est à 12 mètres plus bas, au niveau du sol du pays bas sur les rives du ruisseau *Riachuelo*. Nous laissons de côté ici les couches de formation alluvienne et diluvienne que nous avons examinées plus haut (pages 169 et 201), rappelant seulement au lecteur que l'épaisseur de l'ensemble est presque la même dans les deux points, quoique la formation tertiaire commence à Buénos-Ayres à 50 mètres de profondeur et à Barracas à 45 mètres. Dans les deux localités la couche supérieure de la formation est d'argile plastique bleuâtre et contient dans le puits de Buénos-Ayres beaucoup de valves d'huîtres ; celui de Barracas n'en contient pas, mais l'argile en est riche en chaux, se rapprochant de la marne. Cette couche a une épaisseur d'à peu près 30 mètres à Buénos-Ayres et de 20 mètres à Barracas. Elle est suivie d'une autre couche de sable, couleur gris-verdâtre, avec des cailloux et beaucoup de coquilles, entre autres des huîtres et des *Pecten* très-reconnaissables. La couche du sable correspond à la partie inférieure sablonneuse de la formation à Paraná et descend dans les deux puits à une profondeur très-différente, c'est-à-dire jusqu'à 110 mètres à Buénos-Ayres et seulement à 81 mètres à Barracas. Cette différence résulte de l'épaisseur de toute la formation, beaucoup plus grande à Buénos-Ayres qu'à Barracas ; car dans le premier puits elle a une épaisseur complète de 60 mètres, et dans le second, de 36 mètres ; en relation en cela avec la formation diluvienne, qui atteint à Buénos-Ayres 50 mètres d'épaisseur, et à Barracas seulement 15 mètres. Tels sont les résultats que donnent les publications faites sur les deux puits par les entrepreneurs ; les coquilles mentionnées n'y sont pas déterminées scientifiquement, et nous les connaissons d'après une collection de débris des couches perforées, déposée dans le Musée public de Buénos-Ayres [30].

Le sol du territoire échelonné de la Patagonie, dont nous avons donné une description générale, tome I, page 174, se compose presque uniquement de la formation tertiaire supérieure, et à cause de cette uniformité, D'ORBIGNY l'avait désignée du nom de *patagonienne*. La surface supérieure est un gravier fort, mêlé avec beaucoup de cailloux, qui forment la couche alluvienne de ce sol et appartiennent à l'époque actuelle. Du côté occidental, cette couche de décombres est plus épaisse, comme nous l'avons vu antérieurement (tome I, page 176), et forme des chaînes de collines au pied des Cordillères, couvertes de forêts et sillonnées de nombreux ruisseaux, qui donnent à cette partie une certaine fertilité, quand, par contre, le côté oriental est stérile et presque sans végétation utile, sauf dans le lit des grands fleuves qui le parcourent. Ces lits sont généralement assez larges, et cette circonstance prouve la préexistence d'une plus grande masse d'eau dans les temps passés, que démontrent également les gradins visibles dans l'escarpement des rives. Dans tous ces fleuves on trouve des cailloux des pierres des Cordillères, peu à peu plus petits à mesure que l'on s'éloigne en aval de la partie occidentale du pays plus haute et plus inclinée, et que l'on se rapproche de l'embouchure dans l'Océan, où l'on trouve alors de grands bancs de sable qui en rendent assez difficile la navigation.

DARWIN, qui nous a révélé ces phénomènes principalement par la description qu'il en fait dans son *Voyage* (tome II, page 197, trad. allem.), dit qu'il existe le long de la côte atlantique sept à huit gradins, et qu'il en pouvait compter au moins quatre d'un poste d'observation élevé. Il décrit la substance principale du fond, qui est selon lui un grès gris-bleuâtre, pas très-dur, entremêlé dans l'intérieur de bancs plus durs qui contiennent beaucoup de fossiles, principalement des coquilles marines. Parmi celles-ci dominent de grandes huîtres mêlées avec des espèces de *Mactra, Nucula, Cardium, Venus* et *Pecten,* et aussi des limaçons des genres *Turritella, Voluta, Fusus* et espèces de *Balanus.* Au-dessus de cette couche riche en coquilles fossiles, se trouve souvent une marne grise très-dure, renfermant çà et là des bancs de sable, et plus au-dessous une autre couche de sable avec des cailloux de pierre ponce et de porphyre, qui proviennent de la Cordillère. Nous avons déjà mentionné tome I, page 311, la grande masse de basalte, interrompue par le rio Santa-Cruz, et nous savons à présent par le voyage du lieutenant MUSTERS, cité tome I, page 377, note 80, que d'autres roches éruptives se trouvent dans différentes localités de l'intérieur. Les gradins ont chacun une largeur de plusieurs milles géographiques et une hauteur de 30-40 mètres, atteignant ensemble jusqu'à 400 mètres au pied des Cordillères, mais ils ne sont pas également prononcés et visibles dans tous les lieux, parce que souvent leurs escarpements sont interrompus, et ont été portés par les vagues de l'ancienne mer. Leur surface est presque horizontale dans de grandes étendues ; mais en réalité chaque gradin est un peu incliné au bord, et se relève peu à peu jusqu'à la base du gradin immédiatement supérieur, imitant ainsi complétement l'apparence d'une côte basse de l'Océan, s'abaissant doucement jusqu'à son niveau. Comme plusieurs des coquilles fossiles sont identiques aux espèces trouvées près de la ville Paraná, la contemporanéité des deux formations est évidente, aussi unanimement acceptée.

Les cailloux qui couvrent les gradins dans toute leur étendue comme une couche peu à peu plus épaisse dans la direction des Cordillères, sont évidemment des débris des roches de ces montagnes ; ils forment une plaine stérile, çà et là interrompue par de petites dépressions, où s'accumule l'eau, qui permet à un herbage vert de croître dans les environs. L'autre surface de la plaine est couverte de petites plantes dures épineuses, comme nous l'avons dit déjà, tome I, page 175, au reste toute nue, sans herbage ; désert triste et abandonné. Au-dessous de cette couche se trouve une terre plus fine, blanche, qui ressemble à de la craie, mais qui est une masse feldspathique décomposée. Cette terre semble être le produit de la décomposition des débris des roches, qui sont pour la plupart des porphyres, transportée plus loin par l'eau, comme substance moins pesante et déposée au-dessous des cailloux, quand le sol s'élevait au-dessus de la mer. Jamais on ne trouve dans cette couche de fossiles, comme cela est naturel, vu leur mode de formation ; mais dans la couche supérieure des cailloux on trouve quelques débris de coquilles, identiques à celles qui vivent à présent dans l'Océan Atlantique. Ce fait nous révèle que la couche appartient à l'époque actuelle, et que chaque gradin, qui porte des cailloux semblables avec des coquilles s'élevait à une époque assez rapprochée de la nôtre au-dessus de la surface de la mer, contemporaine des dépôts alluviens dont nous avons parlé page 161 [31].

Une couche assez semblable de cailloux se trouve aussi au pied des Cordillères, mais non pas au niveau de la plaine actuelle, où se forment des chaînes de collines de sable, mêlées de cailloux de toutes grandeurs, que nous avons décrites antérieurement, page 162. Cette autre couche différente s'élève plus haut dans les vallées ouvertes du côté de la plaine, qui s'étendent au milieu des montagnes, et disparait sous les collines de ladite chaîne des dépôts modernes alluviens. Les cailloux contenus dans cette couche plus ancienne sont plus ronds, la plupart d'une grandeur intermédiaire, variant de la grosseur du poing à celle d'un melon, et tous réunis entre eux par une substance blanche assez dure, qui me semble de l'argile, mêlé avec du sable fin et de la chaux. Cette substance, qui enferme les cailloux comme dans un ciment, donne à toute la couche une consistance plus forte, et l'apparence d'un béton qui ne se divise pas facilement. D'anciennes rigoles, à présent sèches, laissent à découvert l'intérieur de ce béton, et l'on découvre qu'il est identique dans une assez grande profondeur, démontrant par la hauteur considérable qu'il atteint la longue durée de sa formation. Quelques parties du dépôt sont détachées de leur place et transportées plus bas dans la vallée; elles ressemblent à de grands débris des murailles cyclopéennes, construites dans les siècles passés. L'époque où cette agglomération s'est formée ne me semble pas douteuse; toute sa configuration et sa position au-dessous des couches de débris modernes prouvent qu'elle est plus ancienne que celles-ci. Il me semble donc convenable de la regarder comme tertiaire, contemporaine des dépôts de la formation patagonienne et formée par les mêmes forces, qui ont déposé les couches de sable fin plus loin de l'ancienne côte, et laissé les cailloux plus grands et plus pesants à la base de la chaîne des montagnes, d'où ils descendaient. Ayant ainsi expliqué les qualités pétrographiques de la formation tertiaire supérieure et son extension dans le pays, telle qu'elle est connue jusqu'à présent, nous passerons en revue, pour finir notre exposition, les organismes qu'elle contient, dans le but de déterminer aussi les caractères des animaux principaux de l'époque tertiaire, qui ont vécu sur le sol argentin et dans les eaux qui l'entouraient.

I. — Mammifères

Les espèces de cette classe d'animaux, trouvées dans la formation, appartiennent à deux catégories différentes.

A. — ANIMAUX TERRESTRES

Nous connaissons avec certitude une espèce appartenant au groupe des Onglés (*Ungulata*), que BRAVARD a nommée :
1. *Anoplotherium americanum* (Monogr. de terr. tert., page 45). — Nous avons de cette espèce dans le Musée public la partie postérieure d'un crâne, contenant : l'occipital, les pariétaux et les rochers, qui correspondent par leur configuration assez exactement à la figure d'*Anoplotherium grande*, donnée dans l'*Ostéographie* (pl. 8), de BLAINVILLE, pour nous permettre de rattacher l'animal au même genre; mais comme les dents me manquent, je ne peux rien dire de plus sur ses caractères génériques et spécifiques. BRAVARD avait trouvé la première molaire du côté gauche, qui lui semblait posséder les caractères du genre *Anoplotherium*.

Les autres espèces citées par différents auteurs, sont les suivantes :

2. *Palaeotherium paranense*. — BRAVARD, qui en raison de ses propres études connaît bien le genre *Palaeothe-*

rium, comme le prouve la magnifique collection d'ossements donnée par lui au Musée public, fait mention de deux molaires qui lui semblaient appartenir à une espèce du genre.

3. *Megamys patagonensis.* — Espèce recueillie par d'Orbigny, au rio Negro, et confirmée par Bravard, à Paraná, par une dent incisive.

4. *Toxodon platensis.* — Bravard a trouvé pendant mon séjour à Paraná la deuxième molaire supérieure du genre *Toxodon,* que j'ai vue moi-même; mais j'hésite à partager son opinion que cette dent appartienne à une couche tertiaire; car elle n'a pas été trouvée en place, mais bien dans les débris d'un escarpement, recouvert à son sommet d'une couche diluvienne, et il me semble très-vraisemblable que la dent s'était détachée de cette dernière formation. Cependant, d'Orbigny donne aussi l'os du même genre trouvé par lui, pour tertiaire, quoique tous les ossements du *Toxodon,* conservés dans notre Musée public, soient diluviens.

5. *Macrauchenia patachonica.* — Cet animal fut découvert par Darwin dans la terre contenue dans les fonds du port Saint-Julien, semblable à la marne de la *Pampa,* et l'auteur croit que les os ont été transportés là par une petite rivière qui se déverse dans le port, et a formé depuis un banc de vase à son embouchure. Toutes ces observations, semblables à celles faites à la Bahia Blanca, me semblent rattacher l'origine des os à la formation diluvienne, principalement si l'on remarque que la même espèce se trouve assez souvent dans la même formation de la province de Buénos-Ayres. Je conclus donc que la *Macrauchenia* doit être un animal diluvien, et non pas tertiaire.

6. *Nesodon.* — Egalement découvert par Darwin, décrite par Owen (*Philos. transact.,* vol. 143, 1853). L'auteur de ce genre a fondé sur les restes apportés par Darwin,

d'un point plus au sud de la Patagonie, quatre espèces bien distinctes. Le genre est exclusivement tertiaire et se rapproche beaucoup des genres *Toxodon* et *Typotherium* de l'époque diluvienne, avec lesquels il forme la même sous-famille et les représente dans l'époque tertiaire.

7. Enfin, je rappelle ici la découverte de BRAVARD (*Monogr.*, etc. page 44), qui prétend avoir trouvé à Paraná le coprolithe d'un carnassier dans la même formation. Cet auteur soupçonne que ce coprolithe, comme les dents d'*Anoplotherium* et de *Palaeotherium*, ont été transportés d'une formation plus ancienne par les courants d'eau. Je ne vois aucune raison d'admettre cette hypothèse; je préfère croire que les animaux terrestres vivaient à la même époque que les marins, contenus dans la formation, et peuplaient la terre ferme des environs du golfe tertiaire, et que les courants d'eau douce de cette terre apportaient leurs os.

D. — MAMMIFÈRES MARINS.

J'ai trouvé dans une couche sablonneuse inférieure de la formation, une petite dent conique qui ressemble beaucoup aux dents semblables du genre *Otaria*, répandu actuellement dans l'Océan Argentin, et pour cette raison je crois qu'elle doit être rattachée au même genre.

8. *Saurocetes argentinus*. — Sous ce nom, j'ai décrit dans les *Ann. et Magaz. nat. hist.*, 4° sér., vol. VII, page 51 (1871), une espèce remarquable du singulier groupe des *Zeuglodontidæ*, qui me semble le sujet le plus singulier de notre formation. La découverte d'une demi-mâchoire inférieure avec sept dents, présentant les caractères principaux de ces animaux jusqu'à présent connus de l'Amérique du Nord et de l'Europe, prouve l'existence de ce groupe anormal aussi dans l'hémisphère austral pendant l'époque tertiaire.

9. De plus, BRAVARD a trouvé le crâne d'un dauphin

semblable à celui du genre *Pontoporia*, dans la couche la plus inférieure de la formation.

10. Enfin, on trouve des débris d'os de grands cétacés, dans les couches sablonneuses des différents étages. Nous avons dans le Musée public un morceau d'une côte et un autre d'un os du crâne, tous deux apportés des environs de la ville Paraná.

II. — Oiseaux

Aucun ossement d'oiseaux n'a été trouvé jusqu'à présent. Mais il serait prématuré de croire que ces animaux n'existaient pas à cette époque. Leurs os minces et fragiles se perdent plus facilement que les grands et lourds ossements des mammifères.

III. — Amphibies

BRAVARD présente dans son *Mémoire* (page 46) une tortue d'eau douce, d'après une plaque de la cuirasse trouvée par lui-même; il la nomme: *Emys paranensis*, et à côté un *Crocodilus australis*, dont nous avons une vertèbre dans le Musée public. Il catalogue aussi des dents et des plaques de la peau, sans les déterminer exactement, supposant qu'ils appartiendront probablement à des poissons. Les deux espèces de reptiles ont été trouvées à l'étage inférieur de la partie sablonneuse.

IV. — Poissons

Des débris d'animaux appartenant à cette classe sont assez communs, principalement des dents de requins et plaques externes de la peau, ainsi que des plaques operculaires et des rayons de nageoires, qui semblent indiquer une espèce de la famille des Siluriens. BRAVARD a tenté de classifier ces objets, et sur ces données a basé trois espèces d'Ostéacanthes, nommées par lui : *Sargus incertus*,

Sparus antiquus et *Silurus Agassii*. D'après les dents de requins il a déterminé six espèces, nommées *Squalus eocenus, Sq. obliquidens, Lamna unicuspidens, L. elegans, L. amplibasidens* et *L. serridens*, enfin une espèce de raie, nommée *Myliobatus americanus*. Nous avons dans le Musée public une dent d'une grande espèce de *Squalus* et un coprolithe du même genre, qui d'après sa grandeur semble appartenir à la même espèce. Nous possédons aussi quelques vertèbres de poissons, mais aucune de requin. On trouve en grande quantité des plaques dermales avec impressions rondes, comme chez les Siluriens à cuirasse. Tous ces objets se trouvent dans l'étage inférieur du sable.

V. — Crustacés

J'ai trouvé la partie terminale d'un bras de ciseaux d'une espèce des Brachyures, dont nous avons aussi la carapace du thorax dans le Musée public. BRAVARD a classifié cette espèce comme *Homarus meridionalis* (l. l. page 43), sans la connaître bien. Très-nombreuses aussi sont les coquilles des deux espèces de Cirripèdes, que BRAVARD a nommées *Balanus foliatus* et *B. subconicus*.

VI. — Mollusques

La grande quantité d'espèces de cette classe, qui se trouvent dans la formation, nous empêche de les nommer toutes; je dois renvoyer le lecteur aux travaux indiqués plus haut de D'ORBIGNY, DARWIN, et BRAVARD, pour les étudier. Dans la liste de ce dernier, la plus complète, sont nommés sept Gastropodes et trente-six Acéphales. Les types du premier ordre ne sont pas communs; on les trouve presque uniquement dans la boue supérieure du calcaire, très-généralement surmoulés; l'espèce la plus commune est un *Cerithium* et après lui une *Littorina* et une *Phasianella*. Une espèce de *Voluta* est abondante, elle a été prise par Bravard pour la *V. alta* de Sowerby (Darwin, *géol. observ.*, pl. 4, fig. 5). Elle est plus commune en Patagonie, dans la partie sud de la formation, où dominent les Gastropodes. Nous en avons du rio Santa-Cruz dans notre collection du Musée public, mais à Paraná tous les Gastropodes sont rares dans l'étage de sable, ou manquent absolument. Bravard a trouvé là deux *Margarita* et une *Scalaria*; quant à moi je n'ai pu trouver que l'une des deux. Ici les Acéphales sont très-abondants et dominent, principalement comme nous l'avons dit plus haut, les genres *Arca*, *Venus*, *Cardium* et *Pecten*, qui forment des groupes isolés dans le milieu de la couche de sable, et s'augmentent de plus en plus dans les parties supérieures de la couche, jusqu'à atteindre le banc calcaire qui les renferme en masses innombrables. On peut dire avec raison que le calcaire se formait principalement des valves des Acéphales dimyaires, car les monomyaires y manquent et forment un banc particulier plus bas représenté par les huîtres. Les *Pecten* ne se trouvent pas non plus ici, mais bien isolés dans l'étage inférieur du sable, de même que quelques valves d'huîtres aussi dans la moitié supérieure du même sable. Avec le banc d'huîtres se termine la couche sablonneuse, elles sont les derniers représentants de la vie là dedans; au-dessus des huîtres commence le dépôt calcaire. Bravard a distingué dix espèces du genre *Ostrea ;* mais il ne connaît guère que ces mêmes deux espèces de *Pecten*, déjà trouvées par d'Orbigny et Darwin. On connait en outre un *Mytilus* et un *Lithodomus*, celui-ci très-souvent enfoncé dans les valves épaisses des grandes huîtres; le *Mytilus* répandu en rares échantillons dans l'étage supérieur du sable. Un genre particulier des Monomyaires, nommé par Bravard *Osteophorus*, ressemblant au genre *Anomia*, vivait ordinairement parmi les huîtres du banc supérieur : nous l'avons déjà indiqué plus haut comme leur compagnon habituel, page 229.

VII. — Echinodermes

Peu avant mon arrivée à Paraná, l'ancien Directeur du Musée National, M. ALFR. DU GRATY, avait trouvé dans les escarpements du ruisseau du Salto un morceau de la couche calcaire, tout plein de restes d'une Ophiuride assez reconnaissable. BRAVARD a donné à cette espèce le nom : *Asterias du Gratii* (*Mon.*, etc., page 42). J'ai examiné sérieusement le même morceau et j'ai pu me convaincre que l'espèce appartient au genre actuel : *Ophiothrix*. J'ai tracé un dessin complet de son profil, que je publierai plus tard dans l'Atlas de mon ouvrage. Malheureusement, les originaux sont perdus, comme aussi toute la collection nationale, considérablement augmentée par le zèle de BRAVARD durant son séjour. On trouve de plus un Spatangide dans notre formation, une espèce de genre *Scutella*, que je décrirai aussi plus tard d'après les originaux du Musée public.

VIII. — Polypiers

Jamais on n'a trouvé un seul exemple d'un échafaud de polype, ou des restes des coraux, dans les couches de notre formation. Cependant, il est possible que les débris d'animaux de ce genre, que nous avons mentionnés plus haut (page 177), comme trouvés dans la formation diluvienne, soient sortis d'une couche tertiaire; car nous pouvons soupçonner avec beaucoup plus de probabilité, qu'il existait plutôt des polypes dans la mer tertiaire, que dans l'eau douce des temps diluviens. Faute de preuves assez concluantes, laissons la question en suspens.

V

FORMATION TERTIAIRE INFÉRIEURE DITE LA GUARANIENNE

Sous ce nom, emprunté à la grande famille des peuples autochthones qui ont vécu primitivement sur ce sol, d'Orbigny a signalé les couches de sable et d'argile d'une couleur rouge dominante qui composent, sur la rive orientale gauche du rio Paraná, les escarpements de la province de Corrientes, continuant ainsi les escarpements de la formation patagonienne dans la province d'Entrerios, avec laquelle elle se touche près de la ville de La Paz, étant submergée au Sud sous leurs couches extrêmes. Je n'ai pas eu occasion d'étudier cette formation au lieu indiqué; je la connais seulement par les extractions retirées de la perforation faite à Buénos-Ayres, assez exactement semblables à la description donnée par d'Orbigny dans son *Voyage*. Ici, sous Buénos-Ayres, les couches guaraniennes commencent à une profondeur de 112 mètres au-dessous du niveau de la ville et descendent sans variation remarquable jusqu'à la profondeur de 290 mètres, aboutissant aux schistes métamorphiques qui semblent former le fondement de tout le terrain des deux côtés du bassin du Rio de la Plata [32]. Jusqu'à la profondeur de 240 mètres, une argile rouge-claire plastique se présente, sans aucune différence; plus bas, cette même substance devient un peu plus dure, moins plastique, et de couleur plus claire, différences dues à la présence d'une quantité considérable de chaux qui change l'argile en marne. Tout en bas, la marne se mêle avec le sable, et ce sable augmente à mesure que l'on avance à une plus grande profondeur, jusqu'à se changer en grès rouge, qui domine à la profondeur de 280 mètres, contenant évidemment deux sortes de grains : des grains clairs de quarz et d'autres noirs d'augit. A cette profondeur des cailloux se montrent dans le sable, formés par des roches plutoniques, qui par leur forme et leur accumulation indiquent un dépôt marin fait sur une ancienne côte océanique. Cette couche inférieure descend jusqu'à 295 mètres, où l'on touche avec la sonde les roches métamorphiques dures, semblables à celles de la Bande Orientale.

Je ne reproduis pas ici la description de d'Orbigny plus en détail, parce que son livre se trouve dans les mains de tous ceux qui veulent étudier la géognosie du pays ; il suffit de mentionner que dans la province de Corrientes on trouve, comme couche supérieure, une argile rouge mêlée de plâtre (sulfate de chaux), en tout semblable à celle trouvée dans la perforation de Buénos-Ayres. Au-dessous de cette couche se présente un banc calcaire mêlé de sable et d'oxyde de fer, dans lequel sont renfermés de grands sphérosidérites; plus bas le sable rouge devient prédominant, sans perdre les sphérosidérites, et contient aussi quelques boules de calcédoine et de petits bancs d'argile rouge plastique. D'Orbigny soupçonne avec raison que cette partie inférieure sablonneuse a dû être déposée immédiatement sur les roches métamorphiques, parce qu'il avait vu le même sable en contact avec ces mêmes roches dans la Bande Orientale.

J'ai examiné, pour ma part, une couche de grès blanc-rougeâtre semblable, dans cette même région, tout près de la ville Mercedes, au bord du rio Negro. Il existe un petit escarpement dans les environs sud de la ville, formant le bord d'un chemin de charrettes. Ces escarpements, coupés çà et là par des raies creusées par l'eau courante, se composent de différents bancs de sable et de calcaire, les premiers plus ou moins rougeâtres, les seconds blancs, se répétant plusieurs fois horizontalement l'un au-dessus de l'autre, mais avec une inclinaison distincte au Nord, contre le lit du rio Negro, probablement parce qu'ils sont déposés sur des assises de la même inclinaison. La couche de calcaire est supérieure et la plus faible; elle contient des cavités ouvertes irrégulières et des masses amorphes de silex, quelques-uns semblables au calcédoine et au silex corné, d'autres d'une couleur plus claire, comme l'agate et le jaspe. Ces concrétions se détachent facilement du calcaire et donnent naissance aux cavités mentionnées plus haut. Il semble que des produits semblables actuels soient dus à la présence de cette terre siliceuse, car nous savons que le rio Negro voisin et ses tributaires sont riches en solution de la même susbtance. Une pierre semblable, très-creusée, se trouve aussi sur les rives du fleuve, sous l'eau, s'étendant presque sur toute la partie de la ville; on la prend pour faire les trottoirs des rues et sa dureté la rend propre à cet emploi. Je n'ai vu nulle part de pétrifications; d'Orbigny, de même, n'a trouvé aucun objet fossile dans toute la formation. Cependant un collecteur de la ville m'a montré un petit morceau de la même pierre siliceuse, plein de fossettes, qui contenaient sur leurs faces une couche blanche calcaire, avec des Gyrogonites, semblables aux mêmes objets que l'on trouve dans la chaux d'eau douce en Europe; mais je ne crois pas que ces témoins d'une époque tertiaire assez moderne, appartiennent au temps des dépôts de la formation; ils sont plutôt d'une période plus avancée et même postdiluvienne.

Le grès rougeâtre qui forme la couche la plus inférieure de la formation, contient dans quelques endroits une telle quantité d'oxyde rouge de fer, qu'il prend complétement l'aspect d'une pierre dure d'argile ferrugineuse. Cette pierre se trouve souvent en bancs dans le grès plus clair blanchâtre, ou dans d'autres endroits elle forme des couches de concrétions noires, semblables aux grandes bombes; enfin, il y a là des points où des infiltrations de l'acide siliceux ont changé le grès en une masse compacte de roche opaque cornée, et d'autre part le grès reste mou et renferme des masses tendres de lait de montagne. On dit aussi qu'il contient du bois pétrifié, mais je doute de l'exactitude de cette remarque. On trouve en effet, en terre, dans toute la partie du pays, sur la côte du rio Uruguay, des troncs et des branches d'arbres changés en pétrifications siliceuses ; ces pétrifications se forment assez vite, sous nos yeux, parce que tous les ruisseaux et toutes les rivières, qui se jettent dans l'Uruguay, contiennent en grande quantité, en dissolution, cette substance, qui se trouve attirée par les objets organiques et principalement par le bois exposé à l'influence des eaux qui en sont saturées. Ces masses pétrifiées, dont nous avons beaucoup d'exemplaires dans notre Musée public, sont des produits de l'époque actuelle, quoiqu'elles ressemblent souvent beaucoup aux pierres siliceuses plus anciennes, et renferment même des pétrifications d'une autre formation antérieure. Nous avons un morceau de cette pierre siliceuse qui contient une dent de *Mylodon*, trouvée dans le port de Gualeguaychú pendant la construction d'un môle, mêlée avec des débris modernes de différentes provenances. On doit prendre garde de ne pas attribuer un âge plus grand à des morceaux semblables ; car les restes des animaux diluviens, ou même des tertiaires, sont transportés par les cours d'eau douce dans le dépôt moderne, et ne prouvent rien pour l'âge des pierres qui les renferme.

Un voyageur prussien, M. Sellow, qui parcourut, il y y a plus de cinquante ans, la Bande Orientale de l'Uruguay, a rapporté à Berlin une collection riche d'échantillons de pierres trouvées dans cette République ; et le célèbre minéralogiste Weiss les a décrites dans les *Actes de l'Acad. Roy. de Berlin*, de l'année 1827 (publiées en 1830, page 417, seq.), J'ai donné un extrait de cette publication dans mon *Voyage*, tome I, page 68, seq., qui prouve que la même formation sédimentaire, dont nous parlons, se trouve à nu du côté de la rive gauche ou orientale du rio Uruguay, depuis le ruisseau de Saint-Jean jusqu'au Salto Oriental, s'unissant très-probablement avec la formation guaranienne, reconnue par D'ORBIGNY aussi dans les anciennes Missions de la province de Corrientes. Le manque de pétrifications d'objets organiques que regrette avec raison D'ORBIGNY, comme une perte très-sensible, est un caractère particulier de cette formation et d'autant plus surprenant, que la formation supérieure tertiaire est très-riche en gisements de cette nature. M. WEISS la met en parallèle avec la formation tertiaire du lignite, parce que SELLOW a trouvé dans la partie voisine de la province de Rio Grande, du Brésil, de vraies couches de cette substance carbonisée, ensemble avec des couches pareilles de grès blanc-rougeâtre. On prétend aussi avoir trouvé dernièrement des couches du lignite dans la province de San Luis, mais je ne sais rien personnellement de certain jusqu'ici sur cette découverte [33].

La supposition de l'existence de couches du lignite dans une province occidentale de la République Argentine, pourrait faire croire que certains grès rouges déposés aux pieds des montagnes voisines, qui se caractérisent aussi remarquablement par le manque des pétrifications organiques, appartiendront à la même époque tertiaire inférieure. Sur la carte géognostique adjointe, j'ai noté les localités où ces couches sont dénoncées par différents observateurs. Mais comme je n'ai visité aucune de ces localités, je ne peux rien dire de plus sur leur qualité, espérant que de nouvelles recherches donneront plus de lumière sur leur âge encore douteux.

Enfin, nous avons à constater aussi l'existence dans la chaîne des petites montagnes au sud de la province de Buénos-Ayres, généralement connue sous le nom de chaîne du Tandil, des grès blancs semblables, sans pétrifications, auxquels sont unis des bancs rouges moins importants de talc, mêlés au grès en qualité d'accessoires. Nous avons déjà parlé de ces couches, tome I, page 241, et nous avons dit que leur âge géologique n'est pas connu jusqu'à présent. Mais comme ces couches sont immédiatement superposées sur les roches métamorphiques qui composent ces montagnes, semblables aux couches rouges d'argile plastique de la formation tertiaire inférieure, au-dessous de Buénos-Ayres, il me semble permis de les rattacher à la même époque et de déduire de ce rapprochement, comme aussi de la présence presque générale d'un grès rouge sans pétrifications au pied de beaucoup de montagnes dans l'intérieur, que cette même formation tertiaire s'étendra dans toute la partie moyenne et occidentale de la République Argentine, partout où l'on rencontre les grès rouges sans pétrifications jusqu'aux pieds des Pro-Cordillères.

VI

FORMATIONS SECONDAIRES

Dans tout le contour de la République Argentine, à l'est des Cordillères, on ne connaît pas avec certitude de formations secondaires; elles manquent évidemment dans les montagnes de la plaine, et si les faits expliqués dans le chapitre précédent sont d'une application générale, elles manquent aussi dans la plaine à l'est des montagnes qui, probablement, se compose dans sa profondeur de couches tertiaires superposées sur les pierres métamorphiques de la plus ancienne époque sédimentaire.

Cependant, tout dernièrement, un jeune minéralogiste, qui connaît bien, en raison des études spéciales qu'il a faites de la théorie des mines, les différentes formations géognostiques du globe, et professe actuellement la physique au Collége National de San Luis, M. H. Avé-Lallemant, m'a communiqué cette observation très-importante, que dans la vallée du rio Conlare, entre la sierra de Cordova et celle de San Luis, tout près du petit village de Renca, où existe à l'est du village une chaîne basse de roches métamorphiques, nommée *Las Manantiales*, accompagnée d'un cône de basalte qui perfore leur escarpement oriental, se trouve aux pieds de ce cône, entourant sa base, une couche assez étendue d'une masse semblable à la craie blanche, d'une texture également molle et de la couleur très-claire jaune-blanchâtre, mêlée de grains de quarz et d'orthose, contenant aussi des boules irrégulières de pierres à fusil. D'après l'examen qu'il a fait lui-même à l'aide du microscope, cette couche contient des débris innombrables des Foraminifères des genres *Textularia, Polystomella, Globigerina, Enallostegia* et autres qui forment une partie considérable de la masse ; il a même observé et pu déterminer un reste de bras d'Echinoderme (*Asterias*). Mais la majeure partie de la matière se composait de *Discolithes*, tous semblables à la craie de l'Allemagne du Nord sur les côtes de la Baltique (*).

Si cette découverte se confirme, nous aurions dans l'intérieur de la République, entre les chaînes des montagnes sus-indiquées, la formation crétacée à nu : mais comme les animaux fossiles, ou tout au moins des espèces des genres voisins, se trouvent aussi dans la formation tertiaire, principalement dans les terrains au contour de la Méditerranée, il serait encore possible, que les couches observées ne fussent pas des secondaires, mais des tertiaires et d'une époque plus moderne que la craie blanche.

Il est mieux prouvé que des dépôts réellement secondaires existent dans les Cordillères à la latitude de Mendoza,

---

(*) Voyez, pour les détails de cette découverte, les *Actes de l'Académie nationale des Sciences exactes, etc.*, tome I, page 125. Buénos-Ayres, 1875, 4.

qui se dénoncent d'une façon évidente par leurs pétrifications comme appartenant à la formation oolithique ou jurassique. Darwin, le premier, a signalé ces couches fossilifères dans son *Voyage* (tome II, page 83, tr. allem.), et les a décrites plus tard en détail dans ses *Observ. geolog.*, page 176, seq. On trouve ici, tout près du sommet de la chaîne occidentale, mais du côté Est, sur le passage de la Cumbre, un dépôt considérable d'un grès rouge qui contient dans son étage supérieur des couches de plâtre, et au-dessous de ce grès, un calcaire grisâtre qui contient beaucoup de pétrifications. Les caractères spécifiques des fossiles démontrent avec évidence que ces couches appartiennent au terrain jurassique; l'âge du grès rouge mêlé de plâtre n'est pas si facile à fixer. Les fleuves de Patagonie qui descendent de ces mêmes hauteurs, où les couches fossilifères sont à nu, contiennent souvent des cailloux avec les restes des mêmes pétrifications, ce qui prouve clairement que la couche calcaire s'étend par toute la Cordillère au sud et probablement jusqu'au détroit de Magellan. J'ai reçu à Mendoza, d'un collectionneur, un magnifique exemplaire de l'*Ammonites communis*, que lui-même avait trouvé dans cette montagne aux environs du grand pic Tupungato, et nous avons dans le Musée public des cailloux du rio Negro et du rio Chubut, qui conservent l'impression de cette même espèce, trouvée aussi par Philippi dans le désert d'Atacama et par Forbes dans des couches semblables calcaires en Bolivie [35].

Je connais le calcaire grisâtre avec les impressions d'Ammonites par quelques cailloux conservés dans le Musée public et rapportés des fleuves de Patagonie. La pierre n'est pas noire, elle a une couleur grise-noirâtre, sans qualités particulières, et se présente clairement comme substance sédimentaire, en tout semblable à la même pierre calcaire, que j'ai trouvée au Chili, à Juntas, où elle forme la moitié inférieure de la formation jurassique et contient les coquilles, que j'ai énumérées dans mon *Essai* sur ces pétrifications, publié en 1861, en collaboration avec le professeur GIEBEL, à Halle. Il est évident que la même formation, reconnue sous la latitude de la Patagonie supérieure dans les Cordillères, s'étende dans tout le terrain chilien jusqu'à Juntas, et se continue encore plus au Nord, jusqu'en Bolivie, car les fleuves de la Patagonie, qui ont porté ces cailloux, avec les pétrifications, ont tous leurs sources sur le versant oriental de la chaîne des Cordillères, et portent la preuve de l'existence du calcaire grisâtre, avec les pétrifications de ce même côté des montagnes.

Considérant que cette formation se présente au Chili, sous la latitude de Copiapó, non dans les Cordillères même, mais beaucoup plus à l'Ouest, à une distance égale des Cordillères et de l'Océan Pacifique, et se trouve dans la latitude de Mendoza du côté oriental de la montagne, où elle a été observée avec les mêmes pétrifications par DARWIN, on peut conclure avec raison, que la direction générale de la formation n'est pas parallèle aux Cordillères, mais les coupe sous un angle assez aigu, les traversant entre les deux points indiqués et tournant plus au Sud plus près encore du côté oriental de la chaîne des montagnes, où elle se rapproche des sources des rivières qui descendent de cette partie des Cordillères. Au sud du volcan de Maypú, où se perd la chaîne orientale de la Cordillère Real (voyez tome I, page 203), laissant continuer seulement l'occidentale jusqu'au détroit de Magellan, la formation jurassique se trouve du côté du versant est de la montagne. Dans tout son cours, dans le terrain chilien et dans la chaîne des Cordillères au Sud de leur rencontre avec elle, la formation est très-étroite, et se continue comme un faible ruban ; mais plus au Nord, dans la Bolivie, elle s'étend sur une surface assez large et acquiert beaucoup plus d'étendue.

Pour ce qui concerne les grès rouges mêlés aux couches

de plâtre, qui se trouvent au-dessus de la chaux grisâtre oolithique et dans plusieurs cas dans une position différente, il n'est pas possible d'émettre une opinion définitive sur leur âge, parce qu'ils manquent de pétrifications. Je m'abstiens de les classifier, mais je crois que leur position supérieure les dénonce assez clairement comme plus modernes. M. Forbes a trouvé en Bolivie des couches semblables, mais leur dépôt va s'abaissant au-dessus des oolithiques, et cet habile observateur les suppose triassiques, ou appartenant au système permien, et penche plus vers cette dernière explication que vers l'autre. J'ai vu pendant mon voyage dans les Cordillères un grès blanc assez décomposé à la surface, avec les mêmes couches de plâtre cristallisé en grandes plaques, brisées en morceaux, et suis disposé à admettre que cette formation correspond à celle décrite par Forbes en Bolivie. On la trouve à la Barranca Blanca et dans la vallée du rio Blanco, qui ont reçu leur nom de ce grès blanc mêlé de plâtre, et elle forme les escarpements assez élevés de la vallée, çà et là interrompus par de fortes roches perpendiculaires du même grès, qui me semble le fondement des masses du sable pur qui les couvre. Des grès rouges que M. Forbes mentionne, je n'en ai vu aucun sur ma route, mais comme l'auteur dit positivement (page 38 de son *Essai*), que les grès sont de différentes couleurs, et qu'il s'en trouve aussi des jaunes, je crois possible de les identifier avec les miens, principalement à cause de la présence des mêmes strates de plâtre cristallisé. Pour ces raisons, je suis disposé à accepter la formation, observée par moi, comme la même que Forbes a examinée en Bolivie, et qu'il a soupçonné se prolonger au Sud de la même manière que celle de la formation oolithique, sans donner là autre chose qu'une simple conjecture. Sur la partie occidentale de ce second plateau des Cordillères, qui commence au côté oriental avec les grès blanchâtres riches en couches de plâtre, on trouve la répétition d'un grès tout semblable, sans plâtre ; aussi de ce côté il forme la partie supérieure des escarpements, qui se découpent en pentes roides presque perpendiculairement, soutenus par des pierres granitiques depuis la moitié de leur hauteur. Ce grès appartient probablement à la même formation, et tout le second plateau des Cordillères, entre ces deux bordures semblables, peut être considéré comme formé par des prolongements du système permien, correspondant au grès rouge et *Zechstein* des géologues allemands.

Nous n'avons pas d'autres indications sur l'existence de la formation oolithique dans la partie centrale du pays ; il est alors fort douteux qu'elle se trouve plus à l'Est, ou dans les montagnes isolées de ce côté de la Cordillère. Cependant j'ai reçu dernièrement, par lettre, une communication de l'ancien professeur de minéralogie de l'Académie de Cordova, M. A. STELZNER, m'avisant que l'un de ses amis lui avait présenté deux Ammonites bien conservés, trouvés dans les environs de Salta et très-probablement au *Nevado de Castillo*, cône isolé à l'est du plateau de *Puna*, entre celui-ci et la ville. Si en réalité ces échantillons de la formation jurassique proviennent bien de cet endroit, ce qui est très-probable, puisque M. PHILIPPI a rencontré la même formation presque sous le même degré de latitude, dans le désert d'Atacama, nous aurions raison d'accepter cette opinion que la formation jurassique s'étend plus à l'est de ce désert, jusqu'au bord du plateau de *Puna*, où le cône du *Nevado de Castillo* marque ses confins.

Les pétrifications les plus remarquables de la formation, recueillies par moi-même au Chili, à Juntas, sont les suivantes :

Teleosaurus neogaeus.   *Ammonites Aalensis.*
Ichthyosaurus leucopetraeus.   — *variabilis.*
Ammonites radians.   — *Comensis.*

Belemnites niger.
Turritella Humbodti.
Trigonia substriata, n. sp.
Pecten alatus.
— *demissus.*
Gryphaea dilatata.
— *obliqua.*
— *cymbula.*

Ostrea irregularis.
Terebratula œnigma.
— *Domeycana.*
— *punctata.*
— *cornuta.*
Spirifer rostratus.
— *chilensis.*

Enfin j'ai à noter, que M. GAY a rapporté de l'île Quiriquina, de l'archipel de Chonos, quelques débris d'un *Plesiosaurus*, nommé par lui *Pl. chilensis*, qui prouvent l'existence de la formation oolithique aussi dans cet endroit. Les mollusques, nommés dans ma liste, indiquent clairement que les couches de la formation, où ils sont trouvés, correspondent au Lias et l'Oolithe inférieur, contre l'opinion de M. FORBES, qui identifie les couches de la Bolivie avec l'Oolithe supérieur. Les détails sur ces différentes opinions sont donnés dans les essais sus-indiqués note 35, où l'on trouvera aussi les synonymes des espèces, que, principalement dans mon *Essai*, publié en collaboration avec le professeur GIEBEL, celui-ci a traité pour prouver clairement l'identité des couches américaines et européennes.

VII

TERRAIN HOUILLER

Des couches de la formation carbonifère ne sont connues jusqu'à présent seulement qu'à la pointe des deux chaines les plus occidentales des montagnes avant les Cordillères, où elles se montrent dans plusieurs localités à la surface du sol. Ce sont les deux montagnes indiquées dans le tome I, page 214, sous le nom de la *Sierra de la Huerta*, et page 199, comme *Sierra de Uspallata*.

J'ai examiné celle-ci en détail et en ai donné une description géognostique dans mon *Voyage*, tome I, page 274, chapitre XI, où j'ai mentionné plusieurs fois (pages 264 et 277) l'existence des couches carbonifères. La formation se trouve des deux côtés de la montagne, soit au pied oriental, soit au pied occidental, à la limite de la plaine voisine, mais se présente avec quelques différences de l'un et de l'autre côté. Du côté oriental, vers la plaine de la *Pampa*, on trouve dans un ravin, qui s'ouvre au-dessus du petit bain de *Challao*, quelques ardoises noires, dont la surface se détache en feuilles irrégulières et présente tous les caractères des ardoises carbonifères, contenant çà et là quelques vestiges de charbon, comme s'ils avaient renfermé des feuilles d'arbres, et sur d'autres surfaces des impressions de petites coquilles, semblables aux valves des Cypridines, ce genre remarquable de crustacés, appartenant à la famille des Phyllopodes et voisin du genre *Estheria*, si caractéristique du terrain houiller en Europe. Je n'ai pas vu de véritable charbon à cet endroit, mais on n'a pas jusqu'à présent examiné assez profondément les ardoises, pour être convaincu que l'absence soit générale. Ces ardoises prennent feu, quand elles sont exposées au soufflet, sans donner une flamme claire. J'ai examiné beaucoup d'échantillons, mais jamais je n'ai trouvé l'impression d'une feuille de plante, ni même des traces de restes semblables. Pour ce qui concerne le gisement des ardoises, il suit exactement des couches voisines du grauwacke, et dans son niveau supérieur on trouve un grès blanc-gris, qu'un savant européen, à qui je l'ai montré, a reconnu immédiatement pour grès carbonifère. Plus au pied de la montagne, le terrain plein de cailloux, décrit plus haut page 162, couvrait les couches carbonifères, sans laisser deviner les couches inférieures, mais dans toute la partie à nu suivait le gisement des couches principales de la formation de grauwacke, qui constituent presque toute la montagne d'Uspallata.

Les mêmes couches carbonifères se trouvent dans différents autres lieux de la montagne, et principalement du côté occidental, soit au pied même, soit dans l'intérieur. Ainsi j'ai trouvé, en traversant le ravin de la première chaîne orientale, que, presque à mi-chemin jusqu'au sommet de la chaîne, s'élève une roche isolée entre les couches du schiste argileux, au côté nord de la vallée, se prolongeant de même du côté sud. Cette roche m'a été désignée aussi par mon collègue de l'Université de Halle, le professeur de minéralogie M. GIRARD, comme grès carbonifère vide, bien connu en Europe par des caractères identiques. Cette même roche se répétait en différents endroits, et me semblait toujours alterner avec les couches principales de grauwacke et des schistes argileux. L'examen fait par mon ami a prouvé que c'est un mélange de quartz, mica et augit, où ce dernier domine, appartenant au terrain houiller, contemporainement déposé avec les couches de la formation principale de la montagne, au-dessous desquelles cette roche existe.

La même formation se trouve plus à nu et plus parfaite du côté occidental de la chaîne d'Uspallata, et surtout dans la moitié inférieure du chemin qui sort de Villa Vicencio, et passe le sommet du Paramillo. Dans cet endroit on voit, de chaque côté de la route, des schistes noirs, émergeant de la plaine de la vallée d'Uspallata, avec une inclinaison à l'Ouest, descendant sous les remblais de décombres de la plaine; et plus dans l'intérieur du même chemin se répétant de la même manière avec des escarpements bizarres par leurs surfaces déchirées, les couches souvent espacées entre leurs bords horizontaux. Tous ces escarpements appartiennent à la formation carbonifère, comme le prouvent les échantillons rapportés par moi à Halle. Par un examen plus attentif on remarque que les schistes de la formation se composent de deux masses différentes: l'une un conglomérate fin de couleur grisâtre, qui s'étend principalement du côté de la vallée, avant le pied de la montagne, l'autre de schistes noirs durs d'argile, finement fouillés, dont les bancs s'ouvrent facilement sur les bords et prennent une couleur grise-blanchâtre sous l'influence de l'atmosphère. On rencontre une faible couche intermédiaire, dans laquelle un sable gros, mêlé avec l'argile noir, forme la transition de l'une à l'autre. Dans l'intérieur de l'argile on trouve çà et là des faibles excrétions de quartz, et dans d'autres parties un véritable charbon luisant, si bien formé qu'il n'est pas possible de le méconnaître. J'ai reçu de cette contrée un morceau remis par un collectionneur de Mendoza, qui l'avait trouvé à une petite distance du chemin ; il n'avait pas plus d'un pouce d'épaisseur, et prouve que le dépôt de charbon est assez faible et d'aucune manière assez abondant pour faire la base d'une exploitation lucrative. DARWIN avait trouvé tout près de cet endroit plusieurs troncs d'arbres fossiles, en position perpendiculaire, enfermés dans un tuf volcanique. Moi-même je les ai vus aussi et bien examinés (*Voyage* I, page 267) et me suis convaincu qu'ils n'appartiennent pas à la formation carbonifère, mais très-probablement à l'époque tertiaire.

L'exposé donné ici du terrain houiller prouve que la formation carbonifère est déposée aux deux côtés de la sierra d'Uspallata, sur une extension assez longue, probablement entourant aussi toute la partie finale, comme semblent l'indiquer quelques renseignements que j'ai obtenus par des personnes vivant dans cette partie de la montagne (*). Les couches carbonifères s'inclinent, comme beaucoup de la sierra d'Uspallata, à l'Ouest et se composent des deux différentes substances nommées : d'un grès dans la par-

---

(*) Tout dernièrement M. RAYMOND, Vice-Consul de France à Mendoza, m'a montré quelques échantillons de la même formation, trouvés au bord sud de la sierra d'Uspallata, vis-à-vis del *Cerro Cacheuta*, avec des grands exemplaires des valves du genre des Cypridines, plus haut nommé, et d'une feuille de fougère bien conservée déposée sur un morceau du grès fin gris ou psammite.

tie supérieure et d'argile dans la partie inférieure; celle-ci renferme de faibles vestiges du charbon. La formation a une direction générale parallèle aux Cordillères, du Sud au Nord, comme la sierra d'Uspallata, et se présente en relation intime avec les couches de cette même montagne, qu'elle accompagne vers leurs limites. L'angle d'inclinaison est plus faible du côté occidental que de l'autre, et se rapproche peu à peu de la position horizontale.

Rien n'est jusqu'à présent connu sur les plantes de la formation carbonifère; aucune espèce bien connaissable n'ayant été trouvée par moi. Une fois, l'aide qui m'accompagnait pendant mon voyage, m'a présenté l'impression d'une tige semblable à celle des Calamites, prise au haut de la première chaîne orientale de la sierra; mais la masse, qui la contient, est du véritable grauwacke (voyez mon *Voyage*, I, page 288). Il me semble démontré, par cette découverte, que les deux formations sont de la même époque, et que les couches carbonifères correspondent, quant à leur âge, aux couches plus anciennes du terrain houiller européen.

La seconde région, où le même terrain se présente, se déploie presque sous un degré de latitude, plus au Nord, distante 1 degré et demi plus à l'Est, à la fin de la sierra de la Huerta, où la formation carbonifère occupe un groupe de collines, qui sont connues dans le pays sous le nom de *los Marayos*. Ce terrain s'étend un peu plus du côté occidental, en opposition avec les couches carbonifères de de la sierra d'Uspallata, indiquant de cette manière un bassin carbonifère entre les deux montagnes, interrompu au milieu par la petite montagne isolée du *Pic de Palo*, que nous avons décrite tome I, page 220. Celle-ci et la sierra de la Huerta sont composées par des schistes métamorphiques, sans couches sédimentaires de la formation paléozoïque, que nous avons trouvés comme constituant la sierra d'Uspallata.

Je n'ai pas visité ce terrain houiller et me vois obligé de reproduire ici un extrait du rapport de la commission que le gouvernement de San Juan avait nommée pour l'examiner, rapport publié à Buénos-Ayres par les propriétaires des mines [36]. D'après l'examen fait, le terrain a une extension de 20 milles carrés géographiques, car le rapport dit qu'il a 6 milles géographiques de long et plus de 3 milles de large. La surface se présente comme une plaine ondulée, couverte de décombres de grès et de cailloux, enfermée entre deux chaines de collines et coupée par le lit de deux petits ruisseaux, nommés : l'un *rio de los Papagallos*, et l'autre *rio de los Marayos*. De temps en temps, après de fortes pluies, leur lit se remplit d'eau. Une végétation pauvre de plantes épineuses couvre la surface du sol, et seulement dans le voisinage des deux ruisseaux on voit quelques arbres, connus dans le pays sous le nom de *Retama* (*Zygophyllum Retama*) et *Algarroba* (*Prosopis species*); les lits à sec sont pleins de cailloux et la plaine montre beaucoup d'efflorescences salines. L'eau potable n'existe que dans une seule source, le *Manantial de los Marayos*, formant un petit filet d'eau qui se perd bientôt dans le sol stérile ; un puits de 6 mètres de profondeur, à 20 mètres distant des mines, donne de l'eau très-potable. Une autre source plus abondante se trouve à une distance plus grande; on l'emploie à alimenter les champs cultivés avec la luzerne, à donner à boire aux animaux et aussi pour l'arrosage des jardins maraichers. Toutes ces indications me semblent nécessaires pour prouver d'une façon évidente le caractère extérieur assez pauvre du terrain.

Quant aux couches carbonifères, le rapport donne sept profils des mines en travail, et dans chacune plusieurs bancs de charbon, dont deux sont assez forts pour permettre une exploitation lucrative, quoique la qualité du charbon ne soit pas la même sur toute l'étendue des bancs. Ceux-ci sont situés au-dessus, ou partiellement même entre des couches des grès micacés assez mous, et ont une épaisseur de 3-4 décimètres ; les grès micacés varient entre un demi-mètre et un mètre d'épaisseur, ou sont même encore un peu plus épais çà et là. Au-dessous, les couches sont plus dures et forment de gros rocs, mais entre les bancs de charbon ils sont assez mous, et au-dessus ils prennent plutôt le caractère d'un vrai sable. Les ardoises carbonifères ne se trouvent pas partout, mais elles existent dans quelques parties, toujours au-dessous du charbon, qui alors est assez mince. Dans un profil présenté comme le sixième, le nombre des bancs de charbon s'élève à dix, mais aucun ne surpasse 6 décimètres d'épaisseur et la plupart sont de 3-4 décimètres. Dans cet endroit dominent les ardoises carbonifères entre les bancs de charbon, quelques-unes avec beaucoup d'impressions de plantes, mais généralement ces impressions sont rares ou manquent complétement.

Telles sont les données utiles à caractériser la formation, que j'ai pu tirer du rapport; les cartes et les dessins, dont il fait mention, n'étant pas publiés, je n'ai pu les voir, malgré mes efforts pour tâcher de les obtenir. Le charbon que j'ai vu était de bonne qualité, et les ardoises carbonifères que nous avons dans le Musée public, contiennent l'impression d'une plante particulière, différente des Calamites, avec des tiges articulées et des feuilles de 2-3 pouces de longueur, étroites et d'une structure paralèllement striée, semblable à celle des feuilles de monocotyledones. L'épaisseur de toute la formation n'est pas connue jusqu'à présent, les profils cités plus haut donnent une profondeur de 8 ou tout au plus 10 mètres, et se terminent au bas avec les grès micacés durs, qui semblent être le fondement de la formation, sur lesquels elle est déposée. Voilà tout ce que je suis en position de dire sur leurs caractères géognostiques.

On m'a dit que l'on trouve aussi dans le nord de la République, à la limite occidentale de la sierra Lumbrera (tome I, page 232), le terrain houiller sous la forme d'ardoises noires carbonifères, mais je ne sais pas si cette observation est exacte, ou si c'est une illusion produite par la grande manie de trouver partout ce terrain dans les confins de la République Argentine.

VIII

FORMATION PRIMAIRE DITE PALÉOZOIQUE.

Les couches de cette formation, la plus ancienne des dépôts sédimentaires mécaniquement formés et sans altérations métamorphiques, se développent en grande étendue dans toute la partie occidentale de la République, car elles forment le grand plateau des Cordillères au nord de la chaîne, et se continuent d'ici au sud dans les provinces de La Rioja, San Juan et Mendoza, où elles composent les chaînes de la Procordillère et Contrecordillère, formant ainsi partie de la constitution géognostique de la Cordillera Real, comme nous verrons plus tard, quand nous en donnerons la description particulière. A l'est du terrain ainsi délimité, les mêmes couches sont rares et seulement connues dans quelques petits endroits ; par exemple, du côté occidental de la sierra de San Luis et de la Serrezuela, comme aussi du côté oriental des montagnes de Tucuman, et plus au nord-est dans la sierra Lumbrera. Très-probablement elles feront partie de la construction du plateau Despoblado, mais nous ne savons rien jusqu'à présent sur leur extension dans cet endroit ; de même nous ne savons rien sur leur participation au système d'Aconquija, quoique de certaines indications nous pouvons présumer qu'elles existent aussi dans quelques chaînes de cette montagne [37].

La qualité pétrographique des couches paléozoïques dans tous les endroits où elles existent est presque la même. On y trouve surtout une pierre argileuse sablonneuse, qui offre tous les caractères du grauwacke; pierre dure et forte, plus ou moins disposée en couches, généralement déposée en bancs épais, d'une couleur brune-grisâtre, tantôt tirant sur le rouge, tantôt sur le noir, ou prenant des teintes jaune-clair ou d'un noir peu foncé. Très-souvent apparaissent là de petites graines ou feuilles du mica, qui s'accumulent çà et là en grande quantité ; principalement quand la pierre perd sa dureté et se change en pierre molle et revêt la forme d'une masse sablonneuse, comme dans la sierra de Tucuman, où cette pierre se trouve au sommet de la première chaîne inférieure, pendant qu'à Mendoza la même pierre est assez dure et pauvre en mica. Les couches s'inclinent de préférence à l'Ouest, généralement sous un angle à peu près de 45° ou plus ; leur direction longitudinale est presque toujours du Sud-Ouest au Nord-Est, quelquefois plus du Sud au Nord, mais jamais, que je sache, du Sud-Est au Nord-Ouest et moins encore d'Est à Ouest. J'ai rencontré la première de ces inclinaisons dans la sierra d'Uspallata, à Mendoza (*Voyage*, tome I, page 247), comme dans la Quebrada de la Troya, dans la province de Catamarca (*Ibid.* II, 250); la direction et l'inclinaison dans la sierra de Tucuman (*Ibid.* II, 147), étaient moins facilement reconnaissables.

J'ai en vain cherché dans toutes les localités, où j'étudiais cette formation, des pétrifications : je n'en ai trouvé aucune, et je n'en ai pas vu d'autre que l'impression de la plante voisine des Calamites, que j'ai mentionnée plus haut (page 265). Mais il existe des restes organiques dans quelques localités, en général assez rares, que je n'ai pas visitées. Je peux citer, entre autres, la sierra Famatina, au nord de la ville du même nom. Ici se présente la formation, comme le prouvent les échantillons communiqués au Musée public, sous la forme d'un véritable grauwacke grisâtre, contenant en assez grande quantité une petite coquille du genre *Orthis*, très-semblable, peut-être identique à celle de la figure 15 et 16, pl. IV, de l'*Essai* de M. Forbes sur la géognosie de Bolivie.. De plus, nous avons dans le Musée un bel échantillon d'un *Homalonotus*, dont j'ignore malheureusement la provenance, mais qui ressemble complétement, par le caractère de la pierre, aux couches de la *Quebrada de la Troya* (Voyez tome I, page 184). Sans doute cet échantillon a été trouvé dans un endroit où existaient des couches semblables, et comme d'après les déductions de Forbes, ces deux pétrifications appartiennent au niveau supérieur de la division silurienne de la formation, nous pouvons assigner aux couches semblables de la République Argentine le même âge géologique.

Suivant l'analogie des régions bien connues, les couches dévoniennes doivent suivre les précédentes du côté Ouest, et dominer les siluriennes, situées immédiatement au-dessous; les plus anciennes de la section cambrique, du côté Est. Elles se prononcent probablement dans les couches paléozoïques immédiatement au-dessus des schistes métamorphiques, que nous avons trouvés du côté occidental de la sierra Serrezuela et de San Luis. Car leur position en contact direct avec les schistes métamorphiques, auxquels elles s'accommodent par leur inclinaison et direction, prouve leur âge évidemment assez ancien.

Tels sont les faits que je peux constater sur la formation paléozoïque en général, autant que je l'ai étudiée dans le pays; comme couches subordonnées on trouve çà et là des schistes argileux, par exemple dans la sierra de Uspallata, où je les ai trouvés et même décrits dans mon *Voyage*, tome I, pages 247; tome II, page 250 et 256. Il me semble préférable de renvoyer le lecteur à cette description, pour ne pas répéter ce que j'ai déjà dit ailleurs;

car je n'ai pas visité de nouveau les mêmes lieux et ne peux, par conséquent, rien ajouter à mes explications antérieures.

Cependant, il me semble important de noter, comme caractéristique pour la formation, que dans tous les principaux endroits, que j'ai visités personnellement, le calcaire ancien transitoire fait défaut, mais qu'il se trouve dans d'autres régions assez peu nombreuses du pays. Ainsi on sait que la sierra de Villicum, appartenant à la chaîne de montagnes nommée par moi la Procordillère et marquée comme leur point d'aboutissement au Sud (tome I, pages 189, 199 et 202), contient des couches calcaires, employées à San Juan comme pierre à trottoirs. J'ai déjà dit antérieurement que cette montagne se continue par quelques groupes isolés de calcaires, au sud du rio de San Juan, aboutissant au cône nommé *La Calera* un peu au nord de Mendoza (tome I, page 220). Ce petit mamelon de calcaire (voyez *Reise*, I, 272) se compose d'une pierre grise-blanchâtre de chaux cristallisée, s'élevant presque perpendiculairement de la plaine, en avant des derniers rameaux de la chaîne d'Uspallata, séparé de celle-ci par un ravin complétement ouvert jusqu'au fond de la plaine. Sous la même forme se continuent des mamelons semblables, mais peu à peu plus grands au Nord, jusqu'au fleuve de San Juan, vis-à-vis de la sierra de Villicum, qui de l'autre côté se rapproche tellement du fleuve, qu'elle l'oblige à décrire une grande courbe au Sud, pour continuer sa marche régulière à l'Est. A San Juan on emploie pour la construction le calcaire de cette sierra, composée d'une chaux tablettée, accompagnée de masses dolomitiques, qui forment souvent les sommets des monts, et semblent être placées çà et là pour alterner avec les autres couches. Les pierres employées pour les trottoirs contiennent souvent des pétrifications ; on les voit même dans les rues de la ville, mais je n'ai reçu aucun échantillon qui me permette de donner une opinion sûre de leur âge et de leurs caractères systématiques (*).

La sierra de Villicum aboutit au Nord au rio Jachal, qui interrompt la chaîne de la Procordillère et la sépare d'une autre petite montagne de la même constitution calcaire, située au nord du fleuve, entre lui et le rio Vinchina. Du côté occidental de la sierra de Villicum court la sierra de Gualilan, montagne calcaire aussi, de la même configuration générale, appartenant à la chaîne de la Contrecordillère, également de l'époque paléozoïque, et de cette sierra se sépare au Nord la petite sierra de Jachal, qui aboutit au fleuve du même nom. Toutes ces montagnes sont des crêtes assez étroites et allongées de pierres calcaires mêlées avec des dolomites qui appartiennent à la même formation, mais qui sont différentes par leur masse des autres groupes de la formation paléozoïque, et constituent une seccion particulière, dont l'âge n'est pas bien connu jusqu'à présent, faute d'avoir pu déterminer avec certitude les pétrifications qui y sont contenues.

IX

ROCS MÉTAMORPHIQUES

J'ai déjà indiqué dans la description orographique de la partie centrale boréale du territoire argentin, contenue dans le tome Ier de cet ouvrage, l'étendue assez grande des rocs généralement appelés métamorphiques, c'est-à-dire des anciennes couches sédimentaires avec texture cristalline. Je n'ai donc pas à décrire ici de nouveau ces montagnes, et me contenterai de rappeler en quelques mots que les pe-

---

(*) Dernièrement j'ai trouvé dans le *Neues Jahrb. d. Mineral.* etc., 1873, page 729, une notice de M. STELZNER, qu'ils sont des Brachiopodes, Céphalopodes et Trilobites, c'est-à-dire des types paléozoïques.

tites chaînes de la *Pampa* du sud de Buénos-Ayres (tome I, page 240), la totalité des chaînes de la sierra de Cordova et de San Luis (page 234, seq.), le grand massif d'Aconquija, avec ses dépendances au Nord et au Sud (page 220), enfin la plus grande moitié méridionale de la sierra Famatina, avec les chaînes accessoires de la sierra Velasco, de los Llanos et du Pié de Palo (page 213, seq.), se composent principalement ou uniquement de ces mêmes rocs [38].

Les rocs métamorphiques se trouvent en moins grande proportion dans quelques endroits des Cordillères méridionales, principalement dans leur chaîne orientale. J'ai noté aussi leur existence (tome I, page 256 de mon *Voyage*), dans la sierra d'Uspallata, où elles se montrent en contact avec de véritables couches sédimentaires de la formation paléozoïque, accompagnées à l'Ouest de dépôts volcaniques dont nous parlerons plus tard. Dans ce lieu, comme dans la Cordillère voisine, ces rocs sont représentés par des micaschistes, mais dans les autres montagnes plus à l'Est, spécialement par le gneiss et les schistes amphiboliques. Il me semble très-vraisemblable que les rocs métamorphiques de la sierra d'Uspallata se continuent jusqu'au côté oriental de la même chaîne des Cordillères, et que leur continuation engendre les micaschistes trouvés par DARWIN sur la dépendance orientale du passage Portillo et décrits par lui.

La substance principale de ces rocs, dans la moitié orientale de leur territoire, est la composition stratifiée de feldspath, quarz et mica, connue sous le nom général de *gneiss*. Elle a une couleur générale grise-blanchâtre, variant à l'infini, à mesure que d'autres substances subordonnées se mêlent aux minéraux qui constituent la partie principale. Le feldspath est en général orthose, de couleur blanche ou claire, couleur de chair, rarement plus foncée, et dans son voisinage se rencontre souvent l'oligoklase en quantité moindre. Ces deux substances se combinent généralement en une masse homogène séparée en grains, mais il existe aussi des mélanges avec quelques cristaux plus grands, se détachant par leur apparence porphyrique sur la substance principale plus uniforme. Le quarz est toujours de petits grains, d'une couleur grise, répartis dans la masse, et le mica se présente en feuilles, par groupes plus ou moins importants, de couleur plus foncée, grises, de différentes nuances, mais aussi verdâtres, brunes et presque noires. Il est, d'après sa constitution chimique, tantôt de magnésie, tantôt de chaux, et acquiert dans quelques endroits une telle prépondérance, que la masse entière se change en schiste micageux. La substance principale, parmi les moins importantes de ce mélange, est l'amphibole : il domine à ce point, que tout le roc se change en schiste amphibolique; l'amphibole prenant la place du mica qui se perd peu à peu, à mesure que l'amphibole augmente. Après l'amphibole, le grenat est un minéral assez commun dans ces rocs métamorphiques, mais généralement en petits grains incomplètement cristallisés. De beaux cristaux de trapézoèdre se trouvent dans la sierra de San Luis. Ces rocs amphiboliques forment souvent des couches subordonnées dans le gneiss, dont les bancs différents alternent plusieurs fois avec ceux composés de cette matière. Les bancs se composent, dans ce cas, d'une masse feldspathique, mêlée de petits cristaux prismatiques d'amphibole, où s'en intercalent d'autres plus grands et de plus d'un pouce. Ils sont souvent mêlés avec de l'actinit. Dans d'autres endroits, le quarz prend plus de place dans le mélange, formant un roc semblable au syénite; d'autres fois, il se change en diorite par la présence d'un feldspath triclinique; aussi le graphite se trouve-t-il dans le gneiss. Il y a même de l'épidote dans les schistes amphiboliques qui se touchent avec le calcaire. Comme des couches calcaires ne sont pas rares dans les rocs métamorphiques, principalement dans la sierra de Cordova, où elles entrent avec les schistes amphiboliques, en alternant même plusieurs fois avec eux, ces rocs présentent des variations très-grandes, principalement s'ils sont déposés sur le granite, dépôt qui n'est pas rare et qui se répète dans différentes couches ; car ces quatre rocs : le granite, le gneiss, les schistes amphiboliques et le calcaire granulé sont les principales substances constitutives des montagnes argentines, posées sur des assises de rocs métamorphiques.

Le calcaire granulé ou saccharoïde (marbre) de l'époque azoïque se développe principalement dans la sierra de Cordova, dans une étendue remarquable, et donne des pierres utiles, bien connues sous le nom de marbre, souvent magnifiques, de toutes les couleurs, même d'une transparence qui les fait ressembler à l'albâtre. On emploie déjà ces pierres précieuses à différents usages; il n'est pas douteux qu'elles donneront un jour une très-grande valeur à la sierra de Cordova, où l'on en trouve les espèces les plus remarquables, qui peuvent rivaliser avec les meilleures sortes d'Italie et de Grèce. Mêlés avec ces calcaires granulés se présentent le serpentin, l'épidote, le scapulithe, le wollastonite, le tintanide (ou sphen), le chondrite et différentes espèces de cuivre, principalement la malachite et le philipsite, avec le carbonate de chaux cristallisé, souvent enfermé dans le calcaire granulé, et donnant à cette pierre une apparence porphyrique.

Pour ce qui concerne l'inclinaison et la direction des couches métamorphiques, nous devons observer qu'elles s'accommodent toujours à la direction générale des montagnes dans lesquelles elles sont contenues; c'est-à-dire qu'elles suivent leur direction Nord-Sud, avec plus ou moins de variation au Nord-Est et Sud-Ouest, comme sont les montagnes étroites et allongées qu'elles composent. Dans la moitié orientale du pays leur inclinaison principale est à l'Est, les brisures du bord des couches tournées à l'Ouest. Cette configuration générale produit ce résultat que le versant oriental de ces chaînes est plus faible et moins rapide que l'occidental plus escarpé et plus roide. Dans la moitié occidentale du pays l'inclinaison est aussi dirigée à l'Ouest, mais dans l'orientale elle l'est plus rarement que l'autre à l'Est, quoiqu'elle s'y dirige par exemple dans les petites sierras de Guazayan et de Mazan. Dans presque toutes les montagnes, en les examinant bien, les couches métamorphiques reposent sur le granite, mais nous ne connaissons pas assez exactement la configuration intérieure de plusieurs d'entre elles, pour donner cette règle comme générale. Aussi il y a des endroits où les couches métamorphiques sont interrompues par des roches éruptives, dont les trachytes, avec leur tuf, sont les principales; les basaltes et les produits plus modernes volcaniques de la même époque sont au contraire très-rares, et manquent dans le plus grand nombre des montagnes argentines. Les porphyres sont également rares, quoiqu'ils existent dans différentes chaînes en petites masses, touchant les roches métamorphiques et sédimentaires, comme nous verrons plus tard ; ici il nous suffit de dire qu'ils manquent presque complétement dans les montagnes les plus orientales, augmentant peu à peu vers la moitié occidentale, et prenant leur plus grand développement dans les Cordillères qui semblent formées dans une proportion considérable de roches porphyriques.

Là où se présentent les cônes trachytiques dans les montagnes, se trouvent toujours des dislocations de couches métamorphiques et assez souvent aussi des richesses métalliques. Comme les élévations éruptives ne sont pas rares dans nos chaînes ou *Sierras*, il ne manque pas de mines; principalement celles de cuivre et d'argent sont très-généralement répandues, et ont donné naissance à une exploitation florissante. Des mines d'or se trouvent aussi dans la sierra Famatina, de San Luis et de San Juan, où elles sont connues depuis longtemps, comme nous l'avons déjà indiqué dans le tome I, pages 106 et 107.

Nous nous sommes contenté de relater en peu de mots toutes ces circonstances, que nous examinerons plus en détail dans les derniers chapitres, où nous donnerons la description particulière de quelques montagnes du pays.

X

DES ROCS PLUTONIQUES ET VOLCANIQUES

Sans nous arrêter à l'opinion, récemment divulguée par plusieurs savants, que le granite doive être considéré aussi comme un roc métamorphique, au moins dans quelques cas peu nombreux, nous le traitons ici comme la masse la plus ancienne non stratifiée du globe, généralement nommée plutonique, en combinaison avec les rocs plus modernes de la même conformation massive, non stratifiée, désignés plus justement comme éruptifs, d'une époque plus moderne, et nommés volcaniques.

Le granite, tel qu'il se trouve dans presque toutes les *Sierras* de la République Argentine, présente les qualités bien connues du granite en général, de toute la surface du globe, et ne diffère des autres granites par aucun caractère particulier. Dans sa composition il est assez variable, la relation des parties qui le constitue diffère dans beaucoup d'endroits. Nous avons dans notre Musée quelques échantillons d'une séparation remarquablement grande du mica et du feldspath, plus grande que généralement en Europe ; mais je ne sais pas de quelle région ils ont été apportés. Cependant ces trois substances sont les mêmes comme toujours : un feldspath, très-souvent rougeâtre ou blanchâtre, généralement l'orthose avec des quantités moindres d'oligoklase ; un quarz clair sans couleur et un mica très-brillant, grisâtre ou blanchâtre. L'orthose forme en général la masse fondamentale, et de sa couleur assez claire dépend la couleur prédominante du roc entier. Il a une texture cristallisée, mais des cristaux parfaits, bien séparables, sont rares. L'autre espèce du feldspath, l'oligoklase, est en quantité moindre, mais mieux cristallisée, principalement en forme de jumeaux, se séparant souvent de leur masse fondamentale et tombant au dehors, comme les jumeaux bien connus de Carlsbad en Bohême. Cette structure des jumeaux distingue facilement l'oligoklase de l'orthose, comme aussi son lustre de graisse, pendant que l'orthose se présente avec le lustre du nacre. L'oligoclase aussi influe sur le changement de couleur et se trouve assez souvent verdâtre.

Le quarz se trouve généralement en petits grains dans la masse, mais rarement aussi en cristaux. Quelquefois il prédomine et change le granite en véritable roc quarzeux. Des variétés remarquables et dignes d'être notées, comme le quarz rose, se trouvent assez souvent et en belle qualité. Le mica se présente en deux espèces, tantôt mica potassique, tantôt mica magnésien, généralement les deux ensemble à la même place, d'autres fois aussi séparés et en différents lieux. La seconde espèce du mica magnésien est toujours plus foncée en couleur. A côté de ces trois minéraux principaux s'en trouvent aussi beaucoup d'autres; principalement hornblende (amphibolite), soit en cristaux bien circonscrits, soit en petits grains. Cette pierre se présente dans quelques endroits en grandes masses dans le granite, repoussant le mica et faisant une transition du granite au syénite. Les autres minéraux subordonnés sont, en première ligne, le grenat et la tourmaline ; le premier, souvent très-abondant et se présentant en petits cristaux de forme rhomboïdales, quelquefois d'une grandeur assez considérable. Principalement dans la sierra de San Luis on trouve des cristaux magnifiques du trapézoèdre, très-grands, d'un pouce et plus de diamètre, et d'une couleur assez claire, presque du rouge de Jacinthe. La tourmaline est moins commune, mais non pas rare et assez répandue dans quelques parties de la sierra de Cordova. Une autre substance assez abondante aussi est le fer oxydulé ou aimant, qui dans quelques granites se présente en quantité considérable, donnant aux pierres un aspect particulier. Dans quelques endroits des sierras de San Luis et de Cordova, on a observé le béryl; il se trouve principalement dans les masses granitiques où domine le quarz, sous la forme de grands cristaux d'une longueur d'environ 1 pied (25 cent.) et 4 à 5 pouces (10 à 11 cent.) de grosseur, mais malheureusement d'une couleur mauvaise, opaque, peu verdâtre et déchirée par beaucoup de fissures fines [30]. On a rencontré aussi le triplite dans les mêmes masses granitiques où domine le quarz; plus rarement se présentent l'apatite et l'épidote, et dans un seul endroit des petits cristaux de columbite, contenus dans le béryl et entourés de quarz. Enfin existent aussi dans le granite quelques espèces métalliques, principalement le fer sulfuré (pyrite) et le fer hydraté (limonite), sans doute formé par pseudomorphose du premier et ayant pris sa place.

Arrivant à l'existence locale du granite, nous devons dire qu'il se trouve presque dans toutes les montagnes de la République Argentine en massifs plus ou moins grands, occupant généralement les sommets les plus élevés des monts principaux. Même dans la petite chaîne du Tandil, au sud de Buénos-Ayres, existe le granite; mais il manque sur le plateau du nord des Cordillères. Le granite prend une étendue remarquable dans la sierra de Cordova et un peu moindre dans celle de San Luis; il compose, dans la chaîne principale de la première, dite la *Sierra de Achala*, toute la partie centrale et occupe aussi dans la chaîne orientale, la *Sierra del Campo*, la prolongation au Nord plus basse de celle-ci, accompagnée d'un grand nombre de petits mamelons isolés qui s'élèvent de la plaine voisine. Les caractères du granite dans la province de San Luis sont assez semblables à ceux de la sierra d'Achala; il occupe là aussi le centre des différents groupes de roches métamorphiques qui composent cette montagne plus petite, mais moins divisée en chaînes de moindre importance. Un massif plus grand de granite se trouve dans la sierra d'Aconquija et forme les sommets pittoresques qui s'élèvent au-dessus de la petite ville d'Andalgalá; deux autres parties semblables du même système de montagnes se répètent dans le bras occidental nommé l'Atajo, et dans les sommets plus bas au Nord, entourant la vallée Tafí, tout près de l'excavation marécageuse, à la hauteur de la chaîne interne des montagnes à l'ouest de Tucuman, nommée comme beaucoup d'autres de la même configuration : *La Cienega*. Aussi, dans la sierra de Belen, de Granadillos et de Zapata, à l'ouest de l'Atajo, se présente le granite en grande extension, se continuant au Sud dans le bras du *Cerro Negro*, qui se compose du même roc plutonique.

Cependant plus au Sud le granite devient plus rare; il se trouve dans la grande chaîne de Famatina, mais seulement en une petite masse au sommet le plus élevé du Nevado, et sous la même forme, dans la montagne voisine de la sierra Velasco. Il manque plus au Sud, dans la continuation de la sierra Famatina, dans la sierra de la Huerta, dans le Pié de Palo et dans les deux chaînes de la Procordillère et Contrecordillère, au moins il n'a pas été observé jusqu'à présent. Je peux de même dire en toute sûreté qu'il en est ainsi de la sierra Uspallata, que j'ai traversée dans deux directions différentes sans trouver de roches granitiques. Dans les cailloux si nombreux au pied de la chaîne, je n'ai jamais vu non plus un morceau de granite. Le roc manque de même sur tout le plateau des Cordillères de

LE SYÉNITE.

la province de Catamarca ; seulement au-dessous de l'escarpement occidental du plateau j'ai trouvé un petit mamelon granitique sans mica, suivant le ravin à mi-hauteur du chemin. Mais il est de notoriété que le granite se trouve plus au Sud, dans la chaîne principale du côté des routes de Mendoza au Chili, dans plusieurs endroits, où il a été observé par Darwin sur les deux routes de la Cumbre et du Portillo. Plus tard, quand je traiterai, dans le onzième chapitre, de la composition générale de cette partie de la montagne, je décrirai aussi plus en détail son aspect et son étendue dans cette région.

Un autre roc plutonique, généralement répandu, le syénite, ne semble pas se présenter très-souvent dans la République Argentine. Cette pierre se distingue du granite, avec lequel elle a une similitude d'aspect général, par l'absence du quarz et du mica, à la place desquels se trouve la hornblende (amphibolite) en grande quantité mêlée au feldspath, qui est presque toujours orthose ; cependant il existe aussi dans plusieurs syénites quelques petits restes de quarz et de mica, à côté des deux substances principales. Dans ce cas, la distinction est difficile, et plus encore celle entre le syénite et le schiste amphibolite, qui se trouve si souvent associé au gneiss. L'absence d'une stratification évidente est alors le seul caractère diagnostique qui reste au syénite. Comme lieu où le syénite se trouve, j'ai noté dans mon *Voyage* (tome I, page 154), la fin de la sierra d'Achala, près d'Achiras, où j'ai vu des roches massives pleines d'hornblende et de grande extension. Mais il est possible que cette pierre soit en vérité un schiste amphibolite, car j'ai observé aussi çà et là quelques stratifications qui auraient indiqué plutôt une couche subordonnée de gneiss, qu'un véritable syénite. Je ne connais d'autres régions que la sierra de San Luis et celle d'Aconquija, où l'on ait trouvé des cailloux syénitiques, contenant des cristaux bien formés de titanite ;

mais on ne connaît pas jusqu'à présent le lieu de leur origine [40].

Les porphyres constituent la seconde classe des roches plutoniques ; ce sont des pierres massives, contenant dans une pâte presque homogène, plus ou moins finement granulée, des cristaux bien formés des mêmes substances constitutives, c'est-à-dire de feldspath de l'espèce d'orthose, et de quarz en grains séparés. Si le mélange des deux substances de la pâte fondamentale est si fin, que leur granulation soit seulement perceptible par un fort grossissement, le porphyre se nomme felsite, et c'est sous cette forme qu'il se présente très-généralement, sinon toujours, dans la République Argentine, au moins en dehors de la chaîne principale des Cordillères. Mais ces felsites ne se trouvent jamais dans notre montagne en grande extension ; ils se présentent dans les montagnes de roches métamorphiques toujours en masse assez petite, deviennent un peu plus forts dans les montagnes du système du grauwacke, et acquièrent leur étendue la plus considérable dans la chaîne des Cordillères Reales, où ils participent, dans une proportion considérable, à la construction des roches constitutives.

Dans la petite chaîne de montagnes du sud de Buénos-Ayres le porphyre n'est pas connu. Cependant les fleuves de la Patagonie, descendant de la chaîne des Cordillères, charrient des cailloux de porphyre dans leur lit, et les accumulations de gros graviers, mêlées au cailloux sur les terrains échelonnés de la campagne de ce territoire, sont également riches en débris de porphyre. Par contre, le porphyre que nous connaissons plus à l'Est, dans la Sierra de Cordova, mais seulement en assez petite étendue au milieu de la grande masse du granite appendiculaire, au nord de la chaîne orientale, se présente à l'ouest de Saint-Pierre (*San Pedro*) s'élevant comme un mamelon peu convexe sur le granite qu'il a perforé. Le porphyre a ici une couleur assez foncée, brune ou noirâtre, contenant dans sa pâte felsitique des grains de quarz et de cristaux d'orthose avec quelques-uns de plagioklase, ceux-ci se distinguant facilement de l'autre espèce par leur texture sous forme de jumeaux.

La seconde chaîne de montagnes avec rocs de porphyre est celle de San Luis. Ici se trouvent, dans la petite chaîne isolée à l'ouest de la masse principale de la montagne, nommée la sierra de Socoscora, de nombreux filons porphyriques, perforant le gneiss et s'élevant au-dessus de sa surface en cônes où sous forme de houppes. Ce porphyre contient presque les mêmes qualités que celui de la sierra de Cordova ; les cristaux de feldspath sont prédominants et surpassent beaucoup en nombre les grains de quarz qui y sont inclus. Dans les environs du petit village Tala il acquiert son plus grand développement. Quelquefois on observe des rubans plus clairs dans la masse, qui proviennent des strates quarzeuses mêlées avec de la calcédoïne ou pierre à fusil, et du silex corné, accompagné d'une grande quantité d'opsimose ou silicate de manganèse [41].

Plus au Nord, on trouve le porphyre dans la sierra Famatina, du côté occidental du haut mais étroit massif granitique du Nevado, dépassant beaucoup celui-ci en extension. Ici le porphyre s'élève dans la forme d'une grande digue, assez longue, entre les couches de grauwacke, sortant du nord du Nevado et se continuant, pendant plusieurs lieues, pour former la *Cuesta de Tocino* (côte du lard). Aussi, dans la *Quebrada de la Cal*, plus à l'ouest de la grande digue, se trouve une seconde masse plus petite de porphyre, en face du rio de Vinchina, interrompant les couches de gneiss de cette partie de la montagne. On a observé d'autres petites roches de porphyre dans la *Sierra de Zapata*, qui suivent presque la direction de la grande digue de Famatina, au Nord. Enfin, plus au Sud, dans la *Sierra de la Huerta*, existent aussi quelques petites masses porphyriques [12].

Je n'ai pu voir moi-même le porphyre que dans la *Sierra de Uspallata*, et l'ai décrit dans mon *Voyage*, tome I, pages 253 et 255. Là il se présente avec l'aspect de trois grands mamelons, du côté oriental de la vallée de *Los Manantiales*, formant les sommets les plus élevés de la seconde chaîne du côté oriental de la montagne, et imitant des cônes assez bas d'une couleur rouge-brune obscure et de texture felsitique, portés par les masses du grauwacke, qui est la partie principale constitutive de cette montagne. Plus loin, j'ai vu le porphyre dans la troisième vallée qui suit celle de *Los Manantiales*, dont il forme le fondement, s'élevant un peu des deux côtés des escarpements voisins. A cet endroit, le porphyre me semblait stratifié, de la même manière qu'il l'est souvent au Chili ; mais plus au Nord il s'élève dans la même vallée comme un massif non pas haut, mais assez large, interrompu par un ravin qui traverse le chemin, ce qui rend facile l'étude de la pierre assez voisine et permet de la toucher avec la main. Ayant passé ce ravin, on entre dans une autre vallée, la quatrième de la montagne, courant du Sud au Nord, comme les autres, et l'on suit d'un côté des couches de grauwacke, de l'autre des schistes micacés. Il me semble évident que les éruptions porphyriques se sont accommodées à la direction de ces vallées, et ont pris probablement part à leur soulèvement, en s'élevant même successivement et imitant de cette manière la configuration stratifiée qui les caractérise, au moins en partie. On ne connaît pas d'autres roches de porphyre, jusqu'à présent, en dehors de la chaîne principale des Cordillères, où elles prennent une assez grande importance. Je n'ai, par conséquent, rien à ajouter aux faits indiqués ; il ne me reste qu'à donner quelques indications sur le temps de leur éruption, qui suit généralement l'époque paléozoïque, et se rapproche plus de l'époque carbonifère et même du système permien. Il est très-vraisemblable que tous les porphyres observés dans les montagnes argentines, en dehors des Cordillères, appartiennent à l'époque plus ancienne de leur apparition, et que seulement dans les Cordillères même, du côté occidental de la chaine, on trouvera des porphyres plus modernes que la formation carbonifère.

Dans les montagnes de la République Argentine, on remarque plus généralement les roches éruptives plus modernes, connues sous la dénomination de volcaniques, dont la masse principale est formée par les trachytes. Il semble que toutes les chaînes de montagnes de la *Pampa* contiennent de ces cônes trachytiques, sauf les plus au Sud, dans la province de Buénos-Ayres, où ils manquent complétement. Pour les étudier plus en détail, nous suivons la même direction de l'Est à l'Ouest, examinant chaque chaîne, une après l'autre, et commençant par celles de la sierra de Cordova.

Des trois chaînes de cette montagne, la principale ou moyenne manque de trachytes, le granite y a pris une très-grande étendue; mais dans les autres, on trouve des cônes trachytiques bien connus, principalement dans la troisième, la plus petite de Serrezuela, où ils forment les sommets les plus élevés, qui se remarquent à une distance très-grande au-dessus de la plaine de l'Ouest, connus sous le nom du *Cerro de Buena Yerba*, *Cerro Borroba*, et *Cerro de la Cienega*. Leur hauteur atteint de 1200 à 1600 mètres. Le trachyte de leur masse est formé d'une pâte presque homogène ou très-finement granulée, de couleur rouge-grisâtre ou grise de différentes nuances, composée de deux espèces de feldspath, dont l'une est albite (sanidine), l'autre triclinométrique, probablement oligoklase, en général d'une texture plus ou moins poreuse, contenant des cristaux d'amphibole, d'augite, du même feldspath triclinomètre et mica, aussi çà et là, dans des cavités plus grandes, des beaux cristaux d'analcime. Dans quelques endroits la masse prend une si grande porosité qu'elle ressemble au ponce ; mais elle conserve toujours sa couleur plus foncée, presque noirâtre. On ne trouve pas là de quarz isolé ; le trachyte du sytème de Cordova est le vrai trachyte, nommé plus particulièrement trachyte de sanidine ou d'oligoklase. Les sommets massifs sont accompagnés de tuf trachytique formé des mêmes matériaux ; la formation des tufs indique que ce sont des produits d'éruptions sous-marines.

Un autre groupe de cônes trachytiques se trouve au sud de la chaîne orientale de la même montagne, dans les parties isolées, connues sous les noms de la *Sierra Chica* et *Sierra de los Condores*, où ils forment de petits mamelons de 670 mètres environ. La pâte trachytique est ici d'un rouge-brun, renferme d'assez grandes cavités avec cristaux d'analcime, mais très-peu de cristaux d'hornblende. Le feldspath s'est souvent changé en kaolin. Dans la sierra chica les trachytes sont plus répandus à l'état de filons qu'à l'état de mamelons, mais probablement tous ces rocs séparés à la surface se réunissent dans la profondeur de la montagne, et s'étendent aussi encore plus au Nord, car on trouve dans le lit du rio Primero des cailloux trachytiques, dont nous ne connaissons pas jusqu'à présent le lieu d'origine.

La sierra de San Luis, quoique plus petite que celle de Cordova, contient néanmoins des cônes trachytiques plus grands et en plus grand nombre, sous forme de culots isolés, terminant les sommets et s'y présentant en cônes. D'après les études de M. Avé-Lallemant, publiées dans les *Actes* cités note 39, la pâte de ces cônes n'est pas de véritable trachyte, mais d'une variété spéciale de pâte quarzeuse, contenant des grains isolés de quarz et nommés, d'après une désignation nouvelle, *liparite*. Les cônes assez hauts de Tomalasta (2147 mètres), du Cerro del Valle (2000 mètres), de Zololosta (1950 mètres), d'Intiguasi (1710 mètres) et les petits Cerros Largos (1580 mètres) sont composés de cette substance; ils forment ensemble une route trachytique qui prend, avec quelques interruptions, de l'Ouest à l'Est, par le milieu de la montagne et se continue plus à l'Est, s'élevant encore dans le cône isolé du Cerro del Morro (1400 mètres) près de la ville de San José. Ce dernier culot n'est pas formé de liparite, mais comme ceux de la sierra de Cordova de véritable trachyte sans quarz, contenant aussi des masses hyalines ressemblant au trachyte-rhyacolithe qui se trouve uniquement dans cette région. La pâte de cette variété a une apparence homogène de couleur grise et se forme principalement d'un feldspath vitreux, mêlé avec des cristaux d'amphibole et quelques petites feuilles du mica, également distribuées dans la masse. L'espèce principale de feldspath est la sanidine, et en outre aussi le plagioklase, avec quelques procents d'hauyne et de sphène. Dans la substance de la sanidine se trouvent des grains assez grands hyalins, qui la rendent plus opaque, et aussi çà et là des grains d'amphibole et d'apatite, mêlés de fer magnétique d'aimant.

Les cônes du liparite, dans la sierra de San Luis même, sont plus hauts que ceux du Morro de San José, mais ils ne sont pas si larges. On peut aussi distinguer dans leur masse plusieurs différences. Les liparites du Tomalasta et du Cerro del Valle sont d'une couleur foncée grisâtre et leur pâte est porphyrique, contenant des cristaux bien séparés de sanidine et d'amphibole, sans grains de quarz et sans feuilles de mica. Mais si nous étudions cette même pâte à l'aide du microscope, nous trouvons enfermés dans les petites cavités des grains et des cristaux microscopiques de quarz et aussi d'amphibole, et de fer magnétique avec plusieurs autres substances peu reconnaissables. La pâte do trachyte d'Intiguasi est d'un vert blanchâtre et se compose principalement d'un feldspath vitreux, mêlé avec peu de quarz, d'amphibole et de mica; mais à ces trois minéraux s'unissent en plus grand nombre des substances accessoires, comme par exemple de la calcédoïne, du natrolite, du jaspe, de l'actinite et un silicate de fer, probablement nigrescite. Quelques cavités sont assez grandes, et la substance de leur contour est plus dure. L'observation microscopique a démontré qu'à côté du sanidine se trouve aussi le plagioklase, en outre du quarz, de l'amphibole et d'un peu de mica, c'est-à-dire les mêmes minéraux qui sont enfermés dans la pâte en cristaux isolés et plus grands. Le liparite de Morteritos et des Cerros Largos est d'un blanc presque pur, avec une grande quantité de cristaux d'amphibole, mais la plupart mal formés, ressemblant plutôt à des grains irréguliers. Les substances subordonnées sont la sanidine, le quarz et l'hématite, et dans la pâte se trouve aussi mêlé beaucoup de lithrode, auquel est dû le peu de transparence de leur masse. Ce mélange les fait ressembler à la porcelaine, sans parties hyalines, qui se trouvent dans le liparite d'Intiguasi.

Dans les environs de ces rocs durs trachytiques, on voit aussi des tufs trachytiques, quelques-uns d'une texture très-molle et presque terreuse, tous formés des mêmes substances que les roches dures, indiquant ainsi assez clairement que l'origine des cônes trachytiques est due à des éruptions marines. On observe aussi des roches d'alunite dans le voisinage de quelques tufs ayant les mêmes qualités mécaniques et extérieures, contenant beaucoup d'alunite pur et aussi de loevigite. On a déjà commencé à utiliser ces tufs pour la production de l'alun.

La troisième montagne où j'ai pu examiner des éruptions trachytiques, est la sierra d'Uspallata. Là ce sont principalement les tufs trachytiques, qui représentent les forces éruptives. Ils prennent une assez grande extension du côté occidental de la montagne, vers la plaine d'Uspallata, et y pénètrent à l'Est avec les deux ravins qui servent de routes, et traversent la chaîne jusqu'au milieu du sommet principal, nommé el Paramillo. Dans cette dernière route on trouve simultanément la formation houillère, comme nous l'avons vu plus haut, page 263. Je n'ai observé nulle part, en place, de rocs durs de trachytes dans les deux chemins, mais je ne doute pas de leur existence dans l'intérieur des masses tufières que j'ai vues. Celles-ci se présentaient sur la route plus au Sud à l'état de roches assez dures d'une texture fine granulée et de différentes couleurs : verdâtres, rouge-claires et jaunâtres, contenant çà et là des morceaux plus grands d'une substance vitreuse et de couleur blanche plus claire. Ces tufs étaient superposés l'un sur l'autre en bancs de différente épaisseur, souvent disjoints par des éruptions postérieures et jetés en grandes masses l'un sur l'autre.

Quelques rocs isolés formaient des escarpements perpendiculaires de 20 à 30 mètres de hauteur, leur surface était lavée par des courants d'eau et déchirée par de grandes fissures. Au-dessus de ces grosses masses, j'ai vu une pierre noire massive, probablement basaltique, produit d'une éruption plus moderne et des mêmes forces. Malheureusement la grande distance du chemin et la hauteur des escarpements m'ont empêché d'étudier plus en détail leur qualité pétrographique, qui me semblait évidemment de la vraie nature basaltique. Une fois j'ai rencontré de pareilles masses tufières disposées en forme de bassin, avec des escarpements perpendiculaires aux deux extrémités, à l'Ouest et à l'Est. D'autres fois deux bancs de ces mêmes tufs étaient inclinés l'un contre l'autre detelle manière, qu'il semblait que ces deux morceaux avaient été soulevés par une force motrice, et étaient retombés plus profondément dans l'abîme, inclinant l'un vers l'autre leurs bords déchirés. Enfin, dans la partie la plus occidentale du territoire, du côté de la plaine, les couches de tuf étaient régulièrement inclinées à l'Ouest, sans dislocations et sans perturbations postérieures.

Les mêmes tufs se trouvent aussi plus au Nord, au commencement du chemin qui va à Villa-Vicencio et passe par le Paramillo, suivant la route jusqu'à mi-hauteur.

Les tufs, dans cette partie de la montagne, au commencement du chemin, sont presque de la même qualité, d'une couleur assez claire rouge et élevés en grandes masses avec escarpements presque perpendiculaires ; plus loin ils changent de caractère et deviennent plus foncés, grisâtres ou même noirs, aboutissant aux couches de terrain houiller, sur lesquelles ils sont déposés. Ici, j'ai trouvé dans le milieu du chemin, entre les cailloux qui couvrent le fond du ravin, de grands blocs assez frais, avec leurs coins aigus, d'un trachyte, qui n'avaient pu être transportés de loin et dont la masse principale doit exister en place dans un lieu assez voisin. La pierre était de la même espèce que le trachyte des Cerros Largos de la sierra de San Luis, contenant dans une pâte blanche un peu vitreuse, assez compacte, des cristaux noirs aciculaires d'amphibole, dont beaucoup déjà détachés de leur place et décomposés; je n'y ai vu dedans aucun grain de quarz, mais la rapidité du voyage m'a empêché de bien étudier la pierre, et le petit morceau que j'avais emporté pour l'étudier scrupuleusement en Europe, a été perdu par la rupture du sac qui contenait mes échantillons, sans que mon aide en ait pris souci.

Dans cette masse d'une couche de tuf épaisse, noirâtre, au milieu du chemin, on trouve des troncs d'arbres pétrifiés, qu'avait découverts déjà Darwin, et dont il parle dans son *Voyage*, tome II, page 99, trad. allem. Je les ai examinés aussi et décrits dans mon *Voyage* (tome I, page 267), ayant pu étudier avec soin un morceau d'un de ces troncs que j'ai emporté intact à Halle, où il se conserve avec mes autres échantillons géognostiques, dans le Musée zoologique de l'Université. Les troncs sont en position perpendiculaire; il y en a plus de trente en place, entourés d'un tuf noirâtre assez mou qui les couvre jusqu'à la hauteur de 3-4 mètres. Plus au sommet de la montagne se présentent, au-dessus de la couche de tuf, des pierres noires basaltiques, qui se changent encore plus en haut en spilite *(mandelstein)* et enfin en basalte homogène, formant un véritable torrent éruptif de roches pyrogènes et se terminant au-dessus du basalte, tout près du sommet, par une coupe porphyrique, à côté de laquelle sont plus tard sorties les masses éruptives plus modernes, débutant par l'explosion des tufs à l'état de cendres et finissant avec des masses en fusion transformés par la suite en bancs basaltiques.

Les caractères pétrographiques des autres trachytes plus au nord de la République nous sont inconnus jusqu'à présent; nous ne pouvons donner que quelques indications sur les lieux où ils existent. Dans la sierra Famatina les culots trachytiques forment une ligne transversale presque au milieu de la chaîne, un peu au nord du village Bichigasta, entre les villages Salinitas et Huaco ; en outre se trouve un petit mamelon au sud de la vallée Fertile, en dehors de la ligne sus-indiquée. Dans la partie nord de la même chaîne s'élèvent aussi deux petits cônes tout près de la ville Famatina, en continuation du massif granitique central, parallèle à la digue porphyrique plus à l'Ouest. Ils sont connus sous les noms de *Cerro Negro* et de la *Cuesta Colorada*. Un autre culot plus grand existe dans la partie principale de la montagne, sous le même degré de latitude que le village de Copacavana. Pareillement figurées se présentent les éruptions trachytiques dans le système d'Aconquija, soit dans la partie au nord du centre, nommée la *Sierra de la Frontera*, soit à l'Ouest, dans la branche d'*Atajo*. Cette partie nord est couronnée de deux petits cônes à l'ouest de la vallée de Tafi, formant ici les sommets de la région nommée l'*Infernillo*. Dans l'*Atajo*, des petits cônes trachytiques sont plus nombreux ; ils suivent le grand massif granitique central dans la direction Nord-Ouest, auquel s'unissent deux autres masses principales à l'Ouest et à l'Est, tout près des mines de *Capillitas*. Encore plus au Nord, entre la *Laguna Blanca* et la *Sierra de Gulumpaja*, se trouve une autre grande masse de trachyte à côté d'une plus grande de granite. Dans toutes ces régions dont nous venons de parler, des rocs métamorphiques forment le fondement des montagnes voisines, ou même de celles qui sont perforées, à l'exception de la partie centrale de la sierra Famatina, où les trachytes sortent de couches paléozoïques de grauwacke [43].

Nous possédons moins de détails encore sur les éruptions du *basalte* que sur celles du trachyte; il semble que ces roches, les plus modernes parmi les éruptives, sont très-rares dans les montagnes de la République Argentine. Nous les connaissons seulement dans quelques endroits du système des chaînes de Cordova et San Luis, dans la sierra de Uspallata et à côté des Cordillères du Sud, où l'on a noté des roches éruptives de cette catégorie. Dans la sierra de Cordova même le point d'éruption n'est pas encore connu; on trouve seulement dans le lit du rio Primero des cailloux basaltiques, sans que l'on sache d'où ils proviennent. Là existe une roche noire compacte, contenant de petits grains d'olivine; la pâte en est composée d'augite et d'un feldspath tricline. Une roche semblable se trouve aussi au pied oriental de la sierra del Campo, près d'*Alta Gracia*. D'autres petits mamelons du même roc se présentent dans la vallée du rio Conlare, entre la sierra de Cordova et celle de San Luis, du côté des collines de *Los Manantiales*, à l'est du village Renca. Encore plus au Sud, dans la *pampa* même, de semblables éruptions se répètent et forment le *Cerro de la Leoncita*, dont les pierres, composées de basalte-néphéline [44] ont été l'objet d'un examen spécial. J'ai décrit dans mon *Voyage* les roches basaltiques de la sierra d'Uspallata (tome I, page 267) et en ai parlé auparavant ici, page 291. L'on trouve, au-dessus, des tufs trachytiques, sous deux différentes espèces, c'est-à-dire comme spilite et basalte. Le spilite se compose d'une pâte presque noire assez tendre, se rapprochant de la vacke, con

tenant des amandes de différente grandeur et des substances
hétérogènes, la plupart noires et petites, comme des grains de
plomb, formées d'une pierre cloritique; d'autres plus grandes, contenant une substance blanche en concrétions concentriques. C'est sous cet aspect que se montrait la pierre dans
ses couches inférieures ; plus haut, la pâte devient plus claire, plus dure et plus homogène, contenant des amandes
en quantité moindre et des cristaux blancs d'une substance
zéolithique. Encore plus haut les amandes et les cristaux
manquent, la pâte se change en une pierre dure homogène
de la couleur du fer, contenant, au lieu d'amandes, des cavités vides, ressemblant ainsi complétement à une ancienne
lave augitique mêlée avec du fer magnétique. Enfin, tout
près du lieu où commence l'éruption, le roc devenait en un
véritable basalte, assez fendu, avec les surfaces des fissures changées en une substance jaune de couleur d'ocre,
alternant avec des bancs porphyriques, le dernier desquels,
tout près du Paramillo, me montrait une séparation sphérique de la pâte, sortant ici de la masse fondamentale de
la montagne du grauwacke, dont est formée toute la partie
est du Paramillo [15].

XI

VUE SUR LA GÉOGNOSIE DES CORDILLÈRES

Quoique j'aie déjà parlé plus haut de la présence des
différents rocs, traités à propos des montagnes de la République Argentine, il me semble convenable de résumer
la configuration particulière géognostique de quelques-unes,
et d'ajouter ici, à la fin de mon esquisse, les connaissances acquises sur leur disposition spéciale, et principalement sur celle du plus grand système de montagnes du
pays, c'est-à-dire des Cordillères.

Nous ne connaissons en réalité la construction géognostique des Cordillères, autant qu'elles appartiennent à la République Argentine, que dans deux parties assez éloignées: l'une sous le 27°30′ L. S. où le grand plateau existe, est connue par mes propres observations; l'autre tout près du 33° L. S. par celles de Darwin et ses successeurs [10]. A cet endroit, les Cordillères forment deux chaînes presque parallèles, avec une vallée très-élevée entre elles, comme nous les avons décrites tome I, pages 202 et suivantes; la chaîne orientale, divisée par le lit du rio de Mendoza, et dont la structure interne se découvre à nu jusqu'au fond du ravin formé par le lit du fleuve, l'autre occidentale fermée jusqu'au sommet du Cumbre.

Nous essayerons de dessiner un tableau général, d'après l'examen de ces deux localités, et commencerons notre esquisse par la partie nord, qui est celle dont la structure est la plus simple.

Elle est déjà bien connue par la description que j'en ai donnée dans le tome I, pages 183 et suivantes, et l'on sait que les Cordillères forment dans cette partie un grand plateau de 2 degrés de largeur, interrompu par quelques vallées longitudinales peu profondes, et divisé en différents gradins qui se suivent l'un l'autre de l'Est à l'Ouest. Tout ce plateau avec ses gradins est composé de la même substance pétrographique, c'est-à-dire de couches d'argile sablonneuses assez dures, appartenant à la formation paléozoïque, s'élevant, par une inclinaison assez forte, de l'Est à l'Ouest, avec une direction générale des couches du Sud au Nord, un peu plus tournées au Sud-Ouest et au Nord-Est; une couche suivant l'autre, avec la même direction et inclinaison, sans montrer d'autre différence que celle provenant de la couleur variant entre rouge-brun, brun, jaune foncé et jaune-clair, dans quelques endroits restreints et moins importants. L'âge spécial des couches n'est pas bien connu jusqu'à présent, mais si l'on observe que les couches à l'Est, avant le sommet du plateau, sont des rocs métamorphiques plus anciens, et celles à l'Ouest du plateau, au Chili, évidemment plus modernes, démontrent, au milieu du chemin, entre la Cordillère et l'Océan Pacifique, leur caractère jurassique, il est clair que les couches paléozoïques se suivront l'une à l'autre dans la même direction, et par conséquent celles plus à l'Est seront les plus anciennes, et celles plus à l'Ouest les plus modernes. Sous ce point de vue, j'ai pris la partie orientale du sommet comme appartenant au système silurien, celle du milieu au dévonien, et celle de la troisième partie, la plus occidentale, au système permien, sans avoir d'autre justification de cette explication que la succession des couches. Je n'ai trouvé de pétrifications nulle part sur tout le plateau; de même je n'ai jamais observé une différence matérielle des couches, assez apparente, pour déterminer leur âge; toutes sont des sédiments d'argile sablonneux d'une couleur rouge-brune ou brune-grise, généralement très-durs, d'une texture très-fine, parce que l'argile y domine, et en raison même de cette circonstance la substance prend un aspect plus homogène et moins granulé. La séparation de ces couches par des schistes existe, mais peu prononcée. On aperçoit clairement sur les parois, presque perpendiculaires, des bancs différents par leur épaisseur et par quelques nuances de la couleur ; on voit aussi l'inclinaison des schistes à l'intérieur de la montagne, si l'on s'élève doucement de l'Est, par la *Quebrada de la Troya*, jusqu'à la hauteur du plateau, en commençant par le premier escarpement extérieur à l'Est. Des deux côtés de l'ouverture de cette *Quebrada* on voit de même les bords cassés des couches soulevées de bas en haut par les forces éruptives existant dans les profondeurs de la terre. En général, il me semblait que la couleur des rocs devenait peu à peu plus claire de l'est à l'ouest de la montagne; mais on trouve de temps à autre, même au milieu des couches les plus claires, d'autres foncées, sans être exactement semblables aux antérieures; observation qui prouve la variabilité des causes finales aussi dans cette formation. Des couches purement grisâtres, comme le grauwacke d'Europe, par exemple dans le Harz et l'Eifel, sont rares, et je n'ai jamais trouvé dans cette montagne, quoiqu'il s'en trouve dans celle de la sierra d'Uspallata (voyez mon *Voyage*, tome I, page 275) de véritables phyllades ou ardoises (*Tafelschiefer*) ; la plupart des bancs de schiste argileux-sablonneux ne sont réellement pas lamelleux et d'une couleur se rapprochant du vieux cuir demi-usé, plus ou moins du rouge au brun obscur.

De la surface extérieure du plateau, couverte d'une faible couche de petits cailloux anguleux de la même substance, mêlés avec des débris de quelques cônes éruptifs voisins, je n'ai pas à parler, ayant suffisamment expliqué ce caractère du plateau des Cordillères dans le tome I, page 191; de même que l'enveloppe des escarpements inclinés des vallées longitudinales est formée d'une forte couche de sable isolé (page 190), cachant presque complétement dans ces lieux la pierre dure qui existe au-dessus, sauf dans quelques petits précipices qui interrompent ce sable homogène et véritablement mouvant.

A la Barranca Blanca se termine la partie orientale la plus grande du plateau. Ici commence l'occidentale plus petite et les rocs prennent un caractère différent, se changeant en très-clairs jaunâtres, mêlés à des couches minces de deux centimètres d'épaisseur de gypse laminaire en étages, mais suivant la même direction et inclinaison des autres couches. Cette différence me semblait indiquer le commencement d'une formation différente et parce que M. D. FORBES, dans son *Essai sur la géognosie de la Bolivie*, a décrit de semblables couches comme appartenant au système permien, je me croyais autorisé à identifier celles-ci avec celles de Bolivie, sans autre raison cependant que leur ressemblance extérieure et leur succession immédiate aux couches antérieures paléozoïques. En outre, nous savons par les recherches d'un explorateur de mines, qui avait examiné toute la montagne voisine pour trouver des trésors métalliques, que dans les environs du passage du *Cerro San Francisco* existent des couches de la formation houillère, car ce chercheur prétend avoir trouvé là une couche de charbon d'une épaisseur dépassant 1,5 mètre. Je n'ai pas de raison de douter de cette découverte, car il est très-vraisemblable que la formation houillère existe ici, entre la paléozoïque et la permienne, où est son siége régulier; et si nous pouvons ajouter confiance aux paroles de cet explorateur, nous avons une nouvelle raison pour déclarer les couches inférieures, à l'est du terrain houiller, les plus anciennes, et les supérieures à l'ouest les plus modernes, et dans ce cas les tenir pour couches du système permien. Alors le plateau oriental des Cordillères serait composé de couches dévoniennes et siluriennes, et le plateau occidental de permiennes.

Des pétrifications qui pourraient donner plus de certitude sur l'âge des couches, n'ont été trouvées jusqu'à présent dans aucune partie de cette contrée ; mais nous savons par notre description antérieure (page 270) des couches paléozoïques, que les espèces fossiles trouvées dans différents lieux donnent l'époque ici indiquée.

La succession des couches est dans toute la montagne, partout où le plateau existe, très-régulière; je n'ai jamais vu de dislocations ou autres disturbations, quoiqu'une foule de cônes éruptifs s'élèvent sur le plateau. Les vallées aussi s'accommodent complétement à la direction générale des couches du Nord au Sud, et se présentent clairement comme des érosions successives des petits cours d'eau qui y ont formé leur lit. Ces vallées ne sont ni très-étroites ni très-profondes, mais forment au contraire des excavations assez faibles et prouvent clairement, par ce caractère, leur origine. Les petits ravins aussi qui s'élèvent en escarpements peu roides, sont des érosions creusées par une eau qui n'a jamais été très-profonde; seulement les entrées principales de la montagne, du côté de la plaine, telles que les *Quebrada de la Troya*, de *Fiambalá* et de *San Francisco*, sont des ravins très-étroits, avec de hauts escarpements perpendiculaires, parce qu'ils coupent la montagne en direction opposée au gisement des couches, et ont été au commencement des fissures transversales, que l'eau a trouvées et augmentées seulement dans le cours des siècles, jusqu'à leur donner l'apparence actuelle ; aplanissant peu à peu le fond et égalisant les parois très-inégales à l'époque où s'est produite la rupture. La très-petite largeur de ces ravins transversaux qui, dans quelques points, sont si étroits que l'on peut avec les deux mains toucher les deux côtés opposés, prouve d'une façon évidente leur origine. Les petites rivières, qui coulent actuellement dans ces ravins, sont trop faibles pour les avoir produits, et le manque de grands dépôts de neige sur la montagne vient prouver, qu'elles n'ont jamais été plus fortes, sauf accidentellement.

En dehors des couches sédimentaires qui forment la masse principale de la montagne, on trouve sur toute la surface du plateau des rocs éruptifs cristallins qui ont coupé les sédiments et se sont accumulés sous forme de cônes plus ou moins grands juxtaposés sur leur surface. Ces rocs éruptifs sont de deux qualités, des porphyres et des trachytes; je n'ai vu nulle part de granite, mais il existe dans le passage de San Francisco. Dans cet endroit, on remarque un massif assez fort dans la vallée du *Rio Casadero*, tout près de la *Piedra Blanca*, à l'ouest du Pic, près de la *Cuesta de los Chilenos*, et des cailloux de cette nature se trouvent dans le lit de ce fleuve *Casadero* jusqu'à l'embouchure de la *Quebrada de Fiambalá*, et aussi dans celle de la *Troya*, quoique nous ne connaissions pas leur lieu d'origine de ce côté de la montagne. Je n'ai vu personnellement aucun véritable granite sur la route que j'ai suivie ; seulement, en descendant des escarpements occidentaux, du côté chilien, au commencement de la vallée du *Rio Pioquenes*, j'ai trouvé une roche granitique de couleur presque rose, à mi-hauteur, qui formait un culot peu élevé, mais bien séparé des couches sédimentaires existant au-dessus de lui. J'ai parlé de cette pierre plus haut, page 287.

Les deux autres roches éruptives se trouvent en grande quantité sur toute la surface du plateau et forment presque toujours de petites chaînes de collines basses, plus ou moins coniformes, rarement de grands cônes isolés. Les petites chaînes ont généralement une longueur de 200-300 pas, et leurs cônes ne s'élèvent pas jusqu'à la région des neiges perpétuelles ; elles suivent toujours la direction des couches du Nord au Sud, parallèles à leur gisement, sans doute parce que ces chaînes de substances éruptives sont sorties entre les couches même, prenant leurs strates comme route pour les perforer. Les cônes, regardés séparément, sont bas, mais larges à leur base, dépassent rarement 150-200 mètres, la plupart même n'atteignent pas 80-100 mètres. Ils sont unis entre eux par leur base, pour former des chaînes continues, chacune d'elles se composant d'une douzaine de cônes environnants, et également l'une séparée de l'autre par d'assez grands intervalles. Jamais je n'ai vu de petit cône isolé sur le plateau ; mais j'ai toujours vu leur enchaînement se suivre dans tous les points de la route que je parcourais.

Les porphyres de ces chaînes sont d'une couleur rouge-brunc avec une pâte felsitique assez homogène et dure. Ils contiennent dans cette pâte des cristaux de feldspath assez clairs, d'un blanc-jaune et de petite taille, presque tous égaux, de 5-6 millimètres de long ; la quantité en est grande et ils dominent dans la masse de la pâte. Les grains de quarz qui acompagnent le feldspath sont plus rares et me semblaient manquer complétement dans beaucoup de morceaux.

Les trachytes ont la même apparence orographique que les porphyres, et leurs chaînes s'entremêlent sans ordre fixe avec celles du porphyre. Examinant ensemble les deux sortes de pierres, sous le point de vue de la quantité relative, les trachytes me semblaient dominer, parce que leurs chaînes sont plus nombreuses que celles de porphyre. La substance des pierres trachytiques a toujours une couleur très-foncée presque noire et une texture poreuse; la masse noire ressemble au perlite et contient quelquefois des taches vitreuses plus claires, blanchâtres, qui donnent à la pâte une couleur grise; tous ces caractères indiquent une éruption rapide de la masse et leur refroidissement instantané après en être sortis. On y trouve dedans aussi des débris de la pierre environnante sédimentaire, observation qui prouve d'un autre côté un soulèvement très-violent et soudain; mais jamais, ni les trachytes ni les porphyres n'ont disloqué les couches sédimentaires; les deux roches éruptives sont déposées sur le plan tout horizontal de la surface du plateau, comme si elles sortaient d'une fente produite entre les couches sédimentaires, déjà élevées auparavant, sans les interrompre autrement. Au reste, on ne voit jamais d'indice d'un mouvement en pente sur ces roches éruptives; elles paraissent s'être élevées à l'état mou, demi-fluide, plutôt que véritablement liquide.

Quant à la constitution chimique du trachyte, je ne puis rien ajouter à ce que j'ai dit déjà (tome I, page 366, note 29,) n'ayant pas actuellement mes échantillons, restés avec mes collections à Halle, où ils sont déposés dans le Musée zoologique de l'Université. Si je compare mes propres observations avec la description des différentes espèces de trachyte de l'excellent Manuel de Géognosie de M. E. J. NAUMANN, il me semble que ce que dit cet auteur sur le trachyte demi-vitreux (tome I, page 624), est tout-à-fait applicable aux pierres de même nature trouvées par moi sur le plateau des Cordillères. Celles-ci appartiennent très-probablement au groupe des augit-andesites sans quarz, qui forment aussi, d'après les recherches de M. G. Rose, les grands cônes éruptifs bien connus des Andes de Quito.

De semblables cônes gigantesques, dont les sommets s'élèvent jusqu'à la région des neiges perpétuelles, se trouvent aussi sur ce plateau Argentin ; j'ai parlé, dans le premier tome de cet ouvrage, de quatre cônes existants, dont deux me sont connus. L'un est le *Cerro Bonete* (tome I, page 193). Ce n'est pas un cône simple, mais un groupe de cinq cônes unis, tous cinq couverts de neige, sauf un quart de leur hauteur, prise de leur base au sommet. D'après la couleur de cette partie basilaire, leur trachyte doit être différent de l'autre, car la base n'était pas si noire que le trachyte plus foncé des autres petits cônes, mais semblable au vieux cuir ; leur forme était régulièrement conique et non pas semblable à une coupe convexe, sans excavation au sommet et sans point oblique, qui caractérise beaucoup d'autres cônes Andiens. L'un des cinq cônes était plus haut que les autres quatre, successivement un peu plus bas, quoique assez hauts pour être couverts de neige. L'autre cône trachytique que j'ai vu est le *Volcan de Copiapó* (tome I, page 197). C'est un cône isolé, plus étroit, mais moins élevé, quoique son sommet soit aussi couvert de neige. J'ai passé tout auprès, à la distance d'une lieue à une lieue et demie, et à une distance de 4-5 lieues des cônes du Cerro Bonete. La surface de ce cône se présentait plus irrégulière, interrompue par de larges fissures perpendiculaires, et la substance de la pierre d'une couleur jaune-grisâtre assez claire. Le sommet est simple comme les autres, ni excavé, ni obliquement tronqué. Je n'ai pas vu les deux autres grands cônes du plateau ; l'un est le *Cerro de San Francisco* (tome I, page 198), l'autre le *Cerro del Potro* (page 200); je ne peux rien dire de leur forme ni de leur pierre.

D'une manière toute différente sont construites les Cordillères du Sud, depuis le changement du plateau en chaînes isolées, bien séparées par des vallées assez étendues. Au lieu de la structure simple d'un grand massif de roches homogènes sédimentaires, existe non-seulement un système assez compliqué de petites montagnes isolées, mais aussi d'une composition bariolée de différentes formations et pierres, qui rendent difficiles une description et même un aperçu général de cette partie des Andes ; difficulté encore augmentée par la nature aphoristique des recherches jusqu'à présent faites et publiées par différents auteurs.

L'ouvrage le plus complet est la description de DARWIN des deux passages des Cordillères, entre Santiago du Chili et Mendoza, donnée dans ses *Geological observations on South-America*, déjà plusieurs fois citées dans notre esquise géologique. C'est pourquoi je suivrai ici cet auteur, avec quelques modifications de la partie hypothétique de son travail, modifiée par des recherches postérieures. Je n'ai pas visité personnellement le territoire indiqué des deux passages ; ma tentative d'entreprendre le même voyage de Mendoza à Santiago a échoué à la suite d'une discussion avec les *arrieros* loués pour m'accompagner, à propos d'un mulet perdu par leur propre négligence (*Voyage*, tome I, pages 253 et 259).

Le commencement des Cordillères, du côté occidental de la plaine d'Uspallata, point auquel je parvins pendant mon voyage, est formé de plusieurs massifs de porphyres qui [s'accumulent à l'embouchure de la vallée transversale dans laquelle coule le rio de Mendoza, comme deux forts massifs, l'un avec différents sommets en forme de grandes dents aiguës comprimées, s'élevant à une hauteur de 3000 à 3500 mètres. Ces porphyres sont entourés à leur base d'une forte couche de cailloux et de grès qui forme le fond de la vallée et les collines en dehors de la montagne, au commencement de la plaine générale de la *pampa*. J'ai fait un dessin de ce côté de la vallée d'Uspallata, que je publierai plus tard dans l'Atlas qui accompagnera cet ouvrage; je n'ai même pu examiner le porphyre à cause d'une forte pluie qui dura pendant tout le jour, m'empêchant de sortir jusqu'à la nuit. Les recherches de STELZNER, dont je parle dans la note 38, ont démontré que tous ces porphyres appartiennent au groupe des felsites, avec une pâte contenant du quarz, quoiqu'ils subissent entre eux de grandes variations qui indiquent des différences locales bien prononcées. Leur couleur est le rouge ou le brun, nuancé graduellement jusqu'au noir; leur structure, tantôt homogène, tantôt bréchiforme, avec des parties intercalées de différentes couleurs ; les unes formant de grands massifs, les autres prenant l'apparence d'une substance coulante, ou dans quelques endroits avec des concrétions sphériques, comme nous les avons trouvées dans la sierra d'Uspallata, près du Paramillo. Les porphyres immédiats à l'embouchure de la vallée du rio de Mendoza sont de couleur rouge-brun et forment des massifs assez brisés, avec des escarpements partagés en crêtes descendantes. Le massif au sud de l'embouchure porte un petit plateau situé au-dessus, duquel sortent les crêtes assez aiguës mais peu élevées; le massif de l'autre côté du Nord est plus élevé encore et se divise en dents, comme nous l'avons déjà dit, mais sans crêtes sur son escarpement. Plus dans l'intérieur de la vallée du rio de Mendoza, qui doit à son étrécissure le nom général que l'on donne à toutes les vallées du même genre: *cajon* (encaissée), les rocs de porphyres s'élèvent avec des parois presque perpendiculaires, resserrés entre des fissures, ayant la même direction et émettant des rameaux, soit simples, soit multiples, dans les roches voisines, qui peuvent même aller jusqu'à relier entre eux les différents massifs porphyriques; cependant se distinguant bien les uns des autres par la différence de la couleur. Dans quelques endroits, le porphyre prend l'aspect d'un banc stratifié par des fentes, dans d'autres il se change en espèce de tuf, mais malgré toutes ces différences extérieures, la substance du roc reste la même, se caractérisant comme pâte felsitique, grâce aux parcelles de quarz et de feldspath qu'elle contient, soit en grains cristallisés, soit en véritables cristaux.

Tous ces caractères des porphyres prouvent que l'élévation progressive des différents rocs a duré assez longtemps, et que, en raison de cette durée, la substance des masses, peu à peu accumulées, s'est plus ou moins modifiée avec le cours des siècles.

Comme fondement d'où sont sortis les porphyres, se présentent en quelques lieux des roches sédimentaires de la formation paléozoïque, principalement de schiste argileux, que Darwin a vu ici, couvert de conglomérats porphyriques. Aussi Stelzner les cite à côté des roches métamorphiques de gneiss, reposant sur l'axe granitique de la montagne, peu visible, mais ouvert en quelques endroits isolés, par exemple à la *Punta de Vacas*, un peu au-dessous du commencement du cajon du rio de Mendoza, où il a aussi été trouvé par Darwin. On voit que les substances fondamentales de la montagne sont aussi, dans cette partie des Cordillères, composées de rocs sédimentaires paléozoïques, accompagnés de rocs métamorphiques, et que les porphyres se sont mis à la traverse de leurs couches, comme sur le plateau du Nord; ils s'accumulent ici en plus grande quantité des deux côtés des anciennes couches sédimentaires, soit à l'Est, soit à l'Ouest, suivant le chemin de l'axe granitique de la montagne, du Nord au Sud, et surrplombant le granite en masse; et ils forment ici des groupes séparés de distance en distance, entre lesquels le granite resté dans la profondeur et se dénonce çà et là par quelques petits culots peu élevés.

Après cette zone porphyrique, du côté est du cajon qui

aboutit tout près du fameux pont de l'Inca, commence la formation jurassique, dont nous avons parlé dans le chapitre VI. Elle forme ici un ruban assez étroit de couches sédimentaires de calcaire et de marne, qui sont accompagnées de couches sablonneuses, dont nous ne connaissons pas jusqu'à présent l'âge, à cause du manque de pétrifications, mais les couches jurassiques sont faciles à reconnaître par les fossiles organiques qu'elles contiennent. Celles-ci ne sont pas d'une épaisseur considérable, quoiqu'elles forment de hautes roches perpendiculaires, couvertes d'une autre couche sablonneuse de couleur rougeâtre, alternant avec des bancs de gypse laminaire, déposés dans une inclinaison différente, presque horizontale, contre les couches jurassiques, et s'élevant à l'Ouest jusqu'au sommet du passage de la Cumbre. Ces couches, appartenant sans doute à une formation différente plus moderne, ne contiennent pas la moindre pétrification, et pour cette raison il n'est pas possible de les classer avec exactitude. Il ne me semble pas permis de les identifier avec les couches de sable blanc qui acquièrent avec elles une similitude assez grande, en raison des mêmes bancs de gypse laminaire qu'elles contiennent, et que j'ai trouvés sur le bord du deuxième plateau des Cordillères du Nord. Je les ai considérées (page 296) comme représentant du système permien; mais les couches ici doivent être plus modernes que les jurassiques et par conséquent encore plus modernes que les permiennes. Enfin leur inclinaison différente nous oblige à les regarder comme appartenant à une formation particulière.

Je ne peux pas m'empêcher de faire ici une comparaison de ces couches jurassiques du Sud, dans la Cordillère, avec celles que j'ai trouvées, plus au Nord, dans le territoire chilien, presque au milieu de la route entre les Cordillères et l'Océan Pacifique, c'est-à-dire du côté ouest de la chaîne, où je les ai étudiées avec soin. Si ces mêmes couches jurassiques se trouvent dans le Sud à une certaine distance à l'est du sommet de la montagne, et au nord du Chili, à l'Ouest, il est évident que la formation doit se croiser avec la direction générale de la montagne et la couper dans un certain endroit jusqu'à présent inconnu, ou être brisée en différentes parties distinctes. Nous savons par les recherches de M. D. Forbes que des couches jurassiques semblables se trouvent, depuis le lac de Titicaca jusqu'au désert d'Atacama, presque parallèles à la côte de l'Océan Pacifique, et aboutissant sous le $22°$ $20'$ L. S. à la chaîne des cônes trachytiques, qui commence de ce point et court vers le Sud, dans la même direction que les cônes du plateau argentin du Cerro San Francisco et Cerro Bonete. Cette direction des cônes trachytiques est presque la même qu'a prise la formation jurassique en Bolivie, et correspond aussi à celle des couches jurassiques dans les Cordillères du Sud ; car dans les deux localités ces couches sont du côté oriental du sommet des Cordillères, et non pas du côté occidental, comme au Chili.

Aux couches sablonneuses rougeâtres, mêlées avec des bancs de gypse laminaire, succèdent, tout près du passage de la Cumbre, des roches mécaniquement accumulées, que Darwin donne comme un conglomérat porphyrique, alternant avec des couches argileuses ; les couches passent de l'autre côté du haut de la montagne à l'Ouest, et descendent assez loin en bas, comme pierre principale, dans la vallée du rio Juncal, suivant la route que le voyageur prend jusqu'à San Felipe de los Andes, première ville considérable de la République Chilienne. Stelzner parle de ces pierres comme de tufs trachytiques, interrompus par des rocs de trachyte de l'espèce nommée andésite, lesquels prennent souvent l'aspect de bancs, pénétrant aussi dans les couches jurassiques avec leurs ramifications et les couvrant dans quelques endroits. Même dans les culots de porphyre se trouvent de semblables brèches d'andésite, mais seulement du côté occidental de l'axe granitique ; il s'y trouve aussi des roches éruptives plus modernes, par exemple, des spilites comme ceux de la Sierra d'Uspallata, qui se touchent avec des couches jurassiques et reposent sur elles. Les trachytes sont des andésites d'amphibole, avec des cristaux bien formés d'amphibolite, dans une pâte grise, mêlée de cristaux d'un feldspath tricline ; on trouve de nombreux cailloux de cette pierre dans le lit du rio de Mendoza, même en dehors de la montagne, tout près de la ville du même nom, d'où j'en ai apporté plusieurs échantillons à Halle dans mes collections. Il est digne de remarque que seulement le côté occidental des Cordillères, prenant l'axe granitique comme le versant des deux côtés, est riche en pierres éruptives des roches trachytiques ; ces mêmes rocs manquent du côté oriental, où prédominent les porphyres presque complétement. D'abord ils se trouvent de ce côté de nouveau dans la Sierra d'Uspallata, en dehors des Cordillères et séparés d'elles par la vallée qui s'étend entre eux et la Sierra.

Pour poursuivre cette courte description des Andes, entre Mendoza et Santiago du Chili, plus au Nord et au Sud, nous devons recourir encore aux recherches des deux voyageurs susnommés, qui nous donnent quelques indications; et aussi, aux relations de M. P. STROBEL, déjà mentionnées note 46. Ces communications ultérieures prouvent que la même construction générale se conserve dans tout le tracé des Cordillères des provinces de San Juan et de Mendoza, jusqu'au commencement de la Patagonie. Dans la province de San Juan, M. STELZNER a examiné la montagne, prenant sa route par la vallée de *Los Patos*, pour faire l'ascension du passage du même nom et descendre par la vallée du *Rio Putaëndo* à *San Felipe de los Andes*, retournant par le passage de *La Cumbre*, que nous avons analysé auparavant, à Mendoza. L'auteur décrit les rocs qui existent le long de cette route, comme identiques à ceux de la vallée du rio de Mendoza. La montagne commence à l'Est par des porphyres, surplombant le fond de la vallée du rio de *los Patos*, où est située la petite ville de Calingasta, et se continue par les mêmes rocs, assez variables et tous semblables à ceux de la vallée d'Uspallata, se dressant sur les couches de cailloux et de sable qui contournent leur base. Ces porphyres sont percés par des culots granitiques, qui se distinguent bien des rocs environnants par leur couleur plus claire, et subissent diverses variations d'après la grosseur des grains, la couleur du feldspath, la présence ou le manque de cristaux plus grands d'orthose et l'apparence locale de la tourmaline, qui indiquent bien les différents lieux de leur éruption. Les porphyres accompagnant le granite sont plus volumineux que celui-ci, quoique en moindre quantité que dans la vallée d'Uspallata; ils contiennent des grains de quarz et ressemblent par la variété de leurs couleurs aux porphyres de cette vallée. Ils se dressent tout près du sommet le plus élevé d'une chaîne séparée, nommée *El Espinazito*, qui descend du centre principal de cette partie de la montagne du célèbre *Aconcagua* (voyez tome I, page 201), au Nord-Est, parallèlement à l'autre branche vatiline de la *Cordillera del Tigre*, de la même structure et également couronnée de plusieurs sommets de neiges perpétuelles.

A côté des porphyres, à l'Ouest, court la formation jurassique, un peu plus large en ce lieu que dans le *cajon* du rio de Mendoza, et très-riche en pétrifications caractéristiques, dont les Ammonites et les Bélemnites attirent aussitôt l'attention du voyageur. Des rocs trachytiques perforent aussi dans cet endroit les couches jurassiques, et se logent, en quelques points, entre leurs bancs. Ce sont des andésites d'amphibole, égaux par leur masse aux tufs trachytiques suivants très-étendus, prouvant par leur identité la contemporanéité de l'éruption plus moderne aux deux endroits, quoique Darwin ait tenté de les attribuer au temps de la formation oolithique même. Ces éruptions de trachytes se répètent dans les grès rougeâtres, sans pétrifications, qui sont déposés sur les couches oolithiques, entre celles-ci et les tufs trachytiques ; la masse de ceux-ci augmente peu à peu, ainsi que leur nombre, à mesure que l'on avance à l'Ouest. Mais les tufs commencent aussi dans cette partie de la montagne, du côté est, du haut de la chaîne, et descendent, sur le côté ouest, assez loin dans le territoire montagneux du Chili, c'est-à-dire au moins jusqu'au pied de la chaîne principale des Cordillères [17].

S'il est vrai que nous ayons trouvé de ce côté, au Nord, la structure de la montagne, identique dans les deux points examinés, par contre les relations de roches constitutives se modifient un peu plus au sud du passage de la Cumbre. Nous connaissons cette partie des Cordillères par les recherches de DARWIN, faites pendant le voyage au passage du Portillo, qui traverse les deux chaînes parallèles, séparées par la vallée du rio Tunuyan, d'une largeur de cinq milles géographiques et d'une hauteur de 2400 mètres au-dessus du niveau de l'Océan Pacifique, renfermant le haut cône du *Tupungato* (tome I, page 201), l'un des plus réguliers et des plus pittoresques des Andes, et presque de la même hauteur que le Chimborazo. La chaîne orientale du côté des *Pampas* commence, comme toujours, par des collines de cailloux, sur lesquelles se présentent les conglomérats plus durs, d'une époque plus ancienne, que nous avons décrits plus haut, page 242, comme déposés au commencement basilaire des ravins qui descendent du haut de la montagne. Les premiers rocs en place de ce côté, dit DARWIN, sont des porphyres, accompagnés d'autres conglomérats de la même substance. Il les décrit comme une pâte de couleur brune-claire, avec des grains de quarz et des cristaux de feldspath. Au-dessus de ces rocs il a vu, à une hauteur de 400 mètres, des masses éruptives, principalement un banc composé d'un roc grisâtre assez foncé, contenant des cristaux de feldspath vitré, olivin et quelques feuilles de mica, renfermant, çà et là, aussi quelques parties amygdaliformes de zéolite, c'est-à-dire une substance trachytique avec quelques qualités du basalte. Cette masse formait différentes couches, séparées par des tufs trachytiques, avec des cailloux bien arrondis du même trachyte dur. Dans les berges apparentes du côté nord du lit du rio Arenales, ces trachytes reposent avec leurs tufs sur du micaschiste soutenu par un grand massif de granite, et cette pierre forme ici la matière principale de la chaîne orientale des Cordillères. Le granite est la continuation, au Sud, des petits culots du même roc, que nous avons trouvés dans le *cajon* du rio de Mendoza, entre les porphyres, et de même dans la vallée du rio de *los Patos*. Du côté occidental, vers la vallée du rio Tunuyan, il n'est pas accompagné de micaschiste, mais d'un dépôt sédimentaire qui descend jusqu'au milieu des escarpements, contenant des débris de formations plus anciennes, en plus de la formation jurassique avec ses pétrifications caractéristiques, et en outre des porphyres et même du granite, ressemblant au roc fondamental de cette chaîne de la montagne. Ces parties ci-incluses démontrent évidemment que cette couche est un produit assez moderne et probablement un dépôt formé pendant les éruptions du grand cône du Tupungato voisin, c'est-à-dire aussi un tuf, et comme ce tuf contient des cailloux de la formation jurassique, il prouve ainsi être plus moderne, et se rattache très-probablement à l'époque tertiaire.

Après ces couches assez étendues, auxquelles Darwin donne une épaisseur de 500 à 600 mètres environ, on trouve les dépôts alluviens tout modernes au fond de la vallée, et après ceux-ci, au commencement de l'escarpement de la chaîne occidentale des Cordillères, la formation jurassique, facilement reconnaissable à ses pétrifications, et représentée ici par un calcaire noir, contenant plusieurs Ammonites, par exemple l'*Ammonites communis*, dont j'ai même rapporté un exemplaire complet à Halle dans mes collections. La formation jurassique appartient ainsi à la chaîne occidentale de la *Cordillera Real*, et se présente ici comme un ruban étroit ayant la même étendue que dans le *cajon* du Rio de Mendoza. Au-dessus, viennent les mêmes grès rougeâtres, avec des bancs de gypse laminaire sans pétrifications, que nous avons trouvés aussi dans le *cajon*, sans pouvoir déterminer leur âge géologique. De même, à cet endroit, manquent tous les indices qui pourraient servir à déterminer leur époque, mais ils prennent ici une extension plus grande, passant le haut de la chaîne au côté occidental des escarpements, par le passage du *Piuquenes*, où ils se présentent sous différentes formes gigantesques, quelques-uns élevés presque perpendiculairement, de différentes couleurs et textures, alternant avec les bancs de gypse laminaire, qui augmentent leurs différences. Plus en dessous des escarpements commencent les tufs trachytiques, interrompus en différents lieux par des cônes éruptifs d'andésite ; ces tufs descendent aussi jusqu'au pied de la montagne, et se cachent sous les alluvions modernes de la plaine onduleuse chilienne, entre la *Cordillera Real* et la *Cordillera de la Costa*, qui circule le long de la côte Pacifique, jusqu'aux îles de l'Archipel de Chonos. La formation jurassique reste ici entre les deux chaînes de la *Cordillera Real*, mais se rattache plus à la chaine occidentale qu'à l'orientale.

Dans la vallée entre les deux chaines de cette partie des Cordillères s'élève le Tupungato, le cône le plus grand éruptif qui se trouve dans le territoire argentin. C'est un mont tout-à-fait isolé, en forme de cloche et d'environ 32 mètres plus bas que le Chimborazo. Malheureusement nous ne possédons aucun détail sur sa structure intérieure et ne connaissons que sa position, son aspect et sa hauteur (tome I, page 203). En ce qui concerne la première, sa base se rapproche plus de la chaîne occidentale que de l'orientale, et cette position prouve que son axe éruptif est du côté interne de l'axe de cette chaine, tandis que les cônes vulcaniques plus au Sud s'élèvent généralement du côté externe de l'axe de la montagne, du côté de l'Océan Pacifique. Le cône, de cette manière, est plus attaché à la chaîne occidentale plus élevée (Voyez tome I, page 206), et se dresse presque complétement au-dessus de la chaîne orientale, dont le sommet est presque à 400 mètres plus bas que l'autre, découpant sa forme, qui est celle d'une grosse cloche, aperçue d'assez loin sur la plaine de la *Pampa*, jusqu'à San Luis. Toute sa surface visible est toujours couverte de neige et ne me semble pas très-déchirée par les ravins qui en descendent, car elle se présente presque homogène et blanche. Quant à sa substance pétrographique, on peut soupçonner qu'elle sera composée de trachytes de l'espèce d'andésite, qui le feront ressembler aux autres cônes semblables des Cordillères. Cependant il me semble très-vraisemblable qu'il se trouve aussi d'autres substances vulcaniques tout près du Tupungato, car on apporte à Mendoza, pour les adapter à des machines à filtrer, des blocs de pierres ponce qui proviennent de la vallée où s'élève son cône. On m'a montré aussi de l'obsidienne venant de la même localité.

La partie la plus au sud des Cordillères, sur laquelle nous avons reçu dernièrement quelques indications relatives à sa structure géognostique, de M. P. STROBEL (voyez note 46), est celle du passage du Planchon (tome I, page 211). La montagne forme ici une seule chaîne principale assez étroite, continuation de la chaine occidentale de la partie plus au Nord ; la chaîne orientale se termine au volcan de Maypu, comme nous l'avons dit dans le tome I, page 204, continuant sous forme de petites élévations des *Préandes*, qui séparent l'autre chaîne de la plaine des *Pampas*. C'est pour cette raison que cet auteur n'a plus trouvé le granite dans la chaîne principale qu'il a traversée, correspondant à l'occidentale des autres Cordillères plus au Nord, car le granite appartient, comme l'axe fondamental, à la chaîne orientale, comme nous l'avons vu plus haut. Le granite existe, dans cette partie du Sud, en dehors de la chaîne principale, dans la plaine à l'Est, avant le pied des escarpements, où M. STROBEL trouvait ses cailloux dans le lit du rio Diamante, et un peu plus au nord, près de la forteresse de San Carlos, en place, comme culots assez bas, s'élevant et formant ici la petite chaîne des Préandes. Sa couleur est la même rose-claire, telle que celle du passage du Portillo ; il semble qu'il soit accompagné de syénite, car on trouve des cailloux de cette pierre dans les dépôts de la plaine. Des porphyres ne se présentaient nulle part dans le passage du Planchon, parce que ses rocs appartiennent aussi à la chaîne orientale de la montagne; mais un peu plus au Nord, au fort de San Raphaël, ils se trouvent dans la plaine même, comme le granite, s'étendant jusqu'à San Carlos, où ils prennent une étendue plus grande. Enfin, les trachytes sont successivement répandus dans toute la chaîne de cette partie des Cordillères ; ils forment dans les vallées, depuis le passage du Planchon jusqu'à la rivière de Diamante, tous les rocs massifs, mais se perdent de plus en plus au nord de San Raphaël. Ils sont toujours accompagnés de tufs et de conglomérats de la même masse trachytique, et dans un endroit de la vallée de *Las Peñas* l'auteur a trouvé aussi l'obsidienne. Il semble que cette configuration de la montagne soit en tout semblable à celle de la chaîne occidentale, au sud du pic de Tupungato, et que par cette identité de construction se prouve de nouveau leur connexion immédiate, qui fait de l'une la continuation de l'autre. Des rocs basaltiques sont rares, comme dans toute la Cordillère; ils ne se présentent qu'une seule fois dans les dernières collines des Préandes, perforant le trachyte, comme au *Cerro de Diamante*, qui est formé principalement de basalte. Tout près de là, existe un autre sommet basaltique avec une excavation en forme de cratère, qui prend le nom de *Hoyo colorado* (Trou rouge), de quelques couches rougeâtres. De même, entre le cerro de

Diamante et San Raphaël on trouve le basalte sur deux points, à côté des schistes, du mica et du talc, accompagnant les couches cristallisées des deux pierres et très-vraisemblablement sorti par leur propre impulsion.

On rencontre les mêmes schistes cristallisés métamorphiques dans différentes parties, entre le Planchon et San Raphaël; le premier est du schiste d'amphibolite, dans toute la partie que suit le voyageur pendant la première journée de marche, au sortir de la passe. Plus au nord, se trouve le phyllade à côté du trachyte, et plus loin le micaschiste et le stéaschiste, les deux formant, entre Diamante et San Raphaël, une couche assez étendue, le dernier alternant avec des couches d'un quarz blanc et phyllade.

Des formations plus modernes sont rares, mais il existe dans la vallée du *Rio de las Leñas* un grès rougeâtre tout près du sommet, reposant sur du diorite ; c'est sans doute ce même roc qui se présente aussi dans le *cajon* du rio de Mendoza, et à la même hauteur dans la passe du Piuquenes, sans que l'on sache jusqu'à présent, avec certitude, son âge géognostique. Un autre grès gris-verdâtre existe du côté occidental de la chaîne, avec des pétrifications de Lias ; par exemple, le grand *Pecten alatus* répandu dans toute la Cordillère, comme coquille principale de la formation oolithique. Nous avons dans le Musée public de Buénos-Ayres des échantillons de la même espèce, trouvés dans le lit des fleuves de la Patagonie. D'après l'opinion des savants chiliens, la formation jurassique repose ici sur des conglomérats de porphyre et sur des porphyres stratifiés ; mais M. STROBEL n'a pu vérifier ces observations nulle part. L'auteur a vu, plus au nord de l'*Hoyo colorado*, des couches d'un grès dur, alternant avec des bancs de calcaire, dans les dernières collines des Cordillères, se dressant presque perpendiculairement par masses basaltiques, mais le manque de pétrifications l'empêchait de connaître leur véritable époque de formation. Les couches calcaires apparaissaient tantôt avec une couleur noire, tantôt grise, et les grès étaient les uns jaunâtres, les autres rougeâtres. Quoique l'âge de ces couches reste douteux, la formation jurassique est prouvée par les autres couches comme existant aussi du côté oriental de la chaîne des Cordillères du Sud, tel que nous l'avons déjà vu par la présence des pétrifications jurassiques entre les cailloux de la plaine de la Patagonie. Ces deux observations suffisent à démontrer, que cette chaîne correspond à l'occidentale des Cordillères plus au Nord, comme le prouvent aussi tous les autres faits relevés ici et extraits des observations de cet auteur.

XII

GÉOGNOSIE DE QUELQUES AUTRES MONTAGNES DU PAYS

1. — La Sierra d'Uspallata [a]

J'ai parlé en passant, et sans m'y arrêter beaucoup, de cette montagne (tome I, page 202), je l'ai indiquée comme la fin de la Contrecordillère, c'est-à-dire de la chaîne des petites montagnes isolées, qui se présentent avant la Cordillère proprement dite, et s'élève jusqu'au plateau du Nord, par les provinces de la Rioja, San Juan et Mendoza.

La *Sierra de Uspallata* est une des plus grandes montagnes de cette chaîne; elle forme un groupe isolé à la fin de la chaîne, terminé au Nord par une fondrière assez étroite qui prend son nom d'un petit village voisin, Acequion, situé un peu avant le 30° latitude Sud (voyez la carte ci-jointe), et au Sud, par la rivière de Mendoza, qui la sépare de la chaîne orientale des Cordillères Réales. Toute

montagne, ainsi circonscrite, a une longueur d'environ
16 milles géographiques, et une largeur de 4 à 6 milles,
entourée à l'Est par la plaine de la *Pampa* et à l'Ouest
par la vallée d'Uspallata, entre la sierra et les Cordillères.
Le fond de cette vallée s'élève jusqu'à 2000 mètres [40]
au-dessus du niveau de la mer, et la plaine, de l'autre
côté, à 780 mètres; le sommet de la montagne, nommé
Paramillo, est de 2864 mètres, et les hauteurs des différentes chaînes qui composent la montagne varient entre 1600
à 2200 mètres.

Du côté de la *Pampa*, la montagne sort assez rapidement, comme un mur doucement incliné à l'Ouest, découpé au sommet en petites dents assez aiguës et émettant quelques rameaux onduleux vers la plaine à l'Est,
séparés par des ravins étroits également onduleux. Ces rameaux s'abaissent peu à peu en se rapprochant de la
plaine et se perdent enfin au-dessous des monceaux de
décombres qui forment les contours de toutes les montagnes du pays. Les ramifications plus au Sud sont les
plus importantes; vers le Nord, elles deviennent plus
courtes et se changent enfin en rameaux presque imparfaits, pour faire place, avant la montagne même, à une
série de mamelons isolés calcaires, appartenant à la Procordillère. Le dernier de ces mamelons, le plus petit,
de la *Calera*, à mi-chemin entre Mendoza et *Villa Vicencio*, se trouve placé un peu avant l'entrée de la sierra,
presque à la moitié de leur longueur générale, c'est là qu'est
la station principale de la route qui traverse la Cordillère. Cette disposition générale donne à la sierra d'Uspallata un aspect très-pittoresque, qui récrée agréablement la
vue, et que j'ai eu le plaisir de contempler pendant une
année entière; j'en ai pris personnellement de nombreuses vues qui seront publiées dans l'Atlas de cet ouvrage,
en plusieurs tableaux.

On ne voit rien de la structure intérieure de la montagne du côté externe de la *Pampa*; même le voyageur parvenu au haut de la première chaîne n'embrasse pas une vue d'ensemble; il faut l'étudier longtemps et passer la montagne dans différentes directions, pour connaître en détail sa structure. Ces difficultés ont rendu ma première esquisse assez défectueuse; mais peu à peu j'ai compris, par des observations répétées et par des communications de personnes bien informées, que toute la montagne se compose de cinq chaînes parallèles [50], situées l'une après l'autre de l'Est à l'Ouest et dirigées un peu obliquement du Sud-Ouest au Nord-Est, de telle manière que la seconde chaîne dépasse la première, moins allongée au Nord, et les autres succesivement se dépassent l'une l'autre dans la même direction, les deux dernières situées le plus à l'Ouest se raccourcissent de la même manière au Sud, que les deux premières de l'Est au Nord. Quoique la disposition des cinq chaînes ne soit pas complétement rectiligne, et que quelques perturbations postérieures aient disloqué le parallélisme, on peut considérer cette configuration comme base du système interne de la sierra d'Uspallata, et nous suivrons cette division dans la description détaillée de chaque chaîne, l'une après l'autre, et laquelle nous commencerons par la plus externe à l'Est, du côté de la *Pampa*.

Cette première chaîne forme une ligne de couches élevées, de la formation paléozoïque, leurs têtes inclinées à l'Est-Sud-Est, qui commence au Sud, immédiatement à la fin de la montagne, s'élève au-dessus du lit du rio de Mendoza et s'étend assez largement dans la plaine, avec des rameaux moins importants et latéralement émis; ceux-ci se dirigent au Sud-Est et l'axe de la chaîne se termine presque vis-à-vis de la *Calera*, ce dernier mamelon calcaire de la Procordillère, complétement séparé de la montagne d'Uspallata. La ligne de ces couches suit exactement la direction générale des autres et dénonce leur disposition; elle n'atteint pas le centre de la montagne, le sommet du Paramillo:

car elle prend fin à peu près à un tiers de toute la longueur de la sierra. Les couches de cette première ligne me semblent être les plus modernes de la formation paléozoïque, parce que leurs pieds, à leur jonction avec la plaine, sont formés par des dépôts houillers que j'ai étudiés d'une manière particulière dans la petite vallée de Challao, vis-à-vis de la ville de Mendoza. On trouve aussi à la fin de la ligne, au Sud, la même formation carbonifère à découvert, vis-à-vis du *Cerro Cacheuta* de l'autre côté du rio de Mendoza, et si les communications que j'ai reçues de cette dernière localité sont exactes, on trouve ici, à une profondeur de 2 mètres, un banc de charbon de plus d'un pied d'épaisseur et de très-bonne qualité. Les pétrifications de cette provenance, que dernièrement m'a montrées M. RAYMOND (voyez page 264), sont comprobantes et suffisamment bien conservées pour permettre de déterminer leur nature. Les rameaux latéraux, sortant de la crête au sud-est de la plaine, ont une longueur de 3 milles géographiques ; ils sont séparés par des ravins onduleux, au commencement assez larges, au fond, mais peu à peu plus étroits en se rapprochant de la crête ; leur fond est couvert de ce conglomérat dur que nous avons précédemment décrit (page 242), et que je crois appartenir à l'époque tertiaire. Il est formé par beaucoup de cailloux assez petits des rocs quarzeux, unis par un ciment dur blanchâtre de marne; qualités que ne possèdent pas les autres conglomérats dans l'intérieur de la montagne, et qui prouvent leur provenance distincte. Ces couches de décombres sont horizontalement déposées, quand les couches du terrain houiller participent au soulèvement des couches paléozoïques avec l'inclinaison de Nord-Ouest au Sud-Est.

Après avoir passé cette première ligne de la montagne sur une crête d'environ 1600 mètres de hauteur, le voyageur entre dans une vallée étroite, à peu près à 150 mètres plus basse, dont le fond est tout couvert d'un sable fin, stérile, sans végétation, à peu près d'un quart de lieue de large et fermée à l'autre extrémité d'ouest par un mur de la même formation paléozoïque, tout semblable à celui de la première chaîne. Cette seconde ligne de la montagne est moins large que la première, mais un peu plus longue, en outre de la même structure, sauf qu'elle n'émet pas de rameaux latéraux subordonnés, et que ses contreforts escarpés sont mouvementés par quelques petites ondulations, prenant çà et là le caractère de rocs pittoresques, presque perpendiculaires, se dressant assez inopinément au dehors. La ligne entière a une largeur basilaire d'environ une lieue et sa longueur peut atteindre 6 lieues ; au Sud elle aboutit aussi au rio de Mendoza, près d'une source d'eaux thermales ; au Nord elle dépasse la première de 2 à 2 lieues $^1/_2$ et aboutit dans la vallée de *Cañota*. Cette vallée traverse la montagne un peu plus au Nord que le mamelon de la *Calera*; elle est plus large et plus ouverte vers la plaine que les autres ravins transversaux, sauf celui de Villa Vicencio, qui aboutit au sommet de la quatrième ligne principale, qui sort du Paramillo. La partie de la seconde ligne dépassant la première du côté du Nord, a quelques ramifications latérales, courtes, couvertes, comme celles de la première, d'une végétation de petits arbustes et de bosquets, qui dans le fond du ravin prend un caractère plus accentué, et principalement dans le voisinage de petites sources qui coulent dans l'un ou l'autre, formant un faible filet d'eau de quelques centaines de pas. Mais les vallées longitudinales, à la hauteur de la montagne, entre les lignes, sont toutes stériles, sans végétation, même sans eau, sauf une petite source dans la suivante, nommée *La Lacha*.

Passant la seconde ligne, on arrive dans une seconde vallée longitudinale, toute semblable à la première, terminée à l'Ouest par la troisième ligne de la montagne. Cette troisième ligne est un peu plus large que la seconde, mais non pas plus longue, et devient au Sud plus courte que l'antérieure, avant de toucher le lit du rio de Mendoza, parce qu'un massif isolé, le *Cerro Pelado*, s'élève ici et la sépare du côté de la rivière. La substance de ce roc que je n'ai pas vu, m'est inconnue; mais on peut soupçonner qu'il est éruptif, peut-être de porphyre, car il se trouve dans la direction des porphyres de l'intérieur de la montagne, dont nous donnerons bientôt la description. Au pied de cette ligne est située une grande estancia, nommée San Ignacio, tout près du rio de Mendoza, et cet établissement limite aussi la troisième vallée, entre la troisième et la quatrième ligne de la montagne. J'ai passé la vallée plus au Nord, tout près d'une autre estancia de bétail, à côté d'une source, *Las Manantiales,* qui a donné son nom à l'estancia comme à la vallée. Au-dessus de l'estancia s'élèvent, vis-à-vis de la maison du fermier, en couches de grauwacke, qui forment le roc principal de la montagne, trois grands massifs de felsite-porphyre rougeâtre, très-pittoresques. C'est de ce point que j'ai pris la vue générale des Cordillères, avec l'Aconcagua au centre, qui sera publiée dans l'Atlas de cet ouvrage. La vallée est aussi stérile, couverte au fond de petits cailloux et sans aucune végétation ; seulement sur les escarpements on trouve quelques grands *Cactus* (probablement le *C. atacamensis*, ou une espèce voisine), et quelques petits bosquets de légumineuses, armées de fortes épines. Au Nord, la vallée se continue de la même manière que les autres, jusqu'au ravin transversal principal, dans l'ouverture duquel est située Villa Vicencio. Probablement cette vallée entrera dans un ravin étroit, latéral au chemin qui va à Villa Vicencio, connu par ses bains thermaux sulfureux, qui sont fréquentés par les habitants de Mendoza.

La quatrième ligne est plus étroite que l'antérieure et encore plus que la seconde ; elle termine au Sud, au rio de Mendoza et court au Nord, jusqu'au sommet du Paramillo, qui se trouve presque dans le milieu de la moitié boréale de la montagne, formant son centre principal, et s'unissant immédiatement avec la quatrième ligne. Le fonds de la quatrième vallée sépare cette même ligne de la cinquième et dernière ; elle est un peu plus basse, mais de la même qualité que l'antérieure. J'ai pris la mesure de la hauteur de celle-ci et l'ai fixée à peu près exactement à 2100 mètres (6412 pieds), et j'ai conclu de cette mesure que la hauteur de la quatrième vallée se peut calculer à 1650 mètres, presque 350 mètres moins élevée que la vallée d'Uspallata, qui sépare la Sierra et les Cordillères. Dans cette quatrième vallée j'ai observé beaucoup de rocs de porphyre, courant dans la direction de la vallée et sortis du fond des escarpements des deux côtés ; une masse considérable de la même pierre, du côté gauche occidental, coupe le chemin et laisse seulement un court passage, à peine assez large pour un mulet chargé.

On sort par cette ouverture de la vallée et l'on rencontre de l'autre côté du passage une grande masse de micaschistes qui suivent ici les couches sédimentaires de grauwacke, formant le roc principal de la cinquième et dernière ligne de la montagne, accompagnés plus loin par les roches éruptives de trachytes et de tufs trachytiques, que nous avons décrites plus haut dans le neuvième chapitre. Je ne veux pas répéter ici cette description, mais seulement ajouter que le micaschiste est un roc clair, grisâtre, très-luisant, ressemblant au stéaschiste et renfermant beaucoup de petites couches quarzeuses blanches, qui perforent aussi le roc en différentes directions. Passant alors par le terrain des roches éruptives assez étendues à la fin d'un ravin transversal, on trouve de nouveau les couches de la formation houillère, qui terminent la sierra d'Uspallata du côté occidental. Tout près du commencement du micaschiste existent des mines de cuivre en exploitation, presque à la jonction des rocs métamorphiques et paléozoïques avec les roches éruptives ; on voit, passé la quatrième ligne de la montagne, du côté gauche de la vallée qui le sépare de la cinquième ligne, les ouvertures de plusieurs puits à mi-hauteur des escarpements, et l'on rencontre plus loin, dans la vallée d'Uspallata, les établissements où l'on travaille les minerais [51].

La description donnée dans les pages précédentes est seulement relative à la moitié de la montagne entière au sud du Paramillo, que je connais par mes investigations personnelles; de l'autre moitié au Nord, je ne peux donner que quelques indications assez vagues. Nous savons que les deux moitiés sont séparées entre elles par deux grands ravins transversaux courant tous deux vers le sommet du Paramillo et constituant le chemin principal qui traverse la montagne et prend son nom de la station de la Villa Vicencio, à la bouche du ravin oriental dans la plaine. Les rocs qui composent les deux parois des deux ravins le long du chemin ont été décrits par Darwin et plus tard par moi, dans mon *Voyage*, tome I, pages 261 et suivantes; ils prouvent que le ravin oriental traverse les couches paléozoïques qui composent la montagne, perforées par quelques rocs éruptifs trachytiques, pendant que le ravin occidental est accompagné de couches de la formation houillère et de rocs éruptifs, qui d'abord, tout près du sommet du Paramillo, sont de porphyres et plus bas sont successivement de basaltes, de spilites et de tufs jusqu'à la vallée d'Uspallata, où le terrain houiller représente la partie sédimentaire de la montagne.

La partie de la montagne, au nord des deux ravins, n'a pas été étudiée en détail jusqu'à présent; tout ce que nous connaissons de sa configuration se fonde sur quelques cartes géographiques et quelques communications des habitants des provinces voisines. Ainsi la carte de H. Schade, de la province de San Juan, à laquelle appartient la partie boréale de cette moitié de la montagne, indique cette partie comme composée de trois lignes, sans doute de couches sédimentaires paléozoïques, qui courent dans la direction des antérieures de la moitié Sud, c'est-à-dire du Sud au Nord et suivant de l'Est à l'Ouest parallèlement entre elles, formant la bordure de la montagne dans la fondrière d'Acequion, qui sépare la sierra d'Uspallata de la sierra de Tontal. Ces trois dernières lignes au Nord sont séparées du massif du Paramillo par la vallée de Carizal qui court obliquement de Sud-Est à Nord-Ouest par toute la montagne, en coupant la partie boréale en un bloc allongé, de figure triangulaire. Au sud de cette vallée reste un autre morceau de la montagne, enveloppant le Paramillo d'un plateau un peu convexe nommé la Pampa del Guanaco, qui s'élève peu à peu au Sud jusqu'au centre du Paramillo. Suivant l'analogie de la composition des autres parties, ces deux morceaux de la montagne sont formés de couches paléozoïques; le second morceau, touchant la formation houillère du ravin principal occidental, où passe la partie correspondante du chemin d'Uspallata à Villa Vicencio. Probablement, la partie la plus à l'ouest du second morceau, se formera, comme au sud du chemin, de schistes métamorphiques, interrompus ou accompagnés de la même manière d'éruptions trachytiques, car nous connaissons ici l'existence, au nord du chemin, des riches mines de San Pedro, qui semblent prendre leur origine dans des rocs semblables à ceux de l'autre côté sud. Aussi, dans la sierra de Tontal, les célèbres mines d'or se trouvent du côté occidental de la montagne.

Ayant ainsi décrit la sierra d'Uspallata sous le point de vue orographique, nous l'examinerons de même sous celui de sa configuration spéciale géognostique, sans cependant répéter la description détaillée des rocs, qui sont suffisamment traités dans les chapitres antérieurs.

La substance principale de la montagne est une arkose

grise-jaunâtre, bien connue sous le nom de *grauwacke*; elle forme le roc fondamental de toute la sierra, spécialement du côté oriental, car les lignes de ce côté, avec leurs ramifications et leurs chaînons subordonnés, sont tous formés de la même pierre. Les couches sont dirigées, comme nous avons déjà dit plus haut, du Nord au Sud, d'une façon bien sensible, un peu plus ou moins au Nord-Est et Sud-Ouest, et les têtes de leurs feuilles s'inclinent au côté d'Est, plongeant vers le centre de la montagne, c'est-à-dire à l'Ouest, avec une petite flexion au Nord-Ouest, élevées sous des angles de plus de 45° (entre 45 et 60° environ). Les couches les plus externes sont fortement inclinées; plus au centre de la montagne, elles deviennent peu à peu perpendiculaires, et enfin au côté d'Ouest de la sierra, leur inclinaison plonge à l'Est, en opposition avec la direction première à l'Ouest; mais, la direction générale des couches reste la même du Nord au Sud, et l'inclinaison opposée est un caractère secondaire résultant du soulèvement des couches en morceaux. On trouve aussi de véritables phyllades ou schistes argileux, en forme d'ardoise, comme dans le milieu du chemin, au haut du premier chaînon à l'Est, et au-dessus du troisième, où il forme des bancs considérables dans le grauwacke, accompagné dans le premier endroit d'une couche de psammite de la formation houillère.

J'ai trouvé ces mêmes pierres dans toute la montagne, se répétant avec ladite direction et inclinaison, au moins jusqu'au dernier chaînon à l'Ouest, où le micaschiste prend leur place, aussi fortement incliné et dirigé du Nord au Sud, comme les véritables couches sédimentaires, les deux entourés par des couches de la formation houillère, qui s'accommode aussi au gisement général. Nous parlerons plus tard de la relation vraisemblable des deux formations dans notre montagne, mais auparavant nous passerons en revue les pierres éruptives qui ont percé les couches sédimentaires.

Ce sont principalement des porphyres, qui se trouvent

dans presque toute la montagne en contact avec les sédiments, et me semblent être la cause principale de leur soulèvement. Je les ai vus la première fois dans la première vallée longitudinale, sortant comme massifs non pas très-grands mais épais, s'élevant presque perpendiculairement aux escarpements. La pierre était ici, comme toujours, d'une couleur brune-rougeâtre, formée d'une pâte felsitique, compacte, contenant des cristaux assez petits de feldspath et très-peu de grains de quarz. Cette composition se répétait en différents endroits, ainsi dans le troisième chaînon de la montagne, tout près du bord occidental, sous la figure de trois cônes aigus, au-dessus des escarpements, vis-à-vis de l'estancia Los Manantiales, s'élevant sur les couches de grauwacke, d'une couleur assez claire jaune-grisâtre, qui composent ce chaînon et qui plongent en opposition avec les autres à l'Est, et non, comme les antérieures, à l'Ouest. Il me semblait évident que le soulèvement des porphyres au bord occidental du chaînon avait causé l'inclinaison de ces couches à l'Est. J'ai trouvé dans la quatrième vallée la plus grande évolution du porphyre ; il forme ici le fondement des escarpements des deux côtés du chemin et aussi le fond de la vallée même, un peu élevé le long de la route, formant une ligne anticlinale obtuse, au milieu de la plaine, sur laquelle portait le chemin. Ces porphyres me semblaient déposés en couches comme le grauwacke voisin, appartenant à une variété dite porphyre stratifié, que quelques auteurs regardent comme un roc métamorphique. Plus loin le porphyre stratifié de la vallée se modifiait en massif, qui s'élevait avec des parois presque perpendiculaires sur l'escarpement occidental, et laissait un passage étroit, seulement assez ouvert pour un mulet chargé. Avec ce haut massif se termine le porphyre à ce point ; les pierres du reste de la vallée sont de grauwacke, avec lequel un grand banc de phyllade se trouve en contact immédiat ; mais de l'autre côté du dernier chaînon se trouve encore une fois un grand massif de porphyre, en tout semblable à celui de la partie opposée antérieure, s'élevant vis-à-vis des schistes métamorphiques du mica, qui forment le fondement du gisement de la montagne du côté occidental, vers la plaine d'Uspallata.

Je n'ai pas vu d'autres rocs de porphyre dans cette partie de la sierra d'Uspallata, mais l'on sait bien qu'il en existe encore en plusieurs points. J'en ai vu un moi-même du côté occidental du Paramillo, où il forme un petit culot, d'une texture sphérique de pâte, qui semblait altérée par les roches volcaniques éruptives, tout près du porphyre et un peu plus bas. Une autre localité où j'ai vu des porphyres, est le grand ravin transversal, descendant du Paramillo à Villa Vicencio, presqu'au milieu du chemin, sur le côté sud de la vallée, où s'élevait un massif de porphyre, terminant, comme le dernier, les différents rocs éruptifs volcaniques, qui se trouvent dans la moitié supérieure de ce ravin.

Les trachytes ne participent pas beaucoup à la formation de la sierra d'Uspallata, mais ils existent dans la partie sud de la montagne, hors du rio de Mendoza. On sait que des rocs éruptifs se présentent au Sud du micaschiste et se répètent ici, presque tout le long de la rivière, en culots plus ou moins grands, jusqu'à la *Boca del Rio*, localité bien connue et ainsi nommée du passage étroit que le fleuve s'est ouvert par les trachytes, avant d'entrer dans la plaine de la *Pampa*. Quoique je n'aie pas visité cette partie de la montagne, je sais, par les communications des habitants, que des rocs pyrogènes se trouvent ici, et principalement à la fin de la gorge de la rivière, à l'endroit nommé la *Boca del Rio*. L'un de ces rocs est le *Cerro Pelado*, que j'ai déjà nommé plus haut comme éruption de porphyre. Au-dessous de ce *Cerro*, les porphyres se perdent sur les deux rives du fleuve, et ce sont les trachytes qui forment le passage étroit dit *Boca del Rio*. Le chemin qui suit le fleuve, pour sortir de la plaine d'Uspallata et entrer dans celle de la *Pampa*, quitte forcément ses rives à ladite *Boca*; il décrit une courbe autour des grands rocs de trachyte du *Cerro Cacheüta*, et une ramification latérale du chemin, assez impraticable, perce une partie du labyrinthe entre ses tufs, pour arriver aux bains thermaux, qui se trouvent ici, à côté des rocs éruptifs, sur la rive nord du fleuve, à la fin du second chainon de la montagne, comme nous l'avons déjà dit plus haut pour indiquer leur terminaison.

J'ai parlé d'abord de ces roches pyrogènes avant de traiter de la seconde formation sédimentaire de la montagne, pour donner une notion générale plus claire de sa structure géognostique. Par le même motif je ne parlerai pas plus des autres rocs éruptifs, sans avoir auparavant jeté un coup d'œil sur la seconde formation, mécaniquement constituée, c'est-à-dire celle du terrain houiller. Par les détails donnés plus haut, dans le septième chapitre (page 261), nous savons que cette formation contourne à l'Est, au Sud et à l'Ouest la montagne, formant une ceinture çà et là interrompue sur les autres couches sédimentaires, et s'élevant même du côté de l'Ouest dans l'intérieur de la sierra, accompagnée d'une forte éruption de roches volcaniques. Les couches qui composent la formation houillère sont décrites plus haut; elles forment deux étages différents : le supérieur d'un grès gros, de différentes couleurs, prenant quelquefois les caractères d'un conglomérat fin, bréchoux, et plus haut d'un véritable psammite ; l'inférieur d'une argile noire-lamellaire, plus ou moins imprégnée de substance de charbon, renfermant çà et là de petits bancs de véritable houille. Ces deux étages se trouvent toujours en gisements correspondants, soit par la direction, ou soit par l'inclinaison des couches, et démontrent par cette conformité leur âge contemporain, en même temps que leur origine similaire émanant de la même formation.

Sans entrer de nouveau dans la description détaillée de

ces couches avec leurs pétrifications, nous nous occuperons ici seulement de leur gisement spécial et de la relation dans laquelle elles se trouvent avec la montagne en général, et les autres couches sédimentaires qui composent la sierra d'Uspallata.

Du côté est de la montagne, où j'ai bien examiné la formation houillère, dans le ravin de Challao, tout près de Mendoza, la formation est évidemment au-dessous des couches sédimentaires paléozoïques, suivant leur direction de Nord au Sud et leur inclinaison à l'Est. Elle est représentée ici par des bancs d'argile lamellaire noire, avec quelques indications de feuilles de fougère, mais sans forme certaine spécifique, et le charbon n'existe pas à l'état de véritable houille, mais seulement imprégné dans la substance argileuse. Une couche de grès gros blanchâtre sépare les schistes argileux carbonifères des gris jaunâtres de grauwacke, et se prononce par ses caractères pétrographiques comme un psammite carbonifère. La même apparence des couches se répète plus au Sud, du côté Est, vis-à-vis du village de Lujan, où je ne les ai pas vues en personne même, mais on m'a dit qu'elles apparaissaient là sous la même forme. Comme la formation houillère, du temps de son dépôt originaire, est plus moderne que la formation de grauwacke, leur position, inférieure à celle-ci, prouve avec évidence que les couches de la montagne, de ce côté, sont complétement renversées, les inférieures devenant les supérieures, et *vice-versa*; le soulèvement des couches de leur position primitive a été si grand, que la partie élevée se renversait complétement, dirigeant sa surface inférieure en dessus, et sa supérieure en dessous. C'est par ce mouvement violent que les couches supérieures de la formation houillère sont devenues les inférieures.

Plus au Sud, dans le ravin du rio de Mendoza, où la même formation se trouve, les couches en sont inclinées, d'après ce que m'a dit le propriétaire du terrain, M. RAYMOND, que j'ai déjà cité plus haut, page 264, comme témoin oculaire, au Sud, et ne se trouvent pas au-dessous des couches paléozoïques, mais au-dessus. Ici existe le même schiste argileux noir, et au-dessus un psammite fin, blanchâtre, avec des feuilles de fougère bien conservées, le schiste argileux contenant un banc de véritable houille d'une épaisseur de plus d'un pied.

Enfin, du côté d'Ouest, dans la vallée d'Uspallata, où j'ai examiné de même la formation, leurs couches sont inclinées aussi à l'Est et conservent cette même inclinaison dans le ravin que suit le chemin du Paramillo, où la formation houillère se trouve le long de la route, dans une étendue considérable. Dans la vallée d'Uspallata, la formation s'élève au-dessus des autres formations, en petits chaînons isolés, qui montrent très-clairement leurs couches plongeant à l'Ouest, ayant les têtes à l'Est; ils ne sont pas très-élevés et leur inclinaison est généralement de moins de 45 degrés. Plus loin, dans l'intérieur du ravin, les couches perdent peu à peu la même hauteur d'inclinaison, et se rapprochent enfin de la position presque horizontale. Elles contiennent çà et là de petits bancs de houille, mais la plupart sont très-minces et ne dépassent pas une ligne d'épaisseur ; une seule fois j'ai vu une couche de houille d'un pouce d'épaisseur.

Il me semble assez évident que la différence du gisement entre le côté d'Est et le côté d'Ouest des couches de la formation, dépend du soulèvement de la masse principale de la montagne. Du côté de la plaine d'Uspallata les couches du terrain houiller sont encore dans leur position régulière, primitive, peu élevée, comme leur dépôt sur un fondement un peu incliné les a formées. Le même fait est démontré par leur inclinaison au Sud à la fin de la montagne, dans le ravin du rio de Mendoza ; dans ce lieu aussi la formation houillère n'a pas pris part au soulèvement de la partie principale de la montagne; mais dans le côté est, où le soulèvement a acquis son maximum, s'élevant jusqu'au renversement des couches dans une position opposée, la formation houillère, qui était avant ce bouleversement la supérieure des couches sédimentaires, est devenue l'inférieure, et sous la même loi, les couches inférieures argileuses se montrent, de ce côté, les supérieures, et les bancs de grès gros et psammite sont déprimés dans la profondeur des ruptures qui ont interrompu la continuation des couches avant le soulèvement de la montagne.

Cette manière d'envisager les différences d'inclinaison des couches est bien corroborée par la relation des pierres éruptives de la montagne avec les couches sédimentaires qui la composent. Pour donner une notion plus complète de cette relation, nous examinerons les autres roches éruptives volcaniques, qui se touchent avec les couches sédimentaires, dont nous n'avons pas parlé plus haut après les porphyres.

Il est bien connu, par les descriptions données antérieurement dans le chapitre X, que dans la moitié occidentale de la montagne se trouvent en grande étendue les tufs trachytiques, formant une partie des pierres des deux ravins principaux de la sierra, à l'endroit où les ravins se terminent en s'ouvrant dans la plaine de la vallée d'Uspallata. Nous avons aussi vu que, dans plusieurs localités, ces tufs ont été arrachés de leur position originaire par des éruptions postérieures des rocs durs volcaniques, et nous avons reconnu un trachyte particulier blanc, de l'espèce des sanidines, formant le roc central de l'éruption, auquel sont venus plus tard s'ajouter des spilites et des basaltes, tous sortis peu à peu à côté d'un culot de porphyre, occupant la partie occidentale du sommet du Paramillo. Nous avons trouvé aussi les mêmes rocs du côté oriental du Paramillo, au commencement du ravin qui descend vers la plaine de la *Pampa*, là où existe la station de Villa Vicencio, qui lui a donné son nom. Jamais ces rocs volcaniques ne participent à la dislocation des couches sédimentaires de la montagne ; ils sont, par leur position et leur inclinaison, tous postérieurs au soulèvement des différentes chaînes de la sierra et semblent avoir suivi seulement leur direction, lorsqu'ils avaient déjà été soulevés par des forces préexistantes. Il me semble alors impossible d'attribuer aux rocs volcaniques une participation efficace à la formation générale de la montagne.

Toutes ces circonstances peuvent, je crois, m'autoriser à attribuer sa configuration principalement aux porphyres. Déjà la grande quantité de ces rocs entre les cailloux des chaines de collines, qui courent au pied de la sierra, prouve assez évidemment leur participation, dans une mesure prépondérante, à la composition de la montagne. Il est surprenant de voir que ces cailloux sont formés seulement de porphyre et de grauwacke; jamais on ne trouve de cailloux granitiques; aussi, les morceaux de pierres trachytiques sont toujours petits et presque uniquement déposés dans le lit du fleuve et des ruisseaux descendant de la sierra, où l'on aperçoit, au milieu d'eux quelquefois aussi un morceau de granite. Mais l'eau du rio de Mendoza, qui a apporté ces cailloux, vient de la Cordillère; la sierra d'Uspallata ne possède aucune rivière, et les petites sources qui sourdent çà et là dans les ravins, sont toutes si faibles qu'elles ne peuvent alimenter un cours d'eau continu. L'influence des porphyres sur la formation de la sierra, dans son état actuel, est aussi prouvée avec assez d'évidence par leur distribution dans la masse. Nulle part les porphyres ne se présentent au bord oriental de la montagne; c'est là où la rupture se faisait, par l'élévation des couches antérieurement horizontales, qui leur faisait prendre une position renversée, comme on les voit actuellement. La force d'impulsion souterraine devait, par conséquent, avoir son centre d'action du côté occidental de la chaine élevée, et là se trouvent les porphyres en contact avec les couches de grauwacke soulevées. Il me semble qu'au commencement de ce soulèvement se formaient diverses déchirures, dirigées à peu près du Nord au Sud, dans le sol horizontal du terrain où existe actuellement la sierra d'Uspallata, et que les grands morceaux, séparés entre eux par les fentes du sol, venaient à former les cinq chaines presque parallèles de la montagne, chacune élevée par les forces souterraines qui poussaient les rocs de porphyres à s'élever dans leur état originaire, encore plastique, à cause de leur qualité primitive de demi-fusion. De cette manière-là, la partie orientale du sol était la plus fortement pressée, elle s'élevait le plus haut et se renversait enfin sur la plaine voisine; les autres parties détachées par les fissures restaient dans une position moins inclinée. Il arrivait même que les bords d'un morceau descendaient quand les bords correspondants de l'autre se soulevaient, et de cette manière s'explique bien l'inclinaison opposée des couches des différentes chaines, que nous avons rencontrée; par exemple, dans la troisième, quatrième et cinquième chaines, dans lesquelles plongent les couches à l'Est, pendant que celles de la première et de la seconde plongent à l'Ouest. Les quatre vallées longitudinales, que nous avons indiquées entre les cinq chaines, sont les fentes encore ouvertes, dont le fond est formé de débris des parois voisines, tombés peu à peu pendant le cours de probablement plusieurs mille années qui se sont écoulées depuis les évènements que nous avons indiqués.

Il est nécessaire de dire quelques mots des couches du terrain houiller, pour se rendre un compte exact de leur position en rapport avec la théorie que nous venons d'énoncer. Il me semble qu'elles sont en complète harmonie avec notre manière de voir, et s'accordent sans difficulté avec les faits expliqués. Comme couches d'une formation postérieure à celle du grauwacke, elles doivent se trouver au-dessus de celles-ci, du côté occidental de la montagne, dans la plaine d'Uspallata, plongeant leurs couches à l'Ouest. Aussi, au Sud, dans la vallée du rio de Mendoza, les couches du terrain houiller s'inclinent au Sud, et prouvent ainsi que leur position est normale et n'a pas subi de modifications; mais, du côté est de la montagne, les couches du terrain houiller sont au-dessous des couches de grauwacke, parce que cette partie de la montagne est renversée et, par conséquent, les couches primitivement supérieures sont à présent les inférieures, complétement en concordance avec la théorie de la formation de la montagne. Les arguments ainsi présentés démontrent que la partie orientale de la montagne renferme les couches les plus modernes de la formation paléozoïque, parce que ces couches ont été auparavant les supérieures. Les deux chaînes orientales, avec l'inclinaison de leurs couches à l'Est, semblent présenter cette partie comme la plus moderne de la formation. Les autres deux chaînes, qui suivent et inclinent leurs couches à l'Ouest, sont plus anciennes et représentent les couches inférieures de la formation paléozoïque. Enfin, la cinquième chaîne, qui se compose de couches de pierres métamorphiques, est encore plus ancienne et représente la partie la plus inférieure de la montagne, formée par des couches primitivement sédimentaires, et transformées peu à peu, par des influences postérieures, en masse cristallisée, comme cela est admis généralement à présent. Il me semble que tous les faits observés s'accordent si bien avec la théorie que nous défendons, que nous la pouvons présenter non comme simple hypothèse, mais comme vérité démontrée.

Pour faciliter encore plus la vue générale de la sierra d'Uspallata, il reste à noter que le soulèvement des porphyres, comme rocs constitutifs de la montagne dans leur configuration actuelle, ne pouvait pas commencer avant le dépôt du terrain houiller, parce que nous trouvons ce terrain bouleversé aussi et ayant perdu sa position horizontale. Il est dès lors évident que les porphyres ont commencé leur éruption après l'époque houillère. Beaucoup plus tard se sont élevés les rocs volcaniques, dont l'activité a commencé avec le dépôt des tufs, probablement comme éruptions sous-marines, suivies plus tard par des roches de spilite et de basalte, produits les plus modernes de notre montagne. C'est un fait d'accord avec leur formation que ces éruptions volcaniques se trouvent aussi du côté occidental et entre les dernières chaînes des couches élevées, parce que de ce même côté la force d'impulsion souterraine a été toujours plus puissante, et la résistance des couches élevées moindre, à cause de la grande masse déjà poussée au dehors et arrachée de sa position primitive horizontale. La force volcanique a fait sa percée là où elle trouvait la moindre résistance, et c'était naturellement l'endroit où la couverture était plus faible, c'est-à-dire plus mince; où, dans ceux précédemment ouverts par des rocs de porphyres, sont soulevées les couches sédimentaires. Voilà en peu de mots la théorie de la formation de notre montagne, comme de toutes les autres d'une configuration générale similaire.

Ayant conclu de cette manière la description empirique et théorique de la sierra d'Uspallata, il me semble important de diriger l'attention du lecteur vers ce fait remarquable, que dans toute la montagne n'existe aucune couche calcaire, sauf le petit mamelon de *la Calera*, au dehors de leurs chaînes constituantes, et que ce mamelon n'appartient pas, en vérité, à notre sierra, mais à la Procordillère, comme il a été dit page 316. Dans celle-ci, dominent les roches calcaires sur toute leur étendue, s'augmentant plus au Nord en masse et prenant aussi part, dans cette direction, à la constitution de la Contrecordillère (voyez la carte géognostique); quant aux parties Sud des deux montagnes, les couches calcaires manquent à l'occidentale, et les couches de grauwacke à l'orientale; observation très-remarquable, déjà visée plus haut, page 271, comme caractéristique pour la constitution géognostique des deux chaînes de la Contrecordillère et de la Procordillère.

2. — La Sierra Famatina.

J'ai donné, de cette chaîne de montagnes, la plus voisine de la Procordillère, une courte description orographique (tome I, page 213), ce qui me permet de ne pas entrer dans de nouvelles explications au sujet de sa forme générale.
La constitution géognostique de cette montagne est presque inconnue en Europe, quoique depuis longtemps on y exploite des mines de métaux précieux, dans la partie principale de la sierra, aux environs du sommet central, le grand *Nevado*, couvert de neiges perpétuelles. Cette partie de la chaîne, presque sous le 29° L. S., est la plus intéressante à étudier, et quoique je n'aie jamais visité cette région, je peux donner quelques indications sur sa constitution géognostique, en me servant de communications qui m'ont été faites par M. W. WHEELWRIGHT, et d'études exécutées à ses frais par un jeune minéralogiste chilien M. N. NARANJO, pendant l'année 1853. Je les donne comme je les ai reçues, en traduisant le texte espagnol en français. L'auteur dit ce qui suit :
La partie principale de la montagne, des deux côtés du *Nevado*, se compose de deux chaînes différentes : une très-grande, massive, occidentale, enveloppant de ses contours ledit sommet, et d'une petite chaîne accessoire, à l'Est, qui court, comme la partie principale, du Nord au Sud, séparée de la précédente par une vallée étroite. Cette vallée, nommée d'après la petite ville qu'elle contient, la vallée *Famatina*, occupe une surface, en longitude, de 5 à 6 lieues espagnoles, mais une très-petite latitude, variant d'une *cuadra* (carrée), à celle de douze et même quinze, environ de 150 mètres à 1750 et 1950 mètres. La petite chaîne orientale est formée de différents mamelons isolés, séparés entre eux par des

vides complets, et commence par un plus grand mamelon, assez haut au Nord, presque sous 28° 40' L. S., s'abaissant peu à peu, et se terminant par quelques petites collines, au sud de la *Villa Argentina* (*Chilecito*). Toute cette petite chaîne se compose de roches métamorphiques, et ne contient pas de richesses métalliques.

L'autre chaîne massive du Nevado est une montagne forte et pittoresque, qui se dresse au-dessus de la Villa Argentina, avec des escarpements roides, contenant les mines célèbres d'argent et d'or, depuis longtemps connues comme une source de richesse pour le pays.

Pour mieux connaître la hauteur du massif gigantesque du Nevado, j'ai entrepris une ascension du cône et l'ai exécutée avec plein succès; j'observai à midi (12 heures $^1/_2$), le thermomètre un jour de décembre, c'est-à-dire dans le mois le plus chaud, il marquait —1° 2' Cels., et le baromètre la hauteur de 377,50 mm. La comparaison avec le baromètre de la Villa Argentina, à la même heure, donnait alors pour le Nevado la hauteur absolue de 6,024 mètres, et pour la ville celle de 1,179 mètres. D'ici jusqu'à la base de la montagne, le terrain s'élève à 1,777 mètres, d'où il résulte que le sommet du Nevado se trouve à 4,247 mètres au-dessus de la base de la montagne. A côté d'un autre sommet plus bas, nommé *El Espino*, existe une riche mine du même nom à la hauteur de 4,910 mètres; une autre mine d'argent, près de ce mont, connue sous le nom de *Santo Domingo*, est à 3,833 mètres; et une troisième, nommée *Las Greditas*, à 400 mètres plus bas (environ 3,400 mètres au-dessus du niveau de la mer). Toutes ces mines appartiennent à un seul territoire minier, qui descend presque perpendiculairement dans la montagne et occupe une étendue de 6 à 8 lieues espagnoles en circonférence.

La pierre constitutive du sommet du Nevado est du granite, et la même pierre se trouve encore une fois à sa base ; mais dans l'intervalle, entre ces deux points, sont représentées trois différentes subtances pierreuses, c'est-à-dire deux sédimentaires et une de' porphyre.

La première de ces deux subtances, qui par son étendue, forme la plus grande partie de la montagne, est une roche dure, presque compacte, d'une couleur gris-verdâtre, dans quelques endroits plus verte, même noirâtre, ou même gris-bleuâtre, qui présente dans les fissures en strates internes une couleur jaune–rougeâtre. Cette pierre ne produit aucune effervescence, traitée par des acides, et ne contient aucun fossile organique, soit du règne végétal, soit du règne animal ; elle se déchire très-facilement en couches feuillées assez fines parallèles, qui présentent dans leur surface de petits points de mica, en assez grand nombre. La présence de cette dernière substance rend la pierre facile à fendre en feuilles ; la couleur jaune ou rougeâtre que prennent généralement toutes les surfaces exposées à l'influence de l'air et des vapeurs d'eau, est due à l'hydrate de fer, qui s'est formé sur ses surfaces par la décomposition de la matière constitutive. L'épaisseur des feuilles et des couches est très-variable, s'élevant d'un millimètre jusqu'à 1-2 mètres ; la position des bancs et des feuilles dénote aussi des variations. Dans quelques endroits, je les ai vus posés presque perpendiculairement, mais cette position est la plus rare ; généralement les couches sont inclinées, plongeant assez fortement à l'Ouest, sous un angle avec la plaine horizontale variant de 60 à 80°; la direction générale des couches est la même que celle dela montagne, c'est-à-dire de 10-20° au Nord-Est. On voit aussi dans différents endroits des couches onduleuses de cette même pierre, s'élevant en forme de grands arcs au dessus comme au dessous de la plaine horizontale. Quoique la direction générale des couches soit la même que celle de la montagne, on trouve aussi des points où leurs directions sont différentes, et ce sont généralement ceux où la stratification onduleuse domine, et elle se trouve interrompue par de grandes dislocations locales. Cette roche me semble appartenir à la formation plus ancienne sédimentaire du globe (*).

De cette pierre sont formés la plupart des sommets isolés de la montagne, tous d'une figure extrêmement pittoresque, avec escarpements inclinés et extrémités pointues, entourés à leurs bases de beaucoup de chaînons onduleux, séparés par de forts ravins. Je cite comme les plus importants et les plus connus : le *Cerro Negro, La Caldera, El Aransurú*, et *El Tigre*, tous fameux par les mines d'argent qu'ils contiennent dans leur sous-sol.

Du massif del *Tigre* qui forme la partie d'est du terrain métallifère, sortent plusieurs branches à l'Ouest, pour s'unir avec les massifs du *Cerro Negro*, de *La Caldera* et d'*Aransurú*. Ces ramifications diffèrent considérablement, soit par leur forme, soit par les pierres de leurs assises, des pics que nous venons de citer. Ceux-ci sont des massifs considérables, de formes plus ou moins coniques, pendant que les chaînes intermédiaires, connues sous les noms de *La Mexicana, Los Ballos* et autres, dont je ne connais pas les noms, affectent une forme allongée étroite, se terminant par une crête plus ou moins dentelée, avec des contours arrondis, des escarpements légèrement inclinés, couverts généralement de débris de leur propre masse.

Dans ces chaînes intermédiaires apparaissent à côté des couches sédimentaires, auparavant décrites, des bancs, souvent assez épais, formés de masses quarzeuses, d'arkose et pétrosilex, qui renferment du pyrite de fer en quantité considérable, et cette substance se décompose facilement sous l'influence de l'air et de l'eau, se changeant en hy-

---

(*) L'auteur a fort bien décrit les caractères des sédiments paléozoïques du système de grauwacke, sans leur donner leurs noms propres. Nous avons traduit mot par mot sa description, pour mieux prouver l'exactitude de ses recherches.

drate de fer, ce qui donne à ces montagnes une couleur jaune-claire-rougeâtre, ou dans d'autres endroits de bronze, à cause du changement du pyrite en sulfate de fer, en raison de la grande humidité de l'atmosphère dans ces localités. Ledit sulfate se trouve dans toutes les mines de ces terrains, jusqu'à la profondeur où peut entrer l'air et l'eau; il se présente aussi dans les dépôts sédimentaires modernes, transportés par l'eau qui découle de ces parties de la montagne, et accumulés dans les vallées où ces eaux ont creusé leur lit. L'eau de la *Quebrada de la Mexicana* n'est pas potable à cause de la grande quantité de vitriol martial qu'elle contient en dissolution.

Les pierres que je viens de nommer me semblaient constituer les couches inférieures, mêlées de bancs subordonnés de la formation sédimentaire que nous avons déjà antérieurement décrite; peut-être appartiennent-elles à la formation des roches métamorphiques, qui composent la moitié occidentale du grand massif de la sierra, et s'étendent plus loin au Sud que les couches sédimentaires, formant tout le reste de la montagne dans cette direction. Comme l'on m'a affirmé que d'après d'autres observations il résulte que cette partie de la sierra ne contient pas de richesses métalliques, je n'ai pas insisté sur l'examen de ses pierres, me contentant des notes recueillies et communiquées par quelques habitants qui connaissent assez bien la configuration de la montagne de leur province.

Entre les couches de la formation sédimentaire à l'Est, et celles des pierres métamorphiques à l'Ouest, se dressent des porphyres, se continuant au Nord dans les premières, sous la figure d'une grande digue, comme nous l'avons dit plus haut, page 283. Ces rocs sont tantôt d'une couleur obscure-verdâtre, tantôt d'un rouge-brun, et forment de grands troncs avec leurs branches, les unes verticales, les autres inclinées, qui perforent, dans différentes directions, les pierres stratifiées, les soulèvent et les disloquent d'une manière presque impossible à décrire, en raison des grandes différences d'aspect. En général, les coupoles des porphyres forment les sommets de la partie de la montagne qu'ils perforent ; ils se dessinent en pointes isolées, plus ou moins coniques, mais ni très-aiguës ni très-élevées. On a fait cette observation que les mines les plus riches se trouvent à côté des porphyres, soit en contact immédiat avec eux, soit tout au moins dans leur voisinage.

Une autre pierre éruptive de la montagne est le trachyte ; mais il existe en moindre étendue que le porphyre, formant quelques culots qui perforent aussi les couches sédimentaires à l'Est, et augmentent les dislocations déjà commencées par les porphyres. Je les ai vus seulement dans la moitié orientale de la montagne, entre des couches sédimentaires argileuses, mais je ne sais s'ils se montrent aussi de l'autre côté.

Les porphyres existent dans une grande digue ou zone longitudinale, suivant la direction générale de la montagne, du Nord au Sud, intercalés entre les couches de la formation sédimentaire, et touchant aussi à l'extrémité sud avec celles des roches métamorphiques. Cette zone vient se placer du côté occidental du grand Nevado, où les porphyres forment des mamelons d'une hauteur d'environ 4200 à 4500 mètres. Les petits cônes trachytiques plus à l'est du Nevado sont moins hauts, et ne dépassent pas 3200 à 3300 mètres. La zone des porphyres est assez allongée ; elle me semblait occuper une surface de 5-6 lieues espagnoles, et correspondre, quant à la direction, à l'axe longitudinal de la petite chaîne orientale de la montagne, que j'ai décrite brièvement au commencement de cette esquisse. Elle s'étend à peu près sur toute la moitié de leur masse, du Nord au Sud.

Dans tout le terrain des mines, une seconde formation sédimentaire se trouve en union avec la limite supérieure et inférieure de la première, déposée sur les couches plus anciennes primaires, mais de différent gisement, comme un dépôt de couches sablonneuses, d'une couleur plus ou moins rougeâtre, ressemblant beaucoup au vieux grès rouge des montagnes d'Europe. Cette formation ne contient pas de mines, mais très-rarement quelques espèces de fossiles. J'ai vu aussi des dépôts brécheux, renfermant des cailloux de la formation plus ancienne sédimentaire, qui prouvent que cette formation sablonneuse est plus moderne que l'autre. Cependant, les fossiles que j'ai trouvés dedans, sont des Terebratulines, dont la présence semble indiquer que le dépôt ne peut pas être entièrement moderne, mais aussi en partie d'une époque assez ancienne.

Quant aux mines de la sierra Famatina, elles se trouvent, comme je l'ai dit plus haut, sur le côté oriental. Celles d'Aransurú, du Tigre, de la Caldera et du Cerro Negro sont très-semblables, entre elles, par la configuration de leurs filons, mais celles de La Mexicana et de Los Ballos sont au contraire très-différentes.

Les filons des quatre premières produisent, depuis longtemps, uniquement de l'argent renfermé dans la galène; les deux autres contiennent plus d'or que d'argent, mais chaque filon ne donne, exclusivement, que l'un ou l'autre des deux métaux. La matrice des filons de la première catégorie est formée principalement d'argile de fer, comme oligiste et limonite; dans ceux de la seconde le quarz, mêlé avec la blende et le cuivre natif. Le quarz est généralement poreux et mêlé d'un peu de pyrite près de la surface de la montagne, mais à une certaine profondeur il devient compacte et le pyrite augmente.

Les filons d'argent du premier groupe contiennent principalement de l'argyrythrose et de la psaturose, deux espèces d'argent sulfuré, mêlé d'antimoine, mais aussi de l'argyrose, ou argent sulfuré pur et du kérargyre, chlorure d'argent, nommé vulgairement argent corné. Dans les filons du second groupe, l'or se trouve à l'état natif et l'argent à l'état d'argent sulfuré ou argyrose. Les filons du Cerro Negro, du Tigre et les autres de la même catégorie sont les plus riches ; dans ceux de la seconde catégorie de los Ballos et de la Mexicana, le métal se trouve en moindre quantité ; mais dans les uns, comme dans les autres, les lieux les plus riches sont les points où les filons se croisent ou bifurquent, et jamais les traits en ligne droite.

La direction des filons est assez variable. Les uns se dirigent du Sud au Nord, comme ceux de la Mexicana et d'Espino ; des autres au Nord-Ouest, comme ceux de San Domingo, le filon nommé Socorro du Tigre et de la Caldera ; d'autres encore courent du Nord-Ouest au Sud-Est, comme la Verdiona, et il en existe enfin d'autres qui se dirigent directement d'Est à Ouest, comme ceux de la Viuda et de San Andres. Au lieu de leur origine, tous prennent leur route à peu près du centre de la montagne, à l'exception du filon nommé Socorro du Tigre.

Je parlerai plus en détail des principales mines que j'ai visitées personnellement, ou dont j'ai reçu des communications exactes.

Dans le Cerro Negro se travaille la mine de Santo Domingo, fondée sur un filon de 1-1 $^1/_2$ mètre d'épaisseur, qui s'élève sous le 45° Nord-Est et s'abaisse au Nord-Ouest. Elle est composée d'une matrice déjà décrite, qui contient de riches groupes de métal, mais elle n'est exploitée que par trois puits, parce que la quantité d'eaux affluentes est trop grande pour permettre de donner plus d'étendue au travail. On dit que cette mine a été la plus riche en argent de toutes celles trouvées jusqu'à présent, et la grande quantité d'anciens puits abandonnés semble prouver la vérité de cette opinion. Ces puits se trouvent sur une ligne droite de 120-140 mètres et ont généralement une profondeur de 40-45 mètres. On dit aussi que les puits actuellement ouverts sont les plus profonds de toute la montagne.

Dans le terrain de *Los Ballos,* on exploite trois mines : mais leur argent n'est pas abondant, et les frais du travail absorbent à peu près toute sa valeur.

Dans le lieu nommé *La Mexicana*, se trouve la riche mine : *La Verdiona*, qui donne une bonne production d'or. Les pierres des filons, qui contiennent les métaux, donnent généralement 70 onces d'or et 80 marcs d'argent, par tonne de quarz aurifère. On travaille sur les deux côtés, supérieur et inférieur, de la même veine du filon, et l'on trouve principalement, dans la partie supérieure, une couche de 20 centimètres d'épaisseur des métaux les plus riches. Entre ces deux côtés subsiste un espace de 8-9 mètres d'épaisseur. Dans ce même terrain de la montagne, trois autres mines d'or sont aussi en exploitation : *La Compagnie*, *San Pedro* et *Las Merceditas*, la dernière a été ouverte tout récemment. La mine *San Pedro* donne de bons résultats. Encore à l'ouest de *San Pedro*, dans la même montagne, on exploite la mine : *El Espino*, qui m'a été indiquée comme la plus riche après celle de *Santo Domingo*. Au pied du même terrain se trouve aussi une autre mine nommée : *El Socabon*, où l'on travaille avec grande activité. De cet endroit sortent tous les filons que nous avons indiqués antérieurement ; plusieurs autres encore se prolongent à peu de distance, couverts jusqu'à présent par les décombres superposés. Autrefois on travaillait ici des riches mines d'or et d'argent, à présent tout à fait épuisées, qui semblent avoir appartenu à des ramifications des filons actuellement en exploitation. Tous les filons qui croisent le terrain, aux environs du *Socabon*, contiennent de l'or et de l'argent en différente proportion. Jusqu'à présent, les mines en activité n'ont pas touché la pierre dure de la montagne et néanmoins on trouve toujours des endroits aurifères de quelque étendue.

Dans un mont voisin, nommé : *El Oro*, se travaillent trois mines, avec 1-2 puits, mais elles ne donnent à présent qu'un profit à peu près nul. Cependant au commencement de leur exploitation elles ont produit 4 à 6 mille onces d'or.

Les mines du *Cerro Negro*, de *La Caldera*, d'*Ampallao* et du *Tigre*, offrent pour leur exploitation cet inconvénient, que dans les mois de décembre, janvier et février, elles sont inondées par les eaux provenant des pluies. Les couches de la montagne, où se trouvent ces mines, sont presque en position perpendiculaire, et très-généralement déchirées à l'intérieur par des grandes dislocations, produites par les porphyres voisins. L'eau entre avec facilité entre les couches feuillées plus ou moins ouvertes à la surface de la montagne et descend en si grande quantité dans l'intérieur des couches que les puits sont bientôt inondés, et l'eau se transforme plus tard en glace, en raison de l'altitude de la montagne, si elle n'est immédiatement épuisée et conduite hors de la mine.

Cet inconvénient pour l'exploitation est heureusement un peu contrebalancé par la configuration générale très-conique et très-aiguë du mont, qui permet de faire avec facilité des galeries horizontales, que les mineurs espagnols nomment *socabones*, qui donnent leur nom au terrain entier qui les contient. De cette manière, l'eau sort facilement pendant l'été et la direction des filons ascendants permet de les travailler de bas en haut, et rend plus facile l'exploitation.

Ce système est le seul que l'on puisse pratiquer avec profit dans les mines de cette nature ; c'est aussi celui généralement accepté par les mineurs, principalement dans la riche mine de Santo Domingo.

Je n'ai pas vu un nombre assez considérable de mines pour formuler un jugement exact sur leur richesse. La mine de Santo Domingo, que j'ai visitée personnellement, a, çà et là, des parties très-riches en argent, et d'autres que l'on m'a dit pouvoir donner un minéral de 8, 10 ou tout au plus 15 marcs, quantités qui prouvent assez clairement qu'elles ne sont pas très-riches. Il en existe d'autres à présent abandonnées, à cause de la difficulté du travail, qui étaient plus riches. Une tradition générale rapporte que Santo Domingo, El Espino, La Viuda, La Caldera et le Tigre ont produit de très-grands bénéfices au temps de leur première exploitation, mais à présent les trois dernières sont complétement abandonnées. Les mines actuellement en activité me semblent prouver la vérité de cette tradition. Mais on ne doit pas oublier que dans les temps passés le travail était plus facile, à cause de la petite profondeur dans laquelle on travaillait. La journée des ouvriers était aussi moins élevée et la valeur des métaux précieux beaucoup plus grande. Enfin, on n'exploitait pas régulièrement toute la mine, mais seulement les points les plus riches du filon, laissant inutilisés les autres. Toutes ces raisons me font croire que la différence de la richesse des mines entre le temps présent et le temps passé est une illusion; que les mines ont conservé en général leurs caractères propres, et que seules les circonstances, des différences dans le mode d'exploitation, et principalement l'augmentation des difficultés par les obstacles naturels, ont donné naissance à cette croyance générale que les mines ont perdu leur valeur. Il est presque impossible de se faire sur cette question une idée saine et positive, à cause du manque de documents écrits des temps antérieurs qui pourraient contrôler les relations verbales et les traditions. Dans ce cas, il ne reste d'autre manière de vérifier la tradition que d'examiner les mines mêmes, au moins l'une ou l'autre de celles que l'on dit les plus riches, à une profondeur plus grande, pour se convaincre de l'état de leurs pierres et connaître avec exactitude leur richesse en métaux précieux. On sait que généralement avec la profondeur augmentent les filons de métaux précieux, et si une mine a été très-riche dans sa partie supérieure, il est à supposer que très-probablement elle contiendra les mêmes richesses dans sa partie plus profonde.

Si nous observons les mines d'or, nous ne pouvons pas

nier que la Verdiona est une mine très-riche. Le filon le plus riche entre, à une profondeur d'un peu plus de 25-30 mètres environ, dans un autre terrain nommé *La Compañia*, renommé par sa richesse, qui a produit, dit-on, jusqu'à 200,000 patacons dans son filon principal. Ce filon se croise avec celui de la Verdiona. La profondeur de *La Compañia* ne dépasse pas, jusqu'à présent, 30 mètres ; son filon plusieurs fois se disloque et celui de la Verdiona me semble, à la profondeur du travail actuel, passer au-dessous de ceux de l'autre terrain. D'après mes propres observations et les communications des mineurs les mieux informés, la mine *La Compañia* est encore plus riche que celle de *La Verdiona*, et de toute manière leur achat a été une très-bonne acquisition.

Telles sont les communications que M. N. NARANJO m'a transmises par le canal de M. WHEELWRIGHT; on voit par la dernière indication, que l'examen des mines de la Famatina a eu pour objet l'achat, s'il était possible, de l'une ou de l'autre des riches mines de ce territoire, et que l'étude scientifique de la montagne n'était pas le véritable mobile de cette exploration. Mais de toute manière, l'examen a été fait avec attention et connaissance de cause, et pour ces motifs il me semblait utile, en raison surtout du manque de communications scientifiques, de publier celles de cet auteur [52]. Là se termine sa lettre ; je n'ai donc pas eu égard aux résultats économiques de l'exploitation, mais il a dit dans d'autres, que le produit s'est élevé à la somme de 2,000 marcs d'argent et 1,000 onces d'or, pour toutes les mines du district pendant la dernière année de 1852; somme qui est établie par les communications des différents mineurs de la place, et qu'on doit regarder non comme un renseignement complétement exact, mais plutôt comme un calcul approximatif de la vérité.

3. — La Sierra de San Luis

Nous connaissons assez bien la constitution géognostique de cette montagne par les recherches de M. AVÉ-LALLEMANT, déjà nommé plus haut (page 256), observateur habile et exact, qui a découvert les couches sédimentaires, probablement de la formation crétacée, des environs de cette montagne. L'auteur a publié plusieurs descriptions dans différents ouvrages du pays [53], à l'aide desquels j'ai composé mon propre traité, ne connaissant personnellement que l'extérieur de la sierra de San Luis, vue du côté de la pampa.

De la forme orographique de la montagne, j'ai donné une courte description dans le tome I de l'ouvrage, page 238, ce qui me permet de passer sous silence cette partie de sa configuration, répétant seulement ici, que d'après ma manière de voir, la sierra de San Luis participe du système montagneux de la sierra de Córdova, soit par sa position, ou soit par sa forme générale. Je la considère comme une répétition de la troisième chaîne dudit système, c'est-à-dire de la sierra Serrezuela, qui a presque la même configuration et constitution géognostique que celle de San Luis. Mais comparant son cours dans la même route avec celle de la *Sierra de los Llanos*, située sous le même méridien, il sera encore plus juste de considérer la sierra de San Luis comme la continuation de ce système des arêtes isolées, imitant par sa configuration plus massive la constitution géognostique de la voisine Serrezuela.

Celle de San Luis est un peu plus grande et surtout un peu plus large, mais presque de la même configuration orographique que la Serrezuela. Ses escarpements du côté d'Ouest sont assez roides et forment presque une ligne droite du Nord au Sud, s'élevant rapidement jusqu'à 700 mètres au-dessus de la plaine de la *Pampa*. De l'autre côté Est, les contreforts s'inclinent doucement et se perdent enfin dans la surface de la vallée Conlare, située entre notre sierra et la sierra Achala, du système de Cordova. Ainsi, toute la montagne forme une série de chaînes basses parallèles, assez plates au sommet, surmontées de quelques grands pics coniques, très-réguliers, qui se trouvent tous sur une ligne transversale, presque au milieu de l'étendue longitudinale. Ces cônes, déjà cités page 286, sont des trachytes ; la masse principale de la montagne se compose de rocs métamorphiques, avec quelques massifs de granite et un petit centre de porphyres, du côté occidental. L'élévation du sommet le plus haut de Tomalasta est à 2147 mètres, et la hauteur moyenne de la crête de l'escarpement occidental à 1351 mètres au-dessus du niveau de la mer.

Depuis que j'ai donné ma description assez courte, tome I, page 238, M. H. Avé-Lallemant a publié ses recherches qui fournissent des renseignements plus complets sur la montagne, et dont j'extrais les faits principaux qui suivent.

Les chaînes parallèles, qui composent la sierra, ne sont pas des crêtes aiguës, comme celles de la sierra d'Uspallata, mais de petits plateaux assez homogènes, sans dents et sans fortes ondulations. Elles sont séparées par des vallées étroites mais peu profondes. Il y a aussi d'anciens bassins, à présent secs, dans la partie du Nord et du Sud de la sierra, qui semblent avoir été remplis d'eau à une époque antérieure jusqu'au jour où ils se sont écoulés par les ravins profonds et escarpés, qui prennent leur origine au bord de ces bassins et descendent jusqu'à la plaine voisine.

Un grand nombre de cavernes qui se trouvent dans l'intérieur de cette sierra de San Luis, lui donnent un caractère particulier. Ce sont généralement de grandes grottes, avec une ouverture large et d'une profondeur assez variable. Il y en a de 5-7 mètres, mais aussi d'autres de 50 mètres de diamètre, la plupart avec des parois très-polies, principalement en haut et des deux côtés, mais quelques-unes aussi au fond. Ces grottes se trouvent généralement à côté des rocs trachytiques, dans le centre de la montagne, et sont connues dans le pays sous les noms de *Morteritas, Corredores, Casa de Piedra* et *Casas Pintadas*; il y en a une à chaque pied de ces grands cônes trachytiques de *Zololosta, Intiguasi* et *Tomalasta*. Dans la grotte d'Intiguasi se trouvent en grande quantité des os de guanaco, principalement dans la partie antérieure, tout près de l'ouverture, et le fond de la même grotte est couvert d'un dépôt de fumier animal, au-dessus d'une couche de marne rouge. Cette couche est évidemment introduite par les courants d'eau d'un ruisseau voisin, qui se forme après chaque forte pluie; la couche de marne contient une grande quantité d'os, les plus grands toujours cassés ou fendus artificiellement et à dessein. Aucun os d'animal domestique ne se trouve au milieu, la plupart sont de guanaco et quelques-uns aussi de condor. On a trouvé aussi quelques pointes de flèches de silex travaillé, qui prouvent l'existence d'hommes ayant vécu à la même époque que ces animaux; époque probablement très- rapprochée de la nôtre. Jamais on n'a trouvé d'ossements des grands animaux éteints de l'époque diluvienne, si faciles à reconnaître ; mais il y a, mêlés aux os du guanaco ou lama sauvage, d'autres ossements plus grands, cassés aussi, que je n'ai pu reconnaître [54].

Pour entrer un peu plus dans les singularités de la configuration orographique de la montagne, je reproduis ici quelques indications que je tiens de personnes dignes de confiance.

Nous savons déjà que toute la montagne n'est pas une seule chaîne de pierres constitutives, mais un groupe de plusieurs parallèles, se suivant l'un l'autre de l'Ouest à l'Est, ou *vice versa*.

La première chaîne de Socoscora, la plus à l'Ouest, est

une petite montagne, la plus basse parmi celles citées plus haut, et complétement séparée de l'autre par la vallée étroite de San Francisco. Elle a une largeur de cinq lieues espagnoles à peu près, et moins d'une lieue en latitude. La pierre qui la compose est un véritable gneiss, dont les couches sont dirigées presque perpendiculairement, inclinées un peu à l'Est, plongeant à l'Ouest et se perdant sous un ruban étroit de couches paléozoïques de grauwacke, de la même inclinaison, qui forment le pied occidental des escarpements, dans lesquels apparaît le gneiss ; un culot de porphyre forme le sommet de cette petite montagne. Celui-ci se présente sous la forme de plusieurs mamelons, et entre eux l'on en remarque un assez haut, qui porte le nom de Socoscora, s'élevant de la masse du gneiss et le perforant avec quelques rameaux en différentes directions. Le porphyre est un véritable felsite, d'une pâte assez homogène, composée d'un agrégat de quarz, semi-transparent et d'un feldspath opaque, mêlée avec la masse microfelsitique, çà et là exceptionnellement un peu cristallisée. Souvent et non pas partout, la masse découvre la véritable structure du porphyre, se séparant des grains de quarz et des cristaux de feldspath dans la pâte, mais aussi dans ces parties les grains et les cristaux isolés sont assez petits. Dans quelques localités ce porphyre prend l'aspect stratifié, à cause de quelques bancs de quarz, qui renferment de petites boules irrégulières de calcédoïne, ou pierre à fusil et de silex corné, comme je l'ai déjà dit, page 283. Ces bancs sont accompagnés de grandes quantités de mines de manganèse, qui promettent pour l'avenir une riche exploitation. Aussi, est-il important de noter que le porphyre est croisé par plusieurs filons de résinite ou pierre de poix, d'une couleur verdâtre, tachetée de roux et de jaune là où ces filons se touchent avec la pâte felsitique, et où se forment des matériaux de transition remarquable par le mélange des deux substances différentes.

La seconde chaîne commence au Sud, à la pointe la plus avancée de la sierra, nommée *La Punta*, et court vers le Nord jusqu'à la moitié de la longueur de la montagne, où elle se raccorde avec le grand plateau central, qui donne naissance à toutes les chaînes, plus ou moins réellement séparées par des vallées étroites. Celle qui sépare cette seconde chaîne de la troisième, n'a pas été dénommée, on l'appelle seulement la Vallée (*El Valle*); elle s'élève jusqu'au sommet le plus haut du Tomalasta, qui se dresse à peu de distance de la crête occidentale, à l'est de la chaîne, et formant en réalité le nœud principal. Ici prennent leur origine, du pied même du pic, les deux petites sources du *Rio Grande*, qui court dans toute la vallée et forme le bras principal des sources du *Rio Quinto*. La chaîne est formée, comme l'antérieure, de gneiss, mais les couches de cette pierre ont subi une véritable dislocation entre elles, et forment nettement deux sections assez différentes. Celles de la section inférieure suivent la direction et inclinaison du gneiss de la chaîne première, et s'accordent aussi avec lui par leurs caractères pétrographiques, qui sont identiques à ceux du gneiss du pays en général, comme nous l'avons démontré dans le chapitre IX. L'autre section, plus moderne, se trouve au-dessus du gneiss primitif, que M. A. LALLEMANT assimile au gneiss laurentien de l'Amérique du Nord. Ce gneiss, plus moderne, nommé par le même auteur *huronique*, est superposé à l'autre, avec une inclinaison moins forte des couches dans l'angle de 65° à l'Est, formant une différence de quatre heures avec la direction des couches de l'autre espèce. La direction de celles-ci est presque exactement de 4-5 heures (N. E.) de la boussole des mineurs, et les autres, plus modernes, de 9-10 heures (N. O.). Les têtes des couches du gneiss inférieur laurentien sont déjà un peu altérées par l'influence du gneiss supérieur huronique; celui-ci commence avec un banc de véritable micaschiste, et cette couche est suivie d'un gneiss de stratification plus fine, mêlé de beaucoup de mica, tout différent de l'autre gneiss inférieur laurentien. Ces couches, s'alternant ainsi, continuent jusqu'à la hauteur de la chaîne, où prend place un quarzite, de couleur claire, formant de ce côté les couches huroniques. On trouve aussi là des schistes d'amphibole, mais sans ordre fixe, quoique bien clairement subordonnés au gisement des autres couches principales.

La partie la plus développée du gneiss huronique est le sommet du Manigote (1,308 mètres) au nord de la seconde chaîne, un peu au sud-ouest du Tomalaste; principalement dans la pittoresque vallée nommée: *La Quebrada del Canuto*, où le ruisseau du Coin *(Arroyo del Rincon)* avec ses eaux turbulentes a creusé son lit; on voit très-clairement les deux sections du gneiss avec leurs différentes couches en gisements opposés, les inférieures, presque perpendiculaires, plongeant à l'Ouest et les supérieures moins inclinées, plongeant à l'Est. Plus au Sud un autre mamelon, *Le Pancanta* (1630 mètres), se sépare de la chaîne tout près du petit village de Nogoli ; mais cette partie, presque au milieu de l'étendue longitudinale de la ligne, n'appartient plus au terrain du gneiss huronique ; elle se compose de schistes de talc, qui dominent dans la partie plus au sud de la montagne, appartenant au groupe aussi plus ancien du gneiss laurentien, qui domine, en général, dans toute les parties périsphériques de la sierra. Ici, dans la *Quebrada del Totoral*, aux environs de Pancanta, on trouve des schistes remarquables par leurs couches onduleuses et même en zig-zag, de formes très-surprenantes. Quelques types de roches éruptives qui surgissent dans ces régions, tels que du syénite, de la roche tourmaline et pegmatite, semblent avoir donné naissance à ces distributions singulières des couches, avec lesquelles les riches filons aurifères de la montagne se trouvent généralement en contact intime. Principalelement le pegmatite est un roc aussi remarquable par cette relation que par la grandeur des masses des substances constitutives ; il y a ici dedans des parties de quarz d'un poids de plusieurs quintaux, et du mica assez étendu pour en extraire de grandes feuilles de 6 pouces de long et de large. Enfin, il faut remarquer qu'il y a aussi de riches mines d'or dans cette seconde chaîne, principalement au Nord, où depuis longtemps, à côté du Tomalasta, la célèbre mine de Carolina est en travail. Plus au Sud on trouve des mines fort riches sur les hauteurs, au-dessus de la source du ruisseau *Rincon*, et dans celle du *Quebrada Gusacaró*.

Une troisième chaîne, beaucoup plus courte, suit le côté est du ravin nommé *El Valle*, séparée du reste de la partie voisine de la montagne par un autre ravin semblable, dit : *La Cañada Honda*, dans laquelle court la seconde source principale du rio Quinto. Cette chaîne, nommée le plateau des pierres blanches (*Meseta de las piedras blancas*), se distingue de l'antérieure par sa surface horizontale, presque de la même hauteur générale d'environ 1420 mètres, sans aucun sommet remarquable et sans cône de trachyte. La pierre, dont elle est composée, est formée du même gneiss huronien, avec beaucoup de grands dykes de pegmatite, qui se présentent avec leur masse au-dessus des couches de gneiss, et donnent, par leurs grandes roches de quarz blanc et leur diffusion au milieu des autres rocs, une apparence particulière qui a fait donner son nom au plateau. La *Cañada Honda*, qui sépare ce plateau de la quatrième chaîne, est un peu plus large que l'autre ravin *del Valle*, et s'avance aussi plus au Nord dans la montagne, jusqu'aux *Cerritos Blancos*, qui se trouvent plus au nord du Tomalasta, et sont les dernières roches séparées des pegmatites du plateau, formées de quarz d'une couleur de lait ; les autres pierres sont séparées du mélange du pegmatite par un vide qui provient de la décomposition de leur substance. Deux grands cônes éruptifs trachytiques dominent la *Cañada Honda*, du côté est, l'un presque au milieu de son cours, appelé *Los Cerros del Valle* (pic de la vallée, 2000 mètres), à cause de son double sommet, l'autre presque à l'extrémité Sud de la *Cañada*, nommé *Zololosta* (1950 mètres), que j'ai déjà mentionné plus haut à l'occasion de la grande grotte qui se trouve auprès.

La quatrième chaîne n'est pas plus longue que la précédente, mais un peu plus large; elle peut être considérée comme la chaîne principale de la montagne du Sud, car sa partie Nord est formée de la plus grande masse de granite qui se trouve dans la sierra de San Luis. Cette masse granitique est un massif assez plan, peu convexe, occupant le plateau central de la montagne, situé à environ 1500 mètres au-dessus de la mer, surplombé par plusieurs rocs de différentes formes capricieuses, d'une apparence souvent pittoresque, ressemblant à des ruines d'édifices énormes.

Ainsi sont construits les *Altos del Valle*, qui constituent la masse principale de granite. D'autres massifs semblables, mais plus petits, se trouvent dans la seconde chaîne de la montagne, formant le *Cerro de San Antonio*, près de la mine de la Carolina, et dans la partie nord, où de semblables mamelons existent, connus sous le nom de *Alto del Aguila* (pic de l'Aigle), *Alto de la Ternera* (pic de la Génisse), *Campo del Palmar* (plaine du Palmier), *Alto del Potrero de Funes* (pic du paturage de Funes). Les sommets les plus élevés de cette quatrième chaîne sont les cônes de trachytes, qui se trouvent aux deux côtés du massif granitique central. Au côté ouest se dressent les deux cônes, déjà nommés, de *Los Cerros del Valle* et du *Zololosta*, tous deux près de la crête orientale du ravin de la *Cañada Honda*. Le troisième cône se trouve de l'autre côté est de la chaîne, un peu plus au Nord que les cônes occidentaux, au-dessus du commencement du ravin oriental de la chaîne, qui le sépare de la suivante ou cinquième chaîne. Ce cône porte le nom d'*Intiguasi*; il est un peu plus bas que ceux situés vis-à-vis, de l'autre côté de la chaîne, s'élevant à une hauteur d'environ 1710 mètres. De ce cône descend la troisième source du rio Quinto, dont l'eau coule dans le ravin.

Nous trouvons encore ensuite deux autres chaînes de la montagne à l'Est, qui forment la cinquième et la sixième. Ces deux chaînes sont un peu plus courtes que les précédentes, parce que le bord de la montagne, près de la plaine, n'est pas exactement dirigé de l'Ouest à l'Est, mais d'Ouest-Sud-Ouest à l'Est-Nord-Est. Les chaînes ont la configuration générale des autres, et se composent de gneiss plus ancien laurentien, à cause de la direction fort oblique à Nord-Ouest du gneiss plus jeune huronien, comme nous l'avons dit plus haut. Elles sont séparées entre elles, comme les autres, par un ravin étroit qui descend du dernier cône trachytique de *Los Cerros Largos*, se dressant ici à côté d'un massif granitique, séparé du massif central. Ce cône est un peu plus bas que celui d'Intiguasi, probablement de 1580 mètres environ. La quatrième source du Rio Quinto, qui coule dans ce ravin, descend de ce même cône de *los Cerros Largos*. Le cône est situé un peu plus au Nord que l'Intiguasi, et termine la série des cônes éruptifs, à l'Est, qui traversent la montagne, dans une direction presque parallèle à celles du gneiss huronien, qui l'accompagne lui aussi du côté du Nord. Ici se trouvent ces mêmes couches, très-visibles dans le ravin du rio Luluara, qui contourne la base du cône de *Los Cerros Largos*; de ce côté, le gneiss étant interrompu par de grans filons de pegmatite, qui par leurs masses isolées de quarz blanc, de la couleur du lait, donnent un aspect très-pittoresque à tous les endroits où ils se montrent. La sixième et dernière chaîne n'est pas de la même composition; elle est formée de gneiss laurentien, qui s'étend aussi au sud et à l'est de *Los Cerros Largos;* car on se convainct, par une étude attentive, que le gneiss huronien occupe seulement la partie centrale de la montagne, au nord et à l'ouest du massif granitique, quand tous les contours de la montagne sont formés par le gneiss plus ancien laurentien. Cependant nous savons, par ce que nous avons indiqué antérieurement, que le gneiss huronien plus moderne ne se trouve pas partout non plus dans cette partie centrale; que dans la profondeur de cette même partie existe le gneiss laurentien, recouvert par le gneiss huronien, moins massif, comme par une couverture postérieure. Enfin, nous annotons que les dernières dépendances de la sixième chaîne, au Sud et à l'Est, sont un peu différentes entre elles. Celles au Sud forment un groupe de mamelons isolés, connus sous le nom de *Cerro Rosario* (Mont du Chapelet); celles de l'Est descendent doucement dans la vallée large et fertile du rio Conlare, s'abaissent peu à peu jusqu'à se perdre enfin, insensiblement, dans la plaine, séparées par des ravins assez ouverts.

Mais il existe encore une petite chaîne accessoire dans cette vallée et même du côté est du fleuve Conlare, qui court dans la partie la plus basse de la vallée au milieu de la plaine. Cette petite chaîne a la même direction que les autres du Nord au Sud, un peu inclinée au Nord-Est et Sud-Ouest, étant formée aussi de gneiss laurentien; un cône de basalte la coupe du côté est, et c'est là où l'on trouve la couche de calcaire molle jaune-clair, que M. AVÉ LALLEMANT prend pour une couche de la formation crétacée, comme nous l'avons dit plus haut, page 256.

Sans nous occuper pour le moment de la moitié nord de la montagne, nous nous arrêterons auparavant un peu plus aux cônes volcaniques qui traversent la sierra, pour mieux connaître la relation des roches éruptives avec elle-même.

Nous savons, par des indications antérieures, que ce sont cinq cônes de trachytes qui suivent, de l'Ouest à l'Est, une direction un peu obliquement inclinée de l'Ouest-Sud-Ouest à l'Est-Nord-Est, transversalement par la montagne, commençant avec le plus haut cône du Tomalasta à l'Ouest et finissant avec le plus bas des Cerros Largos à l'Est. Les cinq cônes sont distribués sur les quatre chaînes médianes du sud de la montagne, correspondant généralement au commencement des ravins qui séparent les chaines entre elles ; l'eau, condensée au sommet des cônes, semble avoir fait ces ravins pour former les quatre sources du rio Quinto, donnant ainsi naissance à ce fleuve, le dernier de la *Pampa* entre ceux qui sortent du système central des montagnes, connu sous le nom général de système de la sierra de Córdova, avec laquelle est intimement unie la sierra de San Luis.

Ayant déjà donné auparavant la hauteur de ces cinq cônes, page 286, et expliqué aussi plus en détail leur relation spéciale avec chaque chaine, nous ne répéterons pas ici ces faits bien connus; nous ne parlerons pas non plus de la substance trachytique qui forme chaque cône, puisque nous avons fait une courte description de la pierre de chacun d'eux dans le chapitre X, page 287. La seule chose sur laquelle nous voulions insister, c'est sur la différence matérielle de ces trachytes, en comparaison avec ceux de la sierra de Córdova, dans la chaîne de la Serrezuela; car nos trachytes actuels de la sierra de San Luis sont des liparites, avec une pâte quarzeuse, et ceux de la sierra de Córdova sont de véritables trachytes, sans quarz dans leur pâte, comme nous l'avons également déjà dit page 285. Entre eux-mêmes les cinq cônes ne sont pas, à proprement parler, de masse identique; mais comme nous avons indiqué les différences de chacun, nous ne la répéterons pas ici. Cette différence matérielle me semble indiquer que l'éruption des cinq cônes n'appartient pas à la même époque; que l'un s'est élevé après l'autre, et que les masses trachytiques différentes par le temps de leur éruption, diffèrent aussi probablement par la profondeur d'où elles sont sorties. En général, les deux masses au sud du massif granitique, formant le Zololosta et les mamelons bas de Morteritos, sont d'une substance plus claire et blanchâtre, que ceux de la ligne transversale au nord du même massif, composée par le Tomalasta, les Cerros del Valle, l'Intiguasi et les Cerros Largos, quoique aussi ces quatre cônes ne soient pas formés de la même substance. La pâte des deux premiers a une couleur grise-obscure, et celle des deux autres une couleur blanche-verdâtre, laquelle prend un aspect porphyrique à cause des grands cristaux séparés qui s'y trouvent; celle-ci est moins porphyrique, car ses cristaux sont plus petits et la pâte aussi un peu plus poreuse.

Quoique toutes les éruptions trachytiques soient d'une période assez moderne et très-probablement de la tertiaire, ils ont influencé beaucoup les couches de pierres métamorphiques, au milieu desquelles elles ont pris leur route. Dans le voisinage des masses éruptives, les couches sont toujours disloquées, principalement celles de schistes huroniques, qui se trouvent généralement en contact immédiat avec les trachytes. Souvent les intervalles des couches s'ouvraient pendant l'éruption et donnaient place à des substances accompagnant les masses trachytiques, et de ces substances hétérogènes aux schistes originaires, qui s'y trouvent incluses, se formaient les couches subordonnées. Probablement des vapeurs sulfurées entraient dans la masse hétérogène et leur influence formait, par un procédé hydatothermique, les riches mines d'or contenues dans un conglomérat de pyrite, qui se trouve en si grande étendue aux environs des roches trachytiques de notre montagne. Sans doute, l'origine de ces dépôts aurifères dérive des éruptions des trachytes, et appartient ainsi à la même époque que ceux-ci.

Cependant, les forces éruptives volcaniques, auxquelles les cônes de trachyte doivent leur origine, n'avaient pas atteint toute leur élévation ; il y a encore des produits plus modernes des mêmes forces dans notre montagne. Ces produits sont des éruptions de rocs basaltiques, qui se trouvent dans la même direction, que les cônes trachytiques, mais à l'extrémité de leur route, soit à l'Ouest, soit à l'Est; terminant et continuant la ligne transversale, formée par les cônes de trachyte. La pierre principale, dans le côté ouest de la montagne, est une roche noire compacte, assez homogène, contenant des cavités amygdaloïdes, de différentes grandeurs, généralement pleines de masse de calcédoïne, quelquefois de carbonate de chaux. Cette roche prend son extension principale entre les couches de gneiss, aux environs du Tomalasta, à l'Ouest, ou dans les ruisseaux qui sortent d'ici, et même dans la plaine se trouvent les noyaux de calcédoïne, séparés par la décomposition de la matrice, dispersés en si grande quantité, que ces lieux ont excité l'attention générale, et que de là vient le nom donné au terrain de *pedernal* (champ des cailloux), que portent plusieurs plaines des environs du côté occidental de la sierra. Les masses de pierres noires, qui me semblent les mêmes que les rocs éruptifs de la sierra d'Uspallata, décrits plus haut (page 292), méritent aussi, comme ceux-ci, le nom de spilites. Leur pâte est ordinairement peu dure, la couleur en est non parfaitement noire, mais noirâtre et facile à se décomposer, et en raison de cette circonstance, les noyaux plus durs deviennent isolés. Ces pierres éruptives noires ne semblent pas être en relation avec les terrains des filons et les bancs aurifères; ces filons restent toujours en dehors des rocs noirs, sans pénétrer dans leur masse; mais il y a dans leur voisinage de grandes couches d'opsimose, qui contiennent jusqu'à 55 % de protoxide de manganèse, et se transforment, dans les régions plus au Sud, en braunite (manganèse sesquioxidé). Il semble que ces couches manganésifères soient interposées entre le granite et les rocs noirs volcaniques, quoiqu'il y ait aussi des endroits où des ramifications de ces couches entrent dans le granite même.

La partie est des rocs basaltiques est complétement séparée de la montagne, et se trouve représentée par deux petits mamelons isolés, dans la plaine, entre la sierra de San Luis et la sierra d'Achala, la chaine plus grande de la sierra de Córdova, les deux mamelons que j'ai déjà indiqués plus haut, page 292, sans entrer plus dans leur description, renvoyant le lecteur à la note 44 pour la description spéciale microscopique du basalte - néphéline, donnée par M. Avé Lallemant, du cône de *La Leoncita*. Celui-ci se trouve plus à l'est, correspondant par sa position à la fin de la sierra Achala ; l'autre cône est celui de *Los Manantiales*, qui se touche avec la formation calcaire, prise comme appartenant à l'époque crétacée, comme nous l'avons vu, page 256. De ce cône basaltique, un autre jeune ami, M. le Dr. Seekamp, m'a apporté un échantillon qui me semble tout-à-fait confirmer la description du basalte-néphéline de M. Avé Lallemant. La pâte en est une masse noirâtre, compacte, contenant beaucoup de grains d'olivine de différentes grandeurs et couleurs, grise-jaune-verdâtre, qui sont déjà complétement décomposés à la surface externe du roc, et lui donnent aussi une apparence bulleuse et une couleur plus grise, semblable à celle de la cendre.

Remettant le lecteur à la description détaillée de l'auteur précité, il me reste seulement à parler ici encore un peu plus de la relation des deux cônes basaltiques avec les montagnes voisines. Le cône à côté du village de Renca, qui, dans la carte géognostique adjointe, se trouve indiqué un peu trop au sud du Renca, correspond exactement par sa position à la ligne transversale des cônes trachytiques qui perforent la sierra voisine, et peut être considéré comme la continuation de la force volcanique à l'Est, qui se prononce évidemment dans cette ligne. L'autre cône de la Leoncita est situé plus au Sud-Est, en direction d'une ligne qui unit le cône du Renca avec celui de trachyte du Morro de San José, tout près du chemin de fer de Mercedes, et se prononce, de la même manière, comme la continuation de la force volcanique dudit Morro, se manifestant au sud-est de celui-ci, comme le cône de basalte du Renca, à l'est de la ligne transversale des cônes de la sierra de San Luis. Je crois que cette manière de voir est très-logique, et qu'elle place les deux basaltes dans leur vraie relation avec les trachytes plus anciens de la force volcanique, se manifestant dans le terrain en question.

Il nous reste alors à parler du cône trachytique du Morro de San José, que nous trouvons presque au milieu, entre les deux petits cônes basaltiques de la plaine du rio Conlare et du rio Quinto. Ce cône, moins haut (1400 mètres environ) que ceux de la sierra de San Luis, mais plus massif et plus large en bas, prend sa position exactement sous le même méridien que les trachytes de la sierra Serrezuela, et se prononce plus justement comme leur continuation, que les trachytes de la sierra de San Luis, montagne que nous avons regardée comme continuation de la sierra de los Llanos. Ce parallélisme se détermine comme un fait accompli par l'identité des pierres trachytiques. Le trachyte du Morro de San José est du véritable trachyte, sans quarz isolé, et de cette même espèce sont formés les cônes trachytiques de la sierra Serrezuela, comme nous l'avons déjà dit plus haut, page 286. La masse de trachyte du Morro de San José n'est pas d'un profil très-conique ; elle forme de plus un massif convexe étendu et coupoliforme, avec de larges ramifications débordantes en forme de laves courantes, s'élevant d'une base de roches métamorphiques de gneiss, souvent disloquées par les masses éruptives qui la perforent. La pâte du trachyte est finement poreuse, d'une couleur grise-claire, contenant de petits cristaux isolés de feldspath vitreux et de longs prismes d'amphibole, aussi quelques feuilles de mica foncé. Le feldspath est sanidine, avec quelques mélanges subordonnés, déjà indiqués plus haut. La composition microscopique du sanidine prouve une accumulation du minéral en zones parallèles, et démontre clairement sa formation génétique par un procédé hydatothermique, c'est-à-dire par la double influence de l'eau et de la chaleur.

Nous avons enfin à parler de la moitié nord de la sierra de San Luis, prenant la route transversale des cônes éruptifs comme ligne de démarcation. Cette partie n'est pas si bien connue que celle du Sud; mais elle semble avoir entièrement la même configuration que l'autre. Nous savons déjà que le bord occidental de la montagne est formé d'escarpements assez hauts et roides. Ces escarpements se tournent, en se prolongeant vers le Nord, peu à peu plus au Nord-Est, depuis le coin, près du village de *Rio Seco*, formant ainsi une bordure dirigée au Nord-Ouest, qui s'étend jusqu'au point le plus au Nord, nommé : *La Lomita*, avec lequel se termine la sierra de ce côté. La bordure de Nord-Ouest est interrompue, comme celle du Sud-Est, par plusieurs ravins qui divisent le massif de la montagne en chaînes, imitant dans leur forme, aplatie au sommet, la même configuration des chaînes du Sud, et devenant peu à peu plus basses du côté est, où la dernière chaîne descend doucement dans la plaine entre la sierra de San Luis et celle d'Achala. Les ravins qui séparent ces chaînes sont plus courts que ceux de la moitié du Sud et donnent naissance chacun à un petit ruisseau qui vient jusqu'à la plaine du Nord-Est et se perd bientôt dans des champs stériles, sans pouvoir se réunir tous à une rivière commune, comme ceux de la moitié sud. Un seul ravin, le dernier avant le coin du Nord, est un peu plus grand que les autres; il pénètre jusqu'au centre de la montagne, sortant là d'une haute vallée assez large, qui contient le village de *Santa Bárbara*, un des meilleurs établissements dans la montagne. Ce ravin est connu, comme le ruisseau qu'il contient, sous le nom de *La Cantana*. Au côté sud de la même haute vallée prend naissance un autre ravin qui court à l'Est, touchant les pentes du dernier cône trachytique des *Cerros Largos*, et vient s'unir au ravin pittoresque de Luluara, qui contourne ledit cône de ce côté. Ce ravin est le plus étroit et le plus profond de ce côté est; il contient le ruisseau du même nom Luluara, formant la seconde source principale du rio Conlare. La première source, plus au Sud, vient d'un ravin plus ouvert et moins profond, et porte le nom de ce fleuve, appliqué aussi au village situé dans le ravin à son commencement, comme un autre village, Larca; tout près de l'embouchure du ravin dans la plaine. Quelques autres petits ruisseaux sortent des ravins du même côté est, plus au Nord, et grossissent le rio Conlare, qui par son eau assez abondante fertilise la plaine; son cours se dirige vers le Nord. Néanmoins, il se perd, après avoir coulé pendant quelques lieues, dans la partie plus boréale, très-stérile, de la plaine, comme tous les autres petits ruisseaux du côté nord et nord-ouest de la montagne.

La constitution géognostique de toute cette partie de la sierra est très-simple. Les pierres qui dominent sont les couches laurentiennes de gneiss, qui suivent le système général du gisement presque perpendiculaire avec une faible inclinaison au Nord-Ouest. Dans la moitié sud du centre, à côté des cônes trachytiques, se trouvent aussi des schistes huroniques, avec une direction et inclinaison presque opposées. Quelques massifs granitiques forment des différents centres dans cette partie de la montagne, comme élévations peu convexes, sans forme de véritables monts isolés. Tels sont : le massif d'*Aguila*, à peu près du milieu de la bordure Nord-Ouest, entre les ravins de La Cantana et de Quines. Deux autres massifs plus petits se trouvent au nord et au sud du massif d'Aguila : celui-ci nommé *El Alto de la Ternera* et *del Palmar*, l'autre *Los Cerros del Potrero de Funes*. Des roches éruptives plus modernes manquent dans cette partie de la montagne; il semble que les dykes de pegmatite qui se trouvent en contact avec les massifs de granite et se montrent, par exemple, dans la partie du ravin Luluara, dans Los Corrales, et dans le ravin du ruisseau de la Cal, c'est-à-dire dans les dernières dépendances à l'est de la montagne, prennent leur place. Le ravin dudit ruisseau de la Cal est le seul endroit, dans toute la montagne, où des roches calcaires existent entre les couches du gneiss; phénomène très-remarquable, en comparaison avec la richesse des dépôts calcaires dans la sierra voisine de Córdova. Il y a aussi quelques bonnes mines dans le voisinage des massifs granitiques, par exemple aux environs du massif d'Aguila.

4. — La Sierra de Córdova

Nous avons donné la description orographique de cette montagne, tome I, page 234. Il est donc connu que la sierra de Córdova, proprement dite, se compose de trois chaînes parallèles, en direction du Nord au Sud. De ces trois chaînes, la première, nommée *Sierra del Campo*, est assez étroite et plus allongée au Nord; la seconde, nommée *Sierra de Achala*, est plus massive et un peu plus allongée au Sud; enfin, la troisième, *La Serrezuela* est la plus courte et la plus à l'Ouest.

Nous ne répétons pas ici la description extérieure donnée avec détail dans le tome premier, pour nous occuper seulement de la constitution géognostique, sur laquelle nous avons donné quelques généralités à la même place; en disant seulement que cette montagne se compose, comme les autres de la *Pampa*, de roches métamorphiques avec des massifs granitiques et quelques éruptions trachytiques. Entrant à présent dans l'explication plus détaillée des relations de ces pierres entre elles, je me hâte de dire qu'il existe deux travaux spéciaux sur cette montagne, qui me fournissent les détails de ma description, fondée aussi sur une recherche personnelle acquise par mes propres voyages, en visitant quelques parties au nord du centre et du sud de la Sierra [56].

Si l'on compare celle-ci avec celle de la sierra de San Luis, antérieurement décrite, on peut dire que la configuration de celle de Córdova est beaucoup plus simple, et par conséquent plus facile à décrire, quoique l'étendue en soit beaucoup plus grande et même six fois plus grande que celle de l'autre. Les chaînes se trouvent disposées de telle manière, que l'espace entre elles est plus grand et que la composition subit des variations moindres que celles de la sierra de San Luis; caractères qui rendent cette dernière montagne plus intéressante à étudier, mais aussi plus difficile à bien connaître.

Nous commencerons notre esquisse spéciale par la première chaîne; il nous suffira de dire que, par sa forme générale, elle est la plus longue et la plus étroite, et s'étend avec son appendice du Nord par trois degrés de latitude. Elle a une hauteur moyenne de 1000 mètres et aucun sommet remarquable; les pointes obtuses, les plus élevées de la crête, ne dépassent pas 1200 mètres environ. Les pentes à l'Est sont peu escarpées et très-faiblement inclinées; celles de l'Ouest sont rapides, souvent presque perpendiculaires. La partie du Nord, suivant l'appendice isolé, est un peu plus large et aussi un peu plus haute que celle du Sud, qui est assez étroite et plus basse. Toute la chaîne se divise par sections découpées en plusieurs endroits, dont la première est plus complétement séparée des autres, formant un terrain montagneux, peu élevé, au nord-est de la chaîne, et se composant presque uniquement de granite. Plus au Sud, les autres sections deviennent généralement plus courtes et sont séparées par des ravins étroits, qui laissent passer l'eau des petits ruisseaux, accumulée dans la vallée, entre la première chaîne et la seconde. Cette vallée porte le nom de *la Punilla*.

Les trois sections principales de cette partie sont connues sous les noms de : la *Sierra del Campo*, *Sierra Chica* et *Sierra de los Condores* ; elles se composent, comme toutes les autres, de roches métamorphiques, dont les couches sont généralement élevées presque perpendiculairement, avec une inclinaison à l'Est, la plupart formées de gneiss alternant avec des couches de schiste de mica, d'amphibole et de marbre ou calcaire granulé. Nous avons donné plus haut la description de ces pierres et ne répéterons pas ici les caractères déjà connus. En raison de la grande variation des couches subordonnées, il est presque impossible de rien ajouter à ce que nous venons de dire ; disons cependant que même l'épaisseur des couches est aussi très-variable : quelques-unes ont à peine un mètre d'épaisseur, et d'autres atteignent une épaisseur très-considérable. La direction des couches est celle de la chaîne du Nord au Sud, et leur soulèvement, que nous avons déjà noté, est si fort qu'elles sont presque perpendiculaires, quoiqu'il existe aussi des inclinaisons moins fortes dans quelques endroits, de plus des dislocations et de grandes courbures ondulées sur quelques points à côté des rocs éruptifs. Les couches calcaires de marbre sont très-généralement répandues dans toute la chaîne, et plus nombreuses dans celle-ci que dans les autres. Elles sont très-variées dans leurs couleurs et leur grain, mais suivent toujours la direction et inclinaison générale des couches voisines.

Quant aux rocs éruptifs de cette chaîne, nous avons déjà nommé le granite, comme formant la section la plus basse au nord de la sierra ; d'autres rocs de la même espèce sont très-rares dans cette chaîne et manquent presque complétement dans la partie sud. Cependant, on trouve des rocs trachytiques dans la section de la sierra de *los Condores* et aussi dans la partie terminale de la sierra *Chica*.

Le granite occupe un terrain assez étendu au nord-est de la sierra *del Campo*, se présentant comme une grande masse peu convexe, d'une circonférence allongée elliptique et d'une surface inégale, quelque peu ondulée, accompagnée et entourée d'une grande quantité de petits culots de différentes grandeurs, s'élevant brusquement du terrain sablonneux de la pampa voisine. La pierre de la masse principale est un granite de structure et composition normale, tel que nous l'avons décrit plus haut, page 277 ; quelquefois, par exemple, aux environs du village Tolumba, il prend un aspect porphyrique par la présence de grands cristaux de feldspath, éparpillés dans sa masse. La pâte de ceux-ci est souvent très-disposée à se décomposer et laisse tomber au dehors les cristaux de feldspath, qui s'accumulent ainsi en quantité au fond dans les contours de ces culots.

Au centre de cette grande masse de granite existent, tout près du village principal de ce terrain, un peu plus au sud et à l'ouest de San Pedro, deux culots de porphyres, dont nous avons aussi déjà parlé plus haut, page 282. Ce porphyre contient dans la pâte felsitique des grains de quarz et des cristaux de feldspath de deux espèces : orthose et plagioklase ; ceux-ci en forme de jumeaux, avec des surfaces finement striées, qui le font facilement reconnaître.

Les trachytes de la sierra sont un peu plus importants et se trouvent seulement dans la partie sud, nommée la *Sierra de los Condores* ; nous en avons parlé plus haut, page 286, où nous avons donné une courte description de ces pierres. Ils forment une masse éruptive assez grande, du côté ouest de la montagne, s'élevant en sommets bizarres, au-dessus des escarpements roides du gneiss, qui constituent ce même côté de la chaîne. Les sommets, assez aigus et rapidement isolés, servent d'habitations à un grand nombre de condors, qui posent leurs nids sur les pics les plus abruptes, et peignent les parois des rocs de la couleur de leurs excréments, d'un blanc-jaunâtre, accumulés en grande quantité au pied de ces roches [57]. Une autre masse de trachyte s'élève vis-à-vis de la précédente sierra, à l'extrémité de la *Sierra Chica*, où ces rocs éruptifs se présentent sous la forme de filons perforant les couches métamorphiques, principalement dans les environs de San Ignacio et de Salta. Enfin, il existe des basaltes dans la sierra del Campo, tout près de Alta Gracia, au sud du rio Primero, où ils s'élèvent vers des escarpements orientaux, en petits culots très-peu reconnaissables.

Il nous reste encore à parler de quelques grès de couleur rouge plus ou moins foncée, qui se trouvent aux deux côtés opposés des masses trachytiques de la montagne, et entourent leurs bases Ces rocs, dont nous avons parlé plus haut, page 254, ne sont pas bien connus jusqu'à présent, et presque indéfinissables à cause du manque de pétrifications. Nous les avons rapportés, pour notre part, hypothétiquement, à l'époque tertiaire inférieure, et nous ne pouvons rien dire de plus de leur nature. Ils se trouvent aussi plus au nord du rio Primero, aux pieds des escarpements orientaux de la montagne, en petites couches et sous la même forme à l'est de San Pedro, contournant ici les bordures du grand typhon de granite; même dans l'intérieur de la chaîne del Campo, on les a trouvés, près de la bordure Nord, entre deux petits mamelons de granite, qui perforent cette partie de la montagne comme les derniers rejetons de ce typhon appendiculaire au nord de la sierra.

La seconde chaîne de la sierra de Córdova, nommée sierra d'Achala, est plus large et plus haute que la première, aussi plus allongée au Sud, mais plus courte dans la direction opposée, si l'appendice granitique de la première est regardé comme en faisant partie. Les hauteurs du faîte et des sommets ont été indiquées déjà tome I, page 236. La composition géognostique en est plus simple que celle de la première chaîne, et la configuration générale un peu différente, car le faîte de cette partie de la montagne n'est pas une crête obtuse, comme celle de la sierra del Campo, mais un plateau onduleux, avec quelques rares élévations en forme de pics. Cette même configuration de la sierra d'Achala s'applique principalement à la partie centrale plus grande granitique et à ses environs, où la surface du plateau est couverte d'un herbage frais, à la manière des vallées hautes d'Aconquija, qui fournit un magnifique pâturage pour le bétail, élevé ici en grande quantité et de bonne qualité. Beaucoup de petits ruisseaux prennent naissance dans ce plateau herbageux et descendent par le côté est en pentes douces, formant un grand nombre de ravins étroits et profonds qui, par leurs cascades bruyantes, donnent un aspect pittoresque à beaucoup d'endroits de cette partie de la montagne.

Le granite qui entre dans la constitution de cette chaîne pour une très-grande part et couvre une très-grande étendue, est de la composition normale et ne présente pas d'autres différences remarquables que la présence de quelques minéraux subordonnés qui se trouvent dans diverses localités. Ce sont principalement le grenat et la tourmaline qui changent l'aspect des masses de granite où ils s'accumulent. Mais ce qui exerce la plus grande influence sur les modifications du granite, ici comme dans la sierra de San Luis, ce sont de grands culots de pegmatite qui le perforent en différents endroits. Ils sont visibles même à de grandes distances par leur couleur blanche, produite comme dans la sierra de San Luis, par le quarz qui la compose principalement et leur a valu le nom de *Cerros Blancos*, qui se trouve si souvent appliqué dans les deux montagnes. Le quarz est mêlé de mica et de feldspath d'orthose en quantité moindre. Les cristaux de ceux-ci se décomposent facilement et donnent au roc l'apparence caverneuse par la grande quantité de cavités que produit leur absence fréquente. Dans ces masses de quarz, appartenant au pegmatite, se trouvent aussi les grands cristaux de béryl, dont nous avons fait mention plus haut, page 279. L'autre minéral le plus remarquable, contenu dans la masse du quarz-pegmatite, est le triplite, visible principalement dans le culot du Cerro Blanco à côté de la route de San Luis.

Le granite de la sierra d'Achala occupe presque un tiers de toute sa masse et s'étend, comme un grand typhon, dans la direction N.-N.-E. à S.-S.-O., touchant au Nord la bordure d'est et au Sud celle d'ouest de la montagne. Il contient.le sommet le plus haut qui porte le nom de la sierra même : *El Alto de Achala* (2,200 mètres environ).

Des deux côtés, nord et sud du granite, la montagne est formée par les roches métamorphiques, entre lesquelles le gneiss domine, accompagné de micaschistes et de schistes d'amphibole, de quelques petits culots ou dykes de granite intercalés, mais plus souvent de couches de marbre. Cependant, celles-ci sont plus rares dans cette partie de la montagne que dans la première chaîne orientale. Elles se présentent de préférence dans la partie au nord du typhon de granite, et semblent manquer dans la partie au sud du granite, où prévalent des schistes d'amphibole. Ainsi, ai-je trouvé, composée de la même manière, la pointe de la montagne, tout près de la ville d'Achiras, où les dernières ramifications des escarpements sont formées d'une pierre pleine d'amphibole, que j'ai prise pour syénite, parce que les couches d'une roche stratifiée n'étaient pas très-visiblement prononcées, comme je l'ai déjà dit plus haut, page 281.

Il n'existe pas d'autres roches éruptives dans toute la sierra d'Achala; on n'y connaît jusqu'à présent avec certitude, ni trachytes ni basaltes. Cependant, l'existence de quelques culots basaltiques est assez probable, parce que le rio Primero porte des cailloux de cette pierre dans son lit, comme je l'ai noté page 296. Les sources de ce fleuve viennent toutes de la sierra d'Achala et indiquent que l'on doit chercher ici dedans l'origine des pierres qu'il porte dans son lit.

Enfin, nous mentionnons la présence de métaux précieux dans quelques parties de la montagne. L'or existe en filons de quarz, mêlés avec du pyrite, changé par pseudomorphose en limonite, près du village de Candelaria ; mais les quantités de métal sont petites et son exploitation ne saurait donner de bénéfice. L'argent natif existe aussi, également rare, répandu en galène et comme l'argent corné (kérargyre), sans permettre, par sa rareté, une exploitation lucrative. Plus riche sont les mines de cuivre, de plomb, et plus encore celles de fer et de manganèse; celles de ce dernier métal sont le plus souvent trouvées et en plus grand nombre. Le fer magnétique ou aimant est aussi largement répandu dans la montagne ; il se trouve souvent en grandes masses, rapproché du granite, et forme quelquefois des couches d'une épaisseur énorme de 1-2 mètres.

La troisième chaîne de la sierra de Córdova, la Serrezuela, est la plus petite, mais aussi la plus intéressante à étudier géognostiquement. Elle a la longitude presque exacte d'un degré, occupant le milieu des trois degrés (30-33) et de toute la montagne du sytème de Cordova. Sa forme particulière correspond plus à celle de la sierra d'Achala, car elle est relativement plus large que la première chaîne de la sierra del Campo, et ses faîtes forment un plateau d'une hauteur d'environ 1,200 mètres, d'où descendent, du côté ouest, les escarpements roides, presque perpendiculairement, quand, de l'autre côté est, les contreforts s'inclinent doucement vers la plaine, entre la Serrezuela et la chaîne d'Achala, formée par une vallée assez large et assez fertile, ornée d'une végétation pittoresque de palmiers, qui s'étendent même jusqu'au plateau de la Serrezuela.

La montagne est, dans sa masse principale, formée, comme les autres chaînes, de roches métamorphiques, dont les couches courent du Nord au Sud, ayant la même position presque perpendiculaire, peu inclinée à l'Est. Dans cette chaîne le gneiss domine ; les autres roches métamorphiques sont plus rares que dans les chaînes antérieures, et principalement les couches de marbre se trouvent seulement dans le district du Nord, où elles traversent le ravin nommé *Ojo del Agua*. Le granite manque partout ; d'autre part existe une pierre nouvelle pour le système de la montagne de Córdova, dans la chaîne Serrezuela, formée par des schistes argileux de phyllades, qui se trouvent au pied des escarpements roides occidentaux, sortant rapidement de la plaine, vis-à-vis du village Yatan, et s'élevant jusqu'à mi-hauteur des schistes métamorphiques de gneiss. Ces roches appartiennent, comme nous savons, à la formation sédimentaire paléozoïque, et semblent en représenter les couches les plus anciennes, à cause de leur contact immédiat avec les roches métamorphiques. Il est utile de noter que dans la sierra de San Luis se trouvent les mêmes couches, dans un gisement en tout correspondant, du côté ouest de la petite chaîne Socoscora, comme nous l'avons vu plus haut, page 350. Cette analogie donne une preuve bien certaine de l'uniformité des phénomènes qui ont présidé à la formation des montagnes de la *Pampa*.

L'analogie entre les deux montagnes de la Serrezuela et de San Luis est aussi indiquée par leur étendue presque égale, et s'augmente encore de la présence d'éruptions trachytiques, assez semblables entre elles dans chacune des deux. Presque du milieu de la montagne, un peu plus au Nord, où la Serrezuela acquiert sa plus grande largeur, se dressent sur le plateau central trois groupes de cônes trachytiques, à une petite distance les uns des autres, le groupe le plus grand à l'Est, accompagné d'un dépôt assez étendu de tufs trachytiques. Nous avons nommé plus haut, page 285, les cônes les plus remarquables de ces groupes et répétons ici leurs noms, qui sont: *La Yerba Buena* (la bonne herbe, 1,615 mètres), *La Borroba* (1,400 mètres), *La Popa* (la poupe, 1,500 mètres), *el Cerro de la Cienega* (le pic du marais, 1,200 mètres). Le trachyte de ces cônes est d'une couleur assez foncée rouge-grise ou jaune-grise; sa pâte a une structure poreuse, ressemblant quelquefois au ponce; elle contient des cristaux de sanidine, amphibole, augite, oligoklase et mica. Cette pierre ressemble alors, dans sa composition, au trachyte du Morro de San José, par le manque de quarz isolé; le trachyte de la sierra Serrezuela est un véritable trachyte, et non pas un liparite, comme les grands cônes de la sierra de San Luis, dont nous avons parlé plus haut, page 287. Cette différence est importante, principalement si nous considérons le voisinage des deux éruptions trachytiques dans les deux montagnes en question; elle prouve que, même à une très-petite distance, comme celle qui existe entre la sierra Serrezuela et la sierra de San Luis, dépassant à peine un demi-degré de latitude (peut-être 32'-35'), les matériaux des substances éruptives de la terre peuvent comporter des différences remarquables. Nous avons fait la même observation, en comparant les cônes trachytiques de la sierra de San Luis entre eux; aussi ces cônes, quoique tout formés de liparite, présentent des différences locales très-sensibles de trachyte.

Les tufs trachytiques, accompagnant les cônes orientaux du groupe, sont formés de la même masse que ces cônes, contenant aussi des cristaux des mêmes substances susnommées.

Il nous reste à signaler au lecteur que, dans le voisinage des cônes éruptifs, on a découvert aussi, dans la sierra Serrezuela, comme dans celle de San Luis, des mines d'or, principalement près du village *Ojo del Agua*, au nord du district trachytique. Les mines se trouvent dans des filons quarzeux, mêlés avec des substances métalliques de fer, qui traversent les schistes métamorphiques en diverses directions. Le résultat de l'exploitation de ces mines n'a pas été très-heureux, et est en tout point inférieur à celles de la sierra de San Luis.

5. — La chaîne du Tandil

Nous connaissons la constitution géognostique de cette chaîne, dont j'ai donné la description orographique dans le tome I, page 240, d'après les recherches de MM. J. Ch. HEUSSER et G. CLARAZ, qui ont publié les résultats de leur exploration dans un mémoire en deux langues différentes [58]. Sans avoir vu la montagne, j'intercale ici un extrait de ce mémoire, pour donner à mes descriptions géognostiques toute l'étendue possible.

Par la description orographique du tome Ier, nous savons que la montagne se compose d'une quantité de petites arêtes allongées, séparées complétement l'une de l'autre par des intervalles ouverts, nommés *abras* par les indigènes. Ces arêtes courent de Sud-Est à Nord-Ouest, comme toute la montagne ; leurs pentes roides, tournées vers le Nord-Est et leurs contreforts très-doucement inclinés au Sud-Ouest. La montagne commence au cap Corrientes, avec un long banc de pierres sous-marines, qui de la côte entre dans la mer jusqu'à une distance d'une lieue, se rattachant au sol de la terre ferme par une simple chaîne de petites collines basses, couvertes d'herbages, et se changeant peu à peu en arêtes pierreuses, devenant successivement plus grandes et plus hautes, jusqu'à la ville du Tandil, où elles prennent leur hauteur la plus considérable de 400 mètres environ au-dessus du niveau de la mer. Dans cette partie, la montagne se sépare en deux chaînes parallèles, distantes environ de 6 lieues; l'intérieur au Sud-Ouest porte le nom de la

Sierra Tinta, l'autre extérieure au Nord-Est, conserve le nom principal de la *Sierra del Tandil*. D'ici, la montagne continue de nouveau, comme simple chaîne, au Nord-Ouest, composée de plusieurs groupes d'arêtes plus ou moins séparées par des intervalles ouverts, aboutissant près du village Tapalquen par un groupe assez isolé, nommé la *Sierra Baja*, suivies encore d'un autre groupe plus isolé de la *Sierra de Quillalanquen*.

Les pierres, qui composent les petites arêtes de toute la montagne, appartiennent à deux formations différentes géognostiques, c'est-à-dire à la plus ancienne des pierres cristallisées et à l'autre beaucoup plus jeune sédimentaire, les deux suivie de la formation diluvienne, qui contourne les arêtes et forme le fond dans leurs environs. Nous examinerons ces formations plus en détail.

Les roches cristallisées sont de deux catégories : les unes plutoniques, les autres métamorphiques ; elles se trouvent toujours du coté nord-est des arêtes, formant les escarpements très-roides, et manquent généralement du côté sud-ouest, très-faiblement inclinées vers la plaine voisine, car ce côté est occupé par les couches sédimentaires.

La pierre plutonique dudit côté est le granite; il existe seulement presqu'au milieu de la montagne, un peu plus au Nord, tout près de la ville du Tandil, occupant ici les sommets les plus hauts, dont nous avons parlé tome I, page 242, et portant sur son culot principal le grand bloc mobile, qui fait l'étonnement des habitants depuis longtemps. Les escarpements du granite sont couverts d'autres blocs plus petits, qui cachent toute la partie la plus basse, au commencement de la plaine, et constituent une véritable mer de pierres (*Felsenmeer*) des géognostes.

Le granite est entouré d'une pierre, presque de la même constitution, mais peu à peu plus clairement stratifiée, de telle manière que le granite se transforme doucement, dans une couche intermédiaire, en véritable gneiss. Les couches de ce roc, évidemment métamorphique, suivent la direction générale de la montagne, de Sud-Est à Nord-Ouest, plongent sous des angles de 40° à 50° au Sud-Ouest, et tournent leurs extrémités découvertes vers le Nord-Est. Dans la partie la plus Sud-Est, depuis l'arête du Volcan [59], jusqu'au cap Corrientes, manque le gneiss, mais plus au Nord-Ouest il se prononce ouvert, dans la chaîne de Nord-Est, et dans toute la montagne, jusqu'à l'extrémité, près du village de Tapalquen. Il forme aussi souvent de petites crêtes transversales avec les collines de la seconde chaîne, couvertes de couches de la formation sédimentaire, et occupe les fondements de ces mêmes collines. Là où le gneiss se présente libre à la surface, il affecte la forme de petits mamelons coniques, s'élevant doucement de la plaine, généralement couverts de décombres de la même pierre sur la majeure partie des escarpements, et seulement à nu au sommet de la colline. Souvent, la marne pampéenne de la formation diluvienne couvre les parties les plus basses des escarpements et donne naissance à une végétation d'herbages qui cache aussi les dernières petites collines de la chaîne, avant le cap Corrientes.

Quant à sa structure et aux minéraux qui le composent, nous remarquons, que le gneiss en est assez variable; tantôt d'un gros grain, comme dans la partie nommée *Sierra de la Plata*, tantôt d'un grain très-fin, comme dans plusieurs parties des environs de la ville du Tandil. Quelquefois, les sommets des arêtes semblent formés d'un plus gros grain que les couches inférieures des escarpements. Les trois substances constitutives : le quarz, le feldspath et le mica, sont généralement assez également répartis dans la masse, mais souvent les deux derniers minéraux existent en moindre quantité, soit le feldspath seul, soit au même degré le mica. Dans la sierra de la Plata, par exemple, le quarz et le mica sont en prépondérance, formant ainsi un véritable hyalomicte (*greisen*). Quelques parties de cette roche, où le quarz et le mica sont d'un gros grain, prennent un aspect élégant, et aussi donnent naissance par leur vif éclat au nom de la localité : Mont d'Argent. Quand le mica diminue, la pierre se rapproche du quarzite, ou plutôt du schiste quarzeux. Quelques variétés de celui-ci présentent une ressemblance surprenante avec le porphyre, et semblent former une sorte de transition avec cette pierre. Le quarz se dresse aussi en filons traversant le gneiss, mais ces filons sont tous vides, sans métaux. Le mica se trouve dans quelques parties du roc de quarz en feuilles hexagonales, souvent détachées, laissant en creux des impressions vides de la même forme. Le feldspath, au contraire, ne se présente jamais en cristaux, et aussi les cristaux isolés de quarz sont très-rares. Il est notoire qu'aucun vestige de roche calcaire ne se trouve dans la montagne ; dans le gneiss même manquent complétement les couches calcaires subordonnées.

Les minéraux subordonnés, observés dans le granite et le gneiss, sont les suivants : le grenat d'une couleur rouge assez claire est très-abondant dans le gneiss du *Cerro Paulino*, mais il manque dans le granite du Tandil. Il se trouve aussi sur la côte de la mer, au cap Corrientes, dans une alluvion moderne, en grains ronds roulés, et semble venir d'une couche de gneiss sous-marin. La tourmaline est aussi abondante dans le voisinage du Cerro Paulino, et se présente ici mêlée au quarz en roc dans le gneiss ; il existe en moins grande quantité dans le gneiss riche de mica, du Cerro de la Plata. Le pyrite semble exister dans le granite du Tandil, car on voit des impressions cubiques dans la pierre décomposée dans le cimetière de la ville. On rencontre des oxydes de fer dans le voisinage des arêtes de la Tinta, où ils forment des élévations sur quelques parties du gneiss. Ce sont l'oligiste et le limonite, mêlés ensemble et formant souvent une véritable transition de l'un à l'autre. Enfin, existe aussi le chlorite dans quelques nids et filons du gneiss quarzeux, semblable au porphyre, dans la *Sierra de la Concepcion*. On voit, par cette description, que les pierres métamorphiques du système des petites montagnes, que nous venons d'étudier, ont leurs particularités, et qu'elles se distinguent bien du gneiss des autres chaînes du pays plus au Nord, principalement par l'absence de couches de schiste d'amphibole et de calcaire granulé, si abondant dans la sierra de Córdova. Aussi, la direction des couches et leur inclinaison sont différentes, et démontrent l'originalité de la montagne du Tandil et de ses prolongements.

La seconde formation géognostique de la montagne est représentée par un grès tantôt doux, tantôt assez dur, d'une couleur blanche dominante, qui se met en contact intime avec les couches de gneiss et les suit dans leur direction, mais non pas exactement dans leur inclinaison. La masse générale de grès est formée de grains de quarz assez petits, quoique de différente grandeur; quelques-uns de la grandeur d'une noix, mais anguleux, se trouvent principalement dans les couches supérieures. Quant à sa texture, il est disposé par lits, mais ils ne sont pas très-visibles; et sa couleur blanche ou grise se change quelquefois en rouge ou rougeâtre. Dans la partie principale de la seconde chaîne de la montagne, plus à l'intérieur du Sud-Ouest, nommée *La Tinta,* cette couleur rouge domine, et le grès se différencie aussi par sa substance; il est formé de grains ronds unis par un ciment probablement argileux, sans aucun vestige de chaux dans la masse, de couleur rouge, jaune ou brune qui donne la teinte aussi à toute la pierre. Celle-ci contient, en outre, des feuilles de mica et de talc, et affecte dans quelques endroits une granulation si fine, qu'elle s'emploie pour queux. Dans ce même grès de la Tinta se trouvent de grandes couches d'un véritable stéatite, de couleur variant entre le jaune, le rouge et le violet, bien applicable à un usage industriel et déjà utilisé depuis quelque temps par les tourneurs à différents objets. Cette pierre était connue des anciens Indiens de la campagne avant la conquête, ils l'employaient à faire les balles de leurs frondes et les morceaux réduits en poudre, comme fard, pour teindre leurs corps. C'est de cet usage que la montagne a reçu son nom actuel de *Tinta*. Dans la partie la plus facilement accessible de la montagne, le stéatite se trouve en différents bancs, chacun d'environ un pied d'épaisseur, séparés par des bancs de grès assez fin, d'une épaisseur presque égale; ces bancs se répètent plusieurs fois. Les couches sont parallèles au gisement général de la formation et suivent la même loi. On les trouve aussi au dehors de la sierra Tinta, en différents points de la montagne, au Sud-Est jusqu'au Volcan, et au Nord-Ouest presque jusqu'à l'extrémité. Les grès qui l'accompagnent, contiennent également quelques minéraux accessoires, comme oligiste, tourmaline, pyrite en pseudomorphoses et grenat, c'est-à-dire les mêmes qui se trouvent dans le gneiss.

Quant au gisement de la formation du grès, il existe seulement du côté sud-ouest des arêtes, principalement de la seconde chaîne, plus à l'intérieur de la *Pampa*, formant un plan très-doucement incliné qui se perd enfin sous la marne diluvienne de la surface de la campagne. Ici, au bord des arêtes de la montagne, l'inclinaison est si faible, que les couches de grès semblent être horizontales ; mais plus haut, près de la crête des arêtes, elles deviennent un peu plus fortement inclinées, quoique toujours beaucoup moins fortes que les schistes de gneiss du dessous. Il semble qu'un léger soulèvement des rocs plutoniques plus bas, sous le gneiss, ait élevé ceux-ci à l'époque où le grès était déjà déposé, et que son premier gisement a été presque horizontal. Les bords opposés des couches au Nord-Est sont toujours abruptes et déchirés presque perpendiculairement ; ils forment de grands remparts et sont généralement inaccessibles là où n'existent pas de ravins. L'angle de l'inclinaison au Sud-Ouest ne semble pas dépasser 15° et se réduit à 10-12° dans la partie inférieure du plan incliné.

Les couches sédimentaires décrites se trouvent dans toute l'étendue de la montagne, depuis le cap Corrientes jusqu'à la sierra Quillalanquen, du côté sud-ouest des arêtes, où la chaîne est simple; et de la même manière dans la seconde chaîne interne, où se trouvent deux traits parallèles. Au cap Corrientes, les roches dures, sortant de la couche diluvienne, sont seulement formées de grès blanc, comme aussi le banc sous-marin étendu dans la mer. Probablement existe dans les collines basses, tout près de la côte, couvertes de marne diluvienne et d'herbages, le même grès, en bas. Plus distant de la côte, près du mont Volcan, les premières couches de gneiss se présentent, leur surface interne à Sud-Ouest porte le grès au-dessus des escarpements ; mais les culots de granite, tout près de Tandil, ne contiennent pas de couches de grès : Les couches du gneiss, qui suivent au Nord-Ouest, portent les grès sédimentaires, et principalement ceux de la sierra Tinta, où la formation du grès avec les couches de stéatite prend sa plus grande évolution. Les grès sont donc très-répandus dans toute la montagne en question.

On n'a trouvé, jusqu'à présent, aucune pétrification organique dans les couches sédimentaires de la montagne, et par conséquent l'âge de la formation reste encore douteux. Les auteurs du mémoire où j'ai pris les renseignements reproduits ici, ne donnent pas leur opinion sur ce point, laissant le lecteur dans l'incertitude ; ils proposent de donner un nom particulier à la formation sédimentaire, l'appelant : *Formation de la Tinta*. J'ai déjà avisé plus haut, page 254, mon opinion personnelle, déclarant que le grès avec les couches du stéatite est l'équivalent de la formation guaranienne de D'ORBIGNY, c'est-à-dire tertiaire inférieure [60]. Mes raisons pour cette explication sont les suivantes :

1° La similitude générale de la composition du grès avec le grès répandu le long de la côte orientale du rio Paraná, dans la province de Corrientes, de couleur rouge, produite par un minéral de fer en état d'oxydation ;

2° Le manque complet de pétrifications organiques dans les deux formations d'égale structure pétrographe ;

3° Leur dépôt immédiat au-dessus des roches métamorphiques ;

4° L'observation souvent répétée de semblables grès rouges plus ou moins foncés dans toute la République Argentine, dans des conditions qui semblent démontrer que leur âge se rattache à la même époque tertiaire inférieure ;

5° Enfin, on peut admettre aussi le manque de substance calcaire dans les couches sédimentaires, comme preuve de leur similitude avec les sédiments de la formation guaranienne, telle qu'elle se trouve au-dessous de Buénos-Ayres, lieu le plus voisin de la sierra du Tandil ; car ici, au-dessous de Buénos-Ayres, elle se présente comme argile plastique sans chaux, complétement de la même couleur que le stéatite de la Tinta.

Il me reste encore à dire quelques mots sur l'époque du soulèvement des couches sédimentaires de la sierra, pour prouver que, de ce côté aussi, l'âge indiqué plus haut est justifié.

Il est évident que ce soulèvement a eu lieu avant le dépôt de la formation patagonienne ou tertiaire supérieure, car nous ne trouvons aucun vestige de couches de cette formation sur les grès de la sierra du Tandil. Les couches élevées de cette montagne existaient alors déjà dans cette même position quand les dépôts patagoniens se formaient, c'est-à-dire que le soulèvement des couches de la sierra du Tandil a eu lieu avant l'existence de la formation tertiaire supérieure, et par conséquent on peut soupçonner qu'il a eu lieu pendant la formation tertiaire inférieure. Je crois aussi que cette période de soulèvement se recommande par la faiblesse des couches sédimentaires, en comparaison avec la grande épaisseur des couches de la même époque au-dessous de Buénos-Ayres. Nous avons vu plus haut, page 250, que dans la perforation faite dans la ville même, les couches guaraniennes commencent à une profondeur de 112 mètres et descendent jusqu'à 290 mètres; la formation a ici, par conséquent, une épaisseur de 178 mètres, tandis que dans la sierra du Tandil la formation sédimentaire ne dépasse peut-être pas 30 mètres d'épaisseur, car elle est, dans les localités accessibles, beaucoup plus mince. Je crois que cette différence remarquable m'autorise à accepter, comme démontré, que le soulèvement des couches de la sierra du Tandil a eu lieu avant la fin du dépôt des couches guaraniennes, et que ces couches représentent seulement une partie du dépôt formé pendant toute la durée de l'époque tertiaire inférieure du pays.

Je ne parle plus de la marne diluvienne qui contourne toute la montagne, s'élevant aussi dans les petites vallées entre les arêtes et entre les chaînes, s'élevant même un peu sur les pentes les plus basses des arêtes; ayant expliqué assez la nature de son dépôt dans le chapitre III, où j'ai parlé aussi, page 200, de l'étendue de la formation diluvienne au Sud, dont les confins aboutissent près de cette montagne du Tandil, entre elle et la sierra Ventana.

NOTES

O (151)*. La carte géognostique, qui accompagne ce livre, est dessinée par moi-même, d'après mes propres études, avec l'aide, pour les détails de quelques parties du terrain, des deux cartes géognostiques, que l'ancien professeur de Minéralogie de l'Académie des Sciences Exactes de Cordova, M. le Dr. ALFR. STELZNER, avait déposées, avant son départ du pays, dans les mains du Ministre de l'Instruction Publique, M. le Dr. JOSÉ C. ALBARRACIN. Le Ministre m'avait donné ces cartes pour les utiliser dans l'intérêt de la connaissance du pays. J'ai publié l'une des deux dans le tome premier des Actes de ladite Académie de Cordova (Buénos-Ayres, 1875); l'autre est malheureusement fondée sur une carte topographique assez inexacte, et ne pourrait être publiée telle que l'auteur l'a dessinée, sans occasionner certainement beaucoup d'erreurs. Pour faciliter la comparaison, j'ai adopté pour ma carte l'échelle employée dans la carte géognostique du centre de l'Europe, publiée en 1839, à Berlin, par M. le chevalier DE DECHEN, ancien Directeur en chef des Mines des provinces prussiennes du Rhin.

1 (152). Mes publications géognostiques sur le terrain de la République Argentine sont insérées : soit dans la Relation de mon Voyage (*Reise durch die La Plata Staaten. Halle, 1861.* 2 tom. 8.), soit dans des essais séparés, tels que mon travail sur les pétrifications de Juntas, publié en collaboration avec le Professeur GIEBEL (*Halle, 1861.* 4. et *Abhaud. d. naturf. Gerellset.* tom. VI). De cet essai j'ai extrait le passage reproduit ici dans le texte. Une description générale géognostique du pays sert aussi d'introduction à la liste des Mammifères fossiles argentins, publiée dans les Annales du Musée public de Buénos-Ayres (tome 1, pages 62, seq.) et mes différentes communications à la Société Géographique de Berlin, publiées dans le *Zeitschr. f. allgem. Erdk. Neue Folge*, depuis 1855, ou dans *Petermann's geogr. Mittheil.*, depuis 1861, déjà nommées dans le tome premier de cet ouvrage. Dans ces différentes publications, et principalement dans les Annales du Musée public de Buénos-Ayres, M. le Dr. MAACK, pendant quelque temps attaché au Musée, a puisé les matériaux de son *Geological Sketch of the Argentine Republik*, dans les *Proceed. of.*

(*) Les chiffres entre parenthèses indiquent la page du texte.

the *Boston Society of nat. hist.*, XIII. 417. Ce jeune homme n'a pas fait de voyage dans l'intérieur de la République Argentine, sauf une petite excursion à la côte, près de la *Loberia Grande*, en compagnie du préparateur du Musée, pour chasser des phoques pour nos collections, et il avait acquis ici, dans ses conversations avec moi et mes publications que je lui communiquai, les connaissances qui formaient le fond de son *Geological Sketch*, sans avoir jamais étudié pratiquement la géologie argentine.

2 (158). Pour les détails ici donnés dans le texte, le lecteur peut consulter mon: *Excursion au Rio Salado*, dans le *Zeitschr. für allg. Erdk.*, *N. F*, tome 15, page 237.— Puis la carte de la perforation pratiquée par M. Sourdeaux, à Buénos-Ayres, reproduite pl. XXI de l'Atlas de la Conf. Arg., par Martin de Moussy. J'ai fait mes remarques explicatives sur cette perforation dans la même *Zeitschrift*, tome 17, page 393, et avec plus de détails dans *Petermann's geogr. Mitth.* de l'année 1863, page 92.

3 (161). Voyez, sur ces grands dépôts des décombres, mes remarques dans mon *Reise*, etc., I, 220 et II, 213 et 223.

4 (162). Les environs de la source chaude de Borbollan, près de Mendoza, sont très-instructifs pour la composition du sol de la Pampa stérile occidentale. Dans cette localité, les anciennes eaux de la source ont, dans quelques points, lavé les alluvions sur les couches diluviennes, et démontrent clairement la composition des couches alluviennes par de petits cailloux et graviers et jusque par la finesse du sable. Voyez mon Voyage, tome I, page 230.

5 (164). Dans la relation de mon excursion au rio Salado (voyez note 2), j'ai décrit ces dunes du ruisseau Siasco (l. l., page 240).

6 (164). Des dunes centrales, fort distantes de la côte actuelle de la mer, se trouvent aussi en différents points de la Patagonie. Darwin a décrit des dunes entre le rio Negro et rio Salado, s'étendant de l'Est à l'Ouest sur une grande surface (*Voyage d'Histoire naturelle*, tome I, page 85, de la traduction allemande). Les dunes indiquées dans le texte, comme répandues dans la province de Buénos-Ayres, n'ont pas été examinées par moi-même; je m'appuie sur les observations de MM. Heusser et Claraz, inscrites dans leurs *Essais pour servir à une descr. phys. et géogn. de la province de Buénos-Ayres* (Zurich. 1866-4).

7 (166). D'après les observations de MM. Heusser et Claraz, publiées dans leurs *Essais, etc.*, dans la note antérieure, il se trouve sur les escarpements du rio Paraná des vestiges évidents des anciennes lignes du niveau au-dessus du niveau actuel du fleuve, quelques-unes en forme de gradins, couvertes d'une végétation vigoureuse d'arbustes. Ces auteurs distinguent deux gradins l'un sur l'autre, l'inférieur à 5 mètres au-dessus du niveau actuel, le supérieur est de 4 mètres plus haut. Aussi sur les bords du rio Uruguay, et même sur ceux des petits ruisseaux de la Pampa, ils croient avoir observé ce phénomène.

8 (170). J'ai fait une relation du squelette de la baleine, trouvé dans une île du rio Paraná, près de *Las Conchas*, à la Société paléontologique de Buénos-Ayres, le 17 juillet 1866, où l'on trouve les détails de cette découverte. Voy. *Actas de la Soc. Paléont.* page IX, dans les *Annales du Musée public*, tome I. Pour déterminer avec vraisemblance l'âge du dépôt qui renfermait le squelette, il est nécessaire de tenir compte de ce que dit Lyell sur l'âge du delta du Missisipi (Antiq. of men. page 43), parce que nous n'avons aucune raison de croire que ces îles du rio Paraná soient plus modernes que celles du fleuve correspondant nord-américain. Le squelette que j'avais attribué auparavant à une espèce du genre *Megaptera*, appartient en réalité à une vraie baleine et très-probablement à la *Balaena meridionalis*. Il est important de noter que des ossements de baleines se trouvent aussi dans des conditions semblables, dans les couches supérieures diluviennes. Bravard a trouvé dans la baie de Bahia-Blanca deux squelettes semblables en place (voyez sa carte géogn.) et Heusser et Claraz citent d'autres exemples dans leurs *Essais*, page 111. Mais on trouve ces ossements d'animaux marins toujours très-près des anciennes côtes diluviennes, et non pas dans l'intérieur de la formation, où des restes d'animaux marins sont inconnus.

9 (172). La collection que Bravard a déposée dans le Musée public, contient 53 espèces de coquilles et comme 20 échantillons de terrains; entre eux, deux avec des dents de *Mylodon* et *Scelidotherium*. Parmi les coquilles qui n'étaient pas déterminées, j'ai classé les suivantes :
Chemnitzia americana, d'Orbigny. Voyag. Mollusq.., pl. 53, f. 17-19.
Natica Isabellina, l. l., pl. 76, f. 12-13.
Trochus patachonicus, l. l., pl. 55, f. 1-4.
Buccinum globosum, l. l., pl. 61, f. 24.
— *Isabellei*, l. l., pl. 61, f. 18-21.
Murex varians, l. l., pl. 62, f. 45.
Olivancillaria brasiliensis, l. l., tome III, pl. 4, f. 155.
— *auricularia*, ibid. 156.
Oliva tehuelchana, l. l. pl. 59., f. 7-12.
Voluta angulata, l. l., pl. 60, f. 12.
— *Colocynthis*, l. l., pl. 60, f. 4-5.
Crepidula muricata, Lam.
Ostrea puelchana, d'Orbigny, Voy. texte, tome III, pl. 4, f. 162.
Mytilus Rodriguezi, l. l., pl. 85, f. 11.
Mactra Isabellei, l. l. pl. 77, f. 25-26.
Solecurtus platensis, l. l., pl. 81, f. 23.

On trouve, il est vrai, des restes d'animaux marins aussi dans l'intérieur du pays, dans quelques rares endroits, et même dans des couches véritablement diluviennes; phénomène très-curieux, parce que des animaux semblables n'existent pas actuellement dans notre partie de l'Océan Atlantique. Il faut consulter sur cette observation le texte, page 29. Aussi, MM. Heusser et Claraz font mention d'une trouvaille de coraux fossiles près de la fabrique de gaz de Buénos-Ayres, dans la tosca du Rio, où M. Seguin les avaient ramassés. Mais une seule découverte ne peut pas servir de fondement suffisant à une théorie nouvelle.

10 (172). MM. Heusser et Claraz s'étonnent dans leurs *Essais*, page 20, que je n'aie rien dit, dans mon *Voyage*, sur les limites entre la formation diluvienne et tertiaire au Sud, quoique Darwin, auquel ils attribuent un grand talent de divination, eût soupçonné ces limites dans les environs de San Luis. Cette surprise des deux auteurs est justifiée, quand on attache plus d'importance au talent divinatoire d'un auteur qu'à l'observation directe d'un autre. Si les limites soupçonnées n'existent pas dans le lieu où Darwin les a cherchées, je ne pouvais pas les indiquer; la formation diluvienne ou pampéenne s'étend plus loin au Sud que la route suivie par moi, dans mon *Voyage*; elle dépasse encore la latitude du 34°, comme le prouvent les couches fossilifères dans les environs de San Luis, où l'on trouve les mêmes ossements de *Megatherium*, *Mylodon* et *Glyptodon* qu'ici à Buénos-Ayres. Dans les environs de Mendoza, la couche diluvienne a encore une épaisseur de 14 mètres, comme le prouvent les puits artificiels dont je parle dans mon *Voyage*, tome 1, page 273.

11 (172). Que cette formation très-étendue corresponde au *diluvium* des anciens géognostes, tel qu'il se présente dans la plaine de l'Allemagne du Nord, sa nature locale et générale le prouve évidemment. L'auteur, qui est né sur le sol dudit *diluvium* et n'a pas vu, jusqu'à l'âge de 20 ans, d'autre couche terrestre, était très-surpris de voir tout près de Buénos-Ayres, à la *barranca del Rio*, les berges affecter le même aspect si longtemps observé par lui sur les côtes de la Baltique, dans les environs de sa ville natale : *Stralsund*. Prendre ce même terrain de Buénos-Ayres pour une couche tertiaire, parce que quelques-uns des mammifères éteints ressemblent plus aux animaux de l'époque tertiaire, me semble d'une subtilité trop grande; nous connaissons aussi de l'époque diluvienne de l'Europe plusieurs espèces éteintes, telles que le mammouth, le rhinocéros, l'hyène, l'ours des cavernes, etc. On trouve aussi des espèces identiques aux espèces actuelles du pays, comme cela se présente en Europe : le renard, la vizcacha, la prea me paraissent semblables à ceux vivant actuellement. Bravard a fait cette objection, que le *Mastodon* serait toujours un animal tertiaire en Europe, pour prouver que les couches qui le contiennent dans la République Argentine appartiennent à la même époque ; mais il a oublié, en s'exprimant ainsi, que le *Mastodon* de l'Amérique du Nord est véritablement diluvien et probablement encore plus moderne que notre Mastodonte argentin. Tout le monde sait que les ossements de cet animal se trouvent dans les couches marécageuses diluviennes ou même alluviennes de l'Amérique du Nord.

12 (174). MM. Heusser et Claraz prennent, dans leur *Essais*, etc., page 25, ces grains noirs pour grains de basalte ou pierre d'amande, et fondent leur opinion sur d'autres grains verts, réunis aux noirs, qu'ils

prennent pour olivine. — Il est vrai que l'on trouve quelques petits cônes de basalte dans l'intérieur des montagnes, par exemple, dans la sierra de Córdova, et près celle de San Luis, mais je doute que leur présence soit assez fréquente pour permettre de déclarer que ces grains noirs soient les restes de roches basaltiques décomposées. Aussi, dans les montagnes du nord de la République, les basaltes sont inconnus ; ils se trouvent, accompagnés d'autres roches volcaniques noires, comme spilite ou pierre d'amande, dans la sierra d'Uspallata, mais toujours en masses assez circonscrites et à peine suffisantes pour donner naissance à toutes les graines noires des couches diluviennes. — La grande variabilité du mélange de la marne diluvienne est prouvée, en outre, par une carte géognostique de la perforation faite pour le *tunnel de Toma*, publiée dans les *Annales de la Société scientifique de Buénos-Ayres*, tome 1, n° 5 ; on voit clairement que c'est là un arrangement de substances casuellement mêlées, sans ordre et sans suite des différentes couches observées.

13 (176). Le manque de restes d'animaux marins dans la formation pampéenne a déjà embarrassé les auteurs antérieurs. D'ORBIGNY cherche à attribuer ce manque à des conditions locales, rappelant ce fait bien connu sur les côtes de France, que les huîtres meurent quand leurs couches sont couvertes par la vase. MM. HEUSSER et CLARAZ mettent en regard (*Essais*, page 128), une explication du DE VERNEUIL sur le même phénomène dans l'Amérique du Nord; mais les deux observations n'expliquent pas le manque total et seulement un manque local. Partout, il faut chercher à ces phénomènes généraux des raisons générales aussi, et ne pas apporter une preuve sans valeur pour expliquer un fait, qui est si généralement répandu que celui en question. Les deux observateurs procèdent de même en plusieurs cas ; par exemple, dans leurs explications des cailloux trouvés çà et là dans les deux formations diluviennes et alluviennes, qui ne sont pas d'une existence générale, mais aussi assez locale.

14 (177). L'état de conservation des morceaux décrits prouve assez clairement qu'ils ne sont pas à leur place originaire ; ils ont été sans doute transportés d'un autre endroit. Très-vraisemblablement, ils n'appartiennent pas à la formation diluvienne, et je doute aussi qu'ils proviennent d'une couche alluvienne, parce que des coralines semblables ne sont pas connues dans les mers de nos côtes. Avec plus de raison on peut soupçonner qu'ils sont de l'époque tertiaire, et sont des débris d'un ancien banc de coraux, qui se formait plus loin de la côte de la baie marine, et occupait, dans ces temps, le lit du rio Paraná, encore plus loin au Nord. Cependant, nous ne connaissons pas de corallines parmi les restes des animaux marins déposés dans notre couche tertiaire, et de toute manière leur présense dans le diluvium, à San Nicolas, est un fait curieux fort singulier.

15 (178). Ces cailloux des roches volcaniques, que visent ces auteurs (*Essais*, page 27), me semblent provenir de la Bande Orientale, où de

mélaphyres et des roches d'aimant se trouvent entre Maldonado et Montevideo. Voyez mon *Voyage*, tome 1, page 77.

16 (178). Cette observation est faite par MM. HEUSSER et CLARAZ (*Essais*, page 27).

17 (181). J'avais expliqué déjà, 1865, dans la seconde livraison des *Annales du Musée Public de Buénos-Ayres*, mes vues sur le transport des matériaux de la formation diluvienne d'une distance assez considérable. Depuis, M. le Dr. A. DŒRING a donné ces mêmes explications au regard de la formation chimique du terrain diluvien, et démontré que les matériaux primitifs du dépôt, entre Córdova et Rosario, sont fournis par les montagnes de la Sierra de Córdova. Voyez *Bulletin de l'Académie des Sciences Exactes*, tome I, page 249.

18 (184). Sur les procédés de formation des sels épigénétiques. M. F. SCHICKENDANTZ a publié deux mémoires dans le *Bulletin de l'Académie des Sciences Exactes de Córdova*, tome I, page 240 et leur *Actes*, tome I, page 18. On peut consulter aussi les observations de PERCHAPPE, communiquées par D'ORBIGNY (Voy. etc., tome I, page 661), qui semblent prouver, que le sulfate de soude est plus répandu dans les couches diluviennes que le chlorure de soude. Il a trouvé tantôt 93 %, sulfate, avec 7 % chlorure, tantôt 63 % du premier et 37 de l'autre. D'après SCHICKENDANTZ, le sel de la saline au pied d'Ambato est du chlorure de soude presque pur, avec quelques traces de sulfate ; mais dans d'autres endroits les sulfates dominent, principalement ceux de chaux et de magnésie. L'auteur croit que ces deux derniers sont des produits épigénétiques, formés par l'influence de l'eau atmosphérique sur les trachytes des montagnes voisines. Probablement à une influence semblable est due aussi la richesse de la marne diluvienne en sels de cette nature. — Considérant ces phénomènes sous un point de vue général, il ne faut pas oublier que les salines appartiennent à l'époque alluvienne et sont, par conséquent, plus modernes que les couches diluviennes, se formant encore actuellement sous nos yeux, comme le prouve M. SCHICKENDANTZ par ses propres observations directes. Les sels des couches diluviennes sont, au contraire, préhistoriques et formés pendant la précipitation de ces mêmes couches. Mais l'origine des sels, dans les deux dépôts, est la même, due à la décomposition des roches des montagnes voisines. — Voyez aussi l'essai du Dr. M. SIEWERT, dans le : *La Plata-Monatsschrift: Über einige Mineral Wasser u. Heilquellen, d.Arg.* Rep. II* année, pages 161 et 177, seq.

19 (188). Il est notoire que la crédulité des hommes, en général, aime mieux admettre les miracles, qu'écouter les explications sensées des personnes bien informées ; les doctrines superstitieuses de l'Église catholique font une loi aux laïques, aussi bien qu'aux prêtres, d'accepter comme vérités les miracles. Par cette raison, je n'ai pas été surpris de trouver des ecclésiastiques qui ne voulaient pas croire que les grands ossements

de notre pays fussent dans leur état naturel, comme le prouve leur état de conservation. Mais cette preuve d'ignorance n'est pas générale chez les prêtres ; déjà le jésuite Falkner dit, dans sa description de Patagonie (ed. de Angelis, dans sa collect. des docum., etc., I, page 10) que la grande cuirasse, que l'on nomme ici généralement *cabeza de gigante* (tête de géant), appartenait à un animal gigantesque, voisin de l'Armadillo, et le décrit avec assez d'exactitude. D'un autre côté, nous trouvons la preuve d'une ignorance complète de ces matières, même en Espagne, dans un ordre du roi Charles III, dirigé au vice-roi de Buénos-Ayres, marquis de Loretto, daté du 2 septembre 1788, de lui envoyer un exemplaire vivant de *Megatherium*, dont le squelette fossile était arrivé à Madrid peu de temps auparavant ; ou s'il n'était pas possible d'envoyer l'animal vivant, tout au moins de l'envoyer empaillé. M. Man. Trelles a trouvé cet ordre, original dans l'archive de Buénos-Ayres. Voyez *Actas de la Sociedad Paleontológica*, pag. XXIX. *Anales del Museo Públ. de Buenos Aires*, tome I.

20 (193). J'ai fait la connaissance de M. Bravard en 1858, à Paraná, et ai vécu avec lui en excellentes relations, jusqu'à mon départ de cette ville. Je l'estimais beaucoup, à cause de ses connaissances et de sa grande activité. Son éducation n'en avait pas fait un homme de science, et ne le destinait pas à la spécialité à laquelle il se consacra plus tard ; il avait étudié l'architecture, et avait acquis, avec les connaissances nécessaires à l'exercice de sa profession, une main très-habile à dessiner et à faire les croquis scientifiques. Quant à ses connaissances géognostiques et paléontologiques, il les avait acquises principalement en collectionnant les fossiles du terrain de sa ville natale : Issoire, en Auvergne, et il avait quitté sa patrie après le coup-d'état du 2 décembre 1851, à cause de ses opinions républicaines exaltées, pour continuer, dans les environs de Buénos-Ayres, ses recherches paléontologiques. Il visitait pour la même cause Paraná, et fut nommé, par le président Urquiza, Inspecteur général de mines et directeur du Musée national, fondé par lui-même. Le successeur d'Urquiza, président Derqui, envoya Bravard à San Juan, pour essayer des entreprises dans les mines de cette province ; mais il ne trouva pas la situation convenable pour réaliser les projets du président. Cette affaire, mal interprétée, rendait sa position difficile auprès du gouvernement, et Bravard retardait pour cela son retour à Paraná, prolongeant son séjour à Mendoza, où le tremblement de terre du 20 mars 1861 le surprit, et où il périt avec tant d'autres victimes moins illustres. Il possédait de très-précieuses connaissances, acquises par sa longue pratique de collectionneur, mais il penchait, comme beaucoup de savants autodidactes, vers des idées extravagantes, qu'il cultivait avec prédilection. Parmi ces idées, il faut ranger cette opinion émise par lui, que toute la couche diluvienne quaternaire est un dépôt de dunes ou de sable mouvant, et probablement aussi sa fameuse découverte de coques de larves de mouches dans les contours des squelettes déposés dans cette couche.

21 (195). Dans leurs *Essais, etc.*, MM. HEUSSER et CLARAZ remarquent que les larves des mouches, que BRAVARD croit avoir trouvées, pouvaient aussi vivre dans les cadavres flottants, pour réfuter l'opinion de BRAVARD opposée à celle de D'ORBIGNY et de DARWIN, que ces messieurs acceptent, tout en admettant que la formation du dépôt diluvien est due à l'action de la mer. Ils croient que ces cadavres flottants dans la mer, restaient assez longtemps dans cette situation, pour permettre aux larves de naître et de se changer en mouches. Mais les cadavres, en ce cas, ne nagent pas par eux-mêmes; ils flottaient seulement soutenus par les gaz formés dans l'intérieur du corps, et ces gaz venant à rompre l'enveloppe du ventre, après quelques jours de putréfaction, le cadavre devait descendre au fond de l'eau entraînés par son propre poids. C'est une idée tout-à-fait fantastique de croire, que le cadavre d'un *Megatherium*, *Mylodon*, *Glyptodon*, etc., pouvait nager malgré le poids énormes de ses ossements. On voit bien, que des cadavres de baleines flottent dans la mer, mais seulement à cause de l'énorme quantité de graisse contenue dans le tissu de leur corps; et, du reste, jamais que quelques jours, jusqu'à la rupture du ventre boursoufflé. Ces Gravigrades et ces Glyptodontes ne pouvaient jamais flotter, parce que leurs ossements et cuirasses sont trop pesants, pour rester soutenus à la surface de l'eau par des gaz internes, produits de la putréfaction.

22 (201) Comparez sur les résultats des perforations mon rapport dans *Petermann's geogr. Mitth.*, 1863, s. 92. On a exécuté trois perforations, la première, à Buénos-Ayres même, près de l'église La Piedad, partie la plus élevée de la ville, sans réussir ; les deux autres, dans le pays bas : l'une à Barracas, 12 mètres au-dessous de la perforation de La Piedad, l'autre, à la côte de Zamborombon, au Tuyú, à 1 mètre au-dessus de la mer. Les deux puits ont donné de l'eau mauvaise et non potable. La perforation, à La Piedad, était descendue jusqu'à 280 mètres et fut abandonnée quand la tarière toucha les rocs métamorphiques; l'autre, à Barracas, donnait dans 79 mètres une source ascendante, qui s'élevait 7 mètres au-dessus du niveau de la rivière voisine Riachuelo et 4 mètres au-dessus du sol. Les détails de la perforation au Tuyú ne sont pas connus.

23 (203) De cette couche de sable, les puits à Buénos-Ayres reçoivent l'eau, qui a un mauvais goût, un peu salée ; c'est pourquoi l'on préfère l'eau des citernes (algibes). Les puits sont dans la ville d'une profondeur de 15-18 mètres. Dans cette même couche semble être contenue l'eau des puits de toute la province et probablement de tout le pays. La perforation faite à Buénos-Ayres a prouvé que cette couche prend un caractère très-fluide en bas ; on avait beaucoup de peine à faire entrer les tuyaux pour la perforation du puits, à cause du mouvement du sable. MM. HEUSSER et CLARAZ disent, dans leurs *Essais*, page 64, qu'il se présente quelquefois de petits poissons dans les puits, récemment ouverts dans la campagne; ils doivent sortir de cette couche et des sources situées en amont. Je n'ai jamais fait la même expérience, et comme les auteurs

mêmes n'ont pas vu ces prétendus poissons, nous tenons ce fait en réserve. On dit que la quantité en était considérable.

24 (204). D'après la carte géognostique de Bahia Blanca, publiée par Bravard, le premier gradin s'élève à 55 mètres au-dessus de la mer et 48 mètres au-dessus du sol du terrain bas de la côte. Si l'on admet, avec Darwin, huit gradins chacun de 27 mètres, le plus haut est de 580 mètres (1765 pieds) au-dessus de la mer, c'est-à-dire plus bas que l'élévation du terrain dans les environs de Mendoza et les territoires plus au Nord. Ces territoires ne pouvaient donc pas être si élevés à l'époque diluvienne, supposant que la couche soit un dépôt marin, parce que, dans ce cas, les gradins de la Patagonie eussent été aussi submergés. Si l'on admet la formation de la couche diluvienne comme dépôt marin, le sol de la République devait être au moins 5-600 mètres plus bas, et cette différence du niveau ancien devait augmenter au Nord, parce que l'élévation actuelle est ici plus grande ; presque sept fois plus haut s'élève la formation en Bolivie. Nous ne croyons pas à la possibilité d'une différence si énorme entre le sol de nos jours et celui de l'époque diluvienne, et nous nous appuyons sur les raisons expliquées dans notre texte, pour rejeter la formation de la couche diluvienne comme produit marin.

25 (205). Il n'est pas prouvé que des valves de coquilles marines aient été trouvées nulle part dans les couches diluviennes ; les coquilles que De la Cruz a trouvés dans la plaine, entre les Cordillères et le fleuve Chady-Leofu (écoulement de la lagune *Bebedero*), ne peuvent rien prouver, car elles sont sans doute transportées par les fleuves des Cordillères à la place où le voyageur cité les a vues. Les indications de M. Martin de Moussy, répétées par MM. Heusser et Claraz, de l'existence de coquilles fossiles, sur les bords du rio Desaguadero et rio Juramento, méritent encore moins de confiance. Une personne qui a pris les couches tertiaires du rio Paraná pour des couches jurassiques, comme l'a fait cet auteur, ne mérite pas que l'on recueille son observation.

26 (208). MM. Heusser et Claraz mentionnent dans leurs *Essais*. pages 26 et 121, l'existence des cailloux dans les dunes préhistoriques de l'intérieur de la province de Buénos-Ayres ; mais ils parlent seulement d'un simple exemplaire et non d'une couche entière pleine de cailloux. Aussi, ne disent-ils pas que ces cailloux, simples et espacés entre eux, étaient dans la dune même, mais bien dans la lagune, au pied de la dune.

27 (209). MM. Heusser et Claraz émettent des opinions semblables dans leurs *Essais*, page 126. L'ouvrage était publié à Zürich dès 1866, dans les *Actes de la Société d'Hist. Nat. de la Suisse*, mais je n'en ai pas eu connaissance en temps utile, alors que j'écrivais la deuxième livraison de mes *Annales*, etc. J'ai vu plus tard, dans les mains de mon ami, M. Manuel Eguia, un exemplaire que les auteurs lui avaient offert. Pour ma part, je n'ai jamais eu de relation avec ces deux messieurs, bien qu'ils aient

résidé à Buénos-Ayres, et même aujourd'hui je ne les connais pas encore personnellement.

28 (214). Je parle ici de la période glaciaire, ou plutôt des temps antérieurs et postérieurs à cette catastrophe, comme époque *préglaciale* et *postglaciale*, sans entrer dans un examen détaillé de ces phénomènes dans ces régions, parce que, dans mon opinion, il ne me paraît pas possible de fournir de preuves évidentes de l'existence de produits glacials sur le sol argentin. Je crois donc utile d'appuyer ici mon opinion de quelques arguments démonstratifs de cette théorie, relativement à l'Amérique méridionale. Je déclare d'abord que je connais parfaitement les observations de quelques auteurs favorables à cette théorie, telles que celles de M. PEL. STROBEL, qui prétend avoir vu des roches polies et des éraflures diluviennes sur le Morro de San José, et d'autres de M. H. AVÉ-LALLEMANT sur les cavernes de la sierra de San Luis et leurs entrées polies (Voyez *Acta de l'Acad. Nac. de Cienc. Exact.*, tome I, page 105). D'après mes vues personnelles, les faits cités ne sauraient prouver avec évidence la présence antérieure de glaciers; il est très-possible que des eaux courantes, mêlées avec des graviers, produisent le même effet, et je préfère accepter cette action de l'eau, me basant surtout sur l'absence de tous autres signes d'une action glaciale, que nulle part on ne trouve dans ces régions. Accoutumé à voir, pendant ma jeunesse, les plaines de l'Allemagne du Nord, dans les environs de ma ville natale de Stralsund, en Poméranie antérieure, parsemées de millards de cailloux, dénommés par le peuple pierres de la campagne (*Feldsteine*), provenant comme nous le savons, des montagnes de la Scandinavie, et transportés par des glaciers, pendant l'époque glaciale, je fus très-surpris de ne pas trouver un aspect semblable à la grande plaine aux environs de Buénos-Ayres, et plus tard, aussi, de ne pas trouver, à l'entrée des vallées, dans les chaînes de montagnes occidentales du pays, de grandes accumulations de blocs, en forme des moraines, qui ne devraient pas manquer, si les accumulations de cailloux, décrites plus haut (page 162), fussent des dépôts de forces glaciales. La disposition des cailloux, mêlés au sable fin, presque horizontale aux environs des montagnes, prouve évidemment que ces dépôts ont été faits par des eaux courantes; elle ne permet pas de croire, que des glaciers ont contribué à ces dépôts, s'il existe d'autre manière d'expliquer le fait, ce qui me semble assez bien prouvé, en raison des dépôts au pied de nos montagnes. Même les accumulations de débris de couches sans sable, connues sous le nom de mer de roches (*Felsenmeere*), qui se trouvent dans les environs de la chaîne des petites montagnes de la pampa, au sud de Buénos-Ayres (Voyez tome I, page 240), manquant, comme le dit DARWIN (*Voyage*, tome I. page 125, trad. all.), à la sierra Ventana, ne prouvent pas l'existence de ci-devant glaciers; leur position irrégulière indique assez clairement qu'il sont tombés çà et là du haut de la montagne, mais d'aucune manière qu'ils aient été accumulés par des glaciers. Par toutes ces raisons, je me vois forcé de déclarer, qu'il n'existe

aucun motif plausible d'accepter, que, pendant la vie des grands animaux éteints sur notre sol, soit survenu un changement assez rapide de la température pour former des glaciers à cette époque ; le manque de blocs erratiques dans toute la pampa, à l'exception des parties les plus australes de la Patagonie, où Darwin les a trouvés (*Voyage*, tome I, pages 199 et 283), est un fait complètement en opposition avec cette hypothèse, et c'est assez pour la repousser. Si néanmoins j'ai désigné l'époque des grands animaux éteints comme *préglaciale*, je l'ai fait pour indiquer approximativement leur âge, et non pas pour déterminer un fait d'abaissement de la température, à cette époque, au-dessous de zéro, suffisante pour tuer lesdits animaux ; ils sont morts naturellement, sinon tous, au moins la plupart, même en admettant un état climatérique et physique du pays, différent de celui de l'époque actuelle.

Je saisis aussi cette occasion pour dire quelques mots en opposition avec la théorie d'Agassiz, admettant des phénomènes glaciaires, non-seulement dans les environs de Montevideo, mais aussi dans ceux de Rio de Janeiro, régions où la base des cônes et les couples de roches de gneiss-granitique aboutit aux vagues de la mer. Il est vrai que l'on trouve ici des accumulations de grands blocs polis aux pieds des cônes actuels, même dans la baie, disposés en rangs semblables aux moraines des glaciers, comme je l'ai dit dans mon *Voyage au Brésil*, page 111. Mais la polissure de ces blocs s'explique beaucoup mieux par les mouvements des vagues, que par le frottement des masses glaciaires, la disposition en lignes n'étant pas semblable à celle des blocs de moraines, mais plutôt une séparation des chaînes de roches en blocs, par suite de ruptures postérieures, ou par l'accumulation de blocs tombés du haut. Agassiz s'appuie principalement sur les différences matérielles de beaucoup de blocs entre eux, les comparant aux cônes voisins actuels, et il prend cette différence pour un argument en faveur de leur transport d'un lieu éloigné. Mais cette conclusion est prématurée ; je peux donner une autre explication du fait, qui me semble plus justifiée par mes propres expériences. C'est un caractère général du gneiss-granitique que sa substance matérielle soit très-variable, semblable à celle des gneiss stratifiés, et qu'il se modifie beaucoup par le mélange des matériaux constitutifs de roches même situées à une assez petite distance. J'en ai donné, dans mon *Voyage*, page 96, un exemple très-remarquable, en décrivant un grand cône, ouvert dans toute sa hauteur par des carrières, et composé de deux espèces très-différentes de minéraux, mêlés entre eux par grandes parties, s'étendant les uns dans les autres en ramifications entortillées sans ordre. La même observation a été faite par les naturalistes attachés à l'expédition de Freycinet, et par Pohl, Hoffmann et Meyen (*Voyage autour du Monde*, tome I, page 99). Si l'on admet que les anciennes parties supérieures des cônes actuels, dans les environs de Rio de Janeiro, étaient d'une composition différente des mêmes matériaux, l'énigme de la différence des blocs actuels à leur pied est bien expliquée. Il me semble que cette explication est d'autant plus naturelle, que ces parties extérieures, à présent perdues, étaient les plus anciennes, et très-vraisemblablement formées d'une autre manière que les plus intérieures, surtout si nous admettons la théorie métamorphique, qui influençait premièrement l'extérieur et plus tard l'intérieur des roches en question.

29 (216). Les chevaux fossiles de la pampa ont été décrits dernièrement par moi dans un ouvrage spécial, publié à Buénos-Ayres (1875, fol., avec 8 planches) où je passe en revue, avec détails, les quatre espèces nommées dans le texte. Nous avons de l'une (*Hippidium neogaeum*), un squelette presque entier. Une autre monographie sur les Glyptodontes se trouve dans le second tome des *Anales*, etc., accompagnée de figures exactes des huit espèces conservées dans le Musée public de Buénos-Ayres.

30 (239). Les documents publiés sur les deux perforations à Buénos-Ayres et à Barracas, se bornent à deux cartes avec les profils des couches et quelques courtes notes sur chacune, apposées sur les cartes mêmes. M. MARTIN DE MOUSSY a donné une reproduction de ces deux cartes dans l'Atlas de son ouvrage, pl. XXI. Ces deux profils présentent entre eux une différence, semblable à celle qui existe des deux côtés des berges du rio Paraná, au port de la ville du même nom, quoiqu'ils ne soient pas identiques à aucun point de cette dernière localité. Dans les deux puits la couche supérieure calcaire manque, et à sa place se présente l'argile plastique, avec quelques valves d'huîtres isolées. La couche sablonneuse, au-dessous de l'argile, présente la même différence d'épaisseur que la couche d'argile dans les deux puits, c'est-à-dire q'elle est plus épaisse à Buénos-Ayres qu'à Barracas. Aussi, leur caractère est différent : à Buénos-Ayres elle est partout la même, et à Barracas elle se change en petits bancs argileux, plus ou moins mêlés de chaux et de sable pur. En bas, le sable est très-mou, peu cohérent, et contient beaucoup d'eau, et de cette partie du sable sort le jet d'eau ascendant, qui s'élève jusqu'à 4,30 mètres au-dessus du niveau supérieur du terrain, formant le puits artésien. Le manque de la couche calcaire me semble prouver, que, pendant le dépôt de la formation tertiaire, ces deux lieux étaient beaucoup plus distants de l'ancienne côte que les environs de la ville Paraná, quoique toute l'épaisseur de la formation soit presque la même. Le dépôt moindre au-dessous de Barracas semble indiquer que ce terrain, depuis le commencement de la formation, n'était pas si bien exposé au courant qui formait le dépôt, que les endroits plus à l'intérieur du golfe, à Buénos-Ayres et à Paraná.

31 (242). M. MARTIN DE MOUSSY, dans son Atlas de différentes localités de la plaine argentine et des côtes de la Patagonie, a aussi donné des profils, pl. XXII, s'appuyant sur les descriptions de D'ORBIGNY et DARWIN. Ils expliquent bien les différentes couches de formation tertiaire et diluvienne, et peuvent être considérés comme des documents auxiliaires de notre Traité.

32 (250). Pour les détails de cette perforation je dois renvoyer le lecteur à mon essai déjà indiqué note 22, dans les *Géograph. Mittheil*, du Dr. PETERMANN (1864, page. 91) et sur le résultat définitif de l'entreprise à mes communications à la Société géogr. de Berlin *(Zeischr. f. allg. Erdk. N. Folg*. tome 17, page 394. 1864).

33 (254). Pendant les travaux de déblai du chemin de fer andien, on avait trouvé dans le terrain aux environs du rio Quinto quelques échantillons des pierres avec impressions de feuilles de plantes, les prenant pour l'indice du dépôt de lignite dans la plaine de la *Pampa;* et quelques temps après une Société anglaise avait fait des perforations pour chercher le lignite dans la profondeur. Mais on n'a rien trouvé en fait de combustible; au contraire, après une perforation de 80 pieds (26 mètres environ) la sonde est entrée dans un grès dur d'une couleur rougeâtre, tout semblable au grès sans pétrifications qui se trouve si souvent au bord des montagnes de la *Pampa*, et qui semble appartenir à l'époque tertiaire inférieure. J'ai examiné l'échantillon principal, déposé dans le Musée Public; c'est une pierre dure de gros grain, gris-rougeâtre, sans autre caractère, ne contenant pas de substance calcaire dans son mélange, comme semble être généralement la qualité du grès de ladite formation. Cependant, le lignite, que l'on cherchait en vain ici, on l'a trouvé dans la province de la Rioja, près du village Guandacol (voyez la carte géognostique) dans le ravin étroit du même nom, entre les montagnes voisines, où il forme un dépôt assez considérable. Les échantillons, montrés à moi, prouvent que la substance est un véritable lignite, assez noir, un peu luisant, pas très-mou, quelques parties se réduisant en poudre quand on le touche, et comme il paraît d'une très-bonne qualité.

34 (255). STELZNER parle de ces grès rouges dans la relation de son voyage dans le *Jahrbuch d. Miner.* 1873, page 728, mais il ne voit pas en eux les équivalents de la formation guaranienne de D'ORBIGNY, et ne dit rien de leur âge. Je crois que les indications données dans le texte sont assez concluantes, pour permettre d'accepter mon opinion.

35 (257). Des notices plus détaillées sur les lieux où se trouve l'*Ammonites communis* sont contenues dans mon : *Essai sur les pétrifications de Juntas* (Halle, 1861. 4.) publié en collaboration avec le prof. GIEBEL ; plus encore dans le *Voyage au désert d'Atacama* par R. A. PHILIPPI (Halle 1860. 4) et dans le *Report on the Geology of S. Amer.* par D. FORBES (*Proc. of the géol. Soc.* vol. 17, n. 21 ; 1861. 8.) pag. 32, de la publication séparée.

36 (266). Le rapport avec le terrain houiller se trouve dans une petite brochure déjà nommée tome 1, page 369, note 40. — *Carbon de piedra Argentino*, por KLAPPENBACH y GARMENDIA. Buénos-Ayres, 1872. 4.

37 (268). Comparez sur l'existence des pierres de la formation paléozoïque la communication de M. F. SCHICKENDANTZ dans *Petermann géogr.*

Mittheil. 1868, pages 139, 140 et 202. L'auteur dit : Du schiste argileux se trouve entre les cailloux du lit du ruisseau, qui coule près d'Andalgala, descendant de la montagne. Dans la sierra de Tucuman j'ai observé, dans la vallée de Tafi, des schistes argileux et grauwacke, et des pierres semblables existent aussi dans la sierra d'Ambato, où je les ai vues moi-même, en contact avec du granit, à côté de la montagne, qui se sépare de la chaîne principale, tout près de Poman (page 145).

38 (273). Mes descriptions de rocs métamorphiques sont fondées sur les communications du prof. BRACKEBUSCH sur ceux de la sierra de Córdova et de M. AVÉ-LALLEMANT sur les mêmes de la sierra de San Luis : les deux publiées dans les : *Acta de la Acad. Nac. de Cienc. Exact.*, etc. tome I, page 42 et page 95. J'ai puisé aussi dans les notices aphoristiques du Dr. SELZNER, dans le : *Neus. Jahrb. d. Miner.* 1873, page 726.

39 (279). La première découverte du béryl appartient au prof. STELZNER, il l'a trouvé dans la sierra de Córdova et il a révélé son existence dans les: *Mineral. Mittheil.* de *Tschermack*, 1870. IV. Plusieurs exemplaires, communiqués par lui au Musée public ont les dimensions notées dans le texte, mais en général les individus sont plus petits, 16-20 centimètres de longueur et 6-7 centimètres de largeur. Plus tard M. AVÉ-LALLEMANT a dénoncé le même minéral dans la sierra de San Luis. Voyez : *Acta de la Acad. Nacion. de Cienc. Exact.* tome I, page 128.

40 (282). Comparez sur cette découverte le mémoire de M. SCHICKEN-DANTZ, cité note 37, et la description de la sierra de San Luis, par M. AVÉ-LALLEMANT, dans les *Acta*, etc. de la note antérieure, page 129. Ici le syénite se trouve en place dans les *Altos del Totoral*.

41 (283). Les faits indiqués dans le texte, relatif au porphyre, reposent sur les observations de M. AVÉ-LALLEMANT, publiées dans le même *Acta* (note 39), page 95.

42 (284). Indications de M. A STELZNER, dans les *Anales de Agricultura*, I, 202, et dans les mêmes *Acta*, page 10.

43 (292). Les localités, nommées dans le texte, sont simplement mentionnées par M. A. STELZNER, dans les mêmes *Acta* et *Anales* etc., sans donner aucun autre détail. Personnellement, je n'ai vu qu'une fois des culots bas hémisphériques de trachyte, s'élevant brusquement de la plaine à côté du rio Colorado, au nord du village d'Anapa (Voyez mon *Voyage*, tome II. page 233). La pierre avait ici la même apparence que dans la sierra d'Uspallata : une masse feldspathique blanche, avec de nombreux grains noirs d'amphibole, distribuée régulièrement et sans une grande densité.

44 (292). Voyez la description microscopique de ce basalte dans les *Acta de la Acad. Nac. de Cienc. Exact.*, tome I, page 143, par M. AVÉ-LALLEMANT.

45 (293). Une description assez détaillée de ce même chemin, traversant la montagne d'Uspallata et touchant le Paramillo, a été donnée par DARWIN dans ses *Geolog. Observ. on South-Amer.*, page 195. Comme il n'entre pas dans le plan de mon ouvrage de reproduire toutes les observations faites antérieurement, il me semble suffisant, d'indiquer au lecteur, où il doit chercher des explications plus détaillées.

46 (291). Ma description géognostique de la partie des Cordillères, traversée par moi, se trouve dans mon *Voyage*, tome II, pages 245, et suiv., et aussi dans mes différents *Essais* dans les *Geograph. Mittheil.* du Dr. PETERMANN, 1860, page 369, et 1864, page 86. Les observations de DARWIN ont été publiées par lui dans ses *Geogn. Observ. on South-America*, page 175. Cette même partie des Cordillères a été visitée dernièrement par le Dr. STELZNER, qui a donné le résultat assez abrégé de ses observations dans le *Jahrbuch der Mineral*, etc., 1873. page 726 seq. M. P. STROBEL, aussi, dans ce même *Jahrbuch*. 1875, page 56, a augmenté de quelques faits notre connaissance de la partie plus au Sud, aux environs du passage du Planchon.

47 (309). M. STELZNER est de l'opinion que la partie des Cordillères, parcourue par le rio de *los Patos*, dont il a donné la description géognostique, reproduite par moi ici en extrait, forme un plateau aux environs d'Aconcagua, comme les Cordillères plus au Nord, dans la province de Catamarca, s'attachant, sous ce point de vue, principalement à la partie qui figure, dans ma carte géognostique, sous le nom de *Cerro del Castaño*. Je me vois obligé de réfuter cette fausse hypothèse, contredite par mes propres observations de cette partie des Cordillères, et me fondant aussi sur la nouvelle carte géographique de la province de San Juan, publiée par H. SCHADE, en 1863. et revisée, en 1871, par les ordres du gouvernement provincial. J'ai vu, d'un sommet de la sierra d'Uspallata, au-dessus de l'estancia *Los Manantiales*, toute la montagne des Cordillères, entre l'Aconcagua et le Ligua, et j'ai trouvé cette partie en concordance avec ladite carte géographique, apparaissant comme un ensemble de chaînes, sortant du centre d'Aconcagua, principalement au Nord-Est et Est, sous la forme d'un fort massif, interrompu par des vallées étroites, mais profondes, égales à celle du rio de *los Patos* et aux petits ruisseaux, affluents de cette rivière. M. STELZNER a passé cet ensemble de chaînes à sa partie la plus large, et semble avoir été égaré par la grande distance parcourue ; mais il 'dit (*Jahrb.*, page 731), qu'il n'a jamais pu parvenir assez haut pour prendre une vue générale, et par conséquent il n'a pu se donner une idée exacte de la véritable disposition. Pour spécifier avec exactitude sa nature, il faut le désigner ainsi : Grand massif, interrompu par des vallées, se dirigeant radicalement du centre à la périphérie, et formant des ramifications radicales, crénelées de nouveau par des ravins latéraux très-nombreux, en jougs subordonnés. Sur leurs sommets, les jougs et les chaînes sont un peu aplanis, mais ils ne forment pas de pla-

teau ; leurs sommets se présentent en arêtes arrondies, plus ou moins larges, en forme de bosses. A ce centre là se dresse l'Aconcagua, qui n'est pas un cône éruptif, mais une partie très-élevée des couches sédimentaires, d'un grès rougeâtre, que Pissis met en parallèle avec la formation permienne (Voyez sa *Geograf. física de la Rep. de Chile*, pl. XI). Toutes ces chaînes et ces jougs s'unissent à une masse compacte, et en raison de cet arrangement, les deux chaînes principales des Cordillères se perdent aussi dans la vallée située entre eux, jusqu'ici bien indiquées par la vallée du rio de *los Patos*, au nord de l'Aconcagua, et au sud par les sources du rio de Mendoza, dont la principale vient du Tupungato, situé entre les deux chaînes, ici bien séparées. Le massif d'Aconcagua dérange la séparation des deux chaînes des Cordillères, et sa grande masse de couches élevées remplit complétement la vallée entre eux. Enfin, pour compléter la description géognostique de cette partie des Cordillères, je veux adjoindre que, d'après Pissis, existent encore des couches inférieures à la formation oolithique et au Lias, dans la vallée des Piuquenes, au côté sud d'Aconcagua, appartenant au système Permien et au Trias, dont les autres observateurs ne parlent pas. Voyez l'ouvrage cité plus haut, pages 58-65, pl. XI et XIII.

48 (315). On trouve une description orographique et géognostique de la sierra d'Uspallata, assez étendue, dans mon *Voyage*, tome I, page 243 et suiv., et un abrégé préliminaire dans le *Zeitschr f. allg. Erdkunde*, N. F. 4. Bd. p. 276, qui n'est pas complétement exact dans toutes ses parties et ne peut pas être étudié, sans recourir à la description postérieure contenue dans mon *Voyage*.

49 (316). La hauteur de la station d'Uspallata, dans la vallée du même nom, est indiquée par différents auteurs assez inégalement. Dans mon Voyage, I, page 501, je l'ai fixée trop bas à 1520 mètres ; on lui donne généralement une hauteur de 2050-2070 mètres. Depuis, mon ami M. Pompée Moneta, a trouvé par ses propres mesures 1957 mètres, et il semble qu'entre 1960 et 2000 mètres se trouvera la vérité.

50 (317). Dans ma description antérieure de la sierra d'Uspallata, donnée dans mon *Voyage*, tome I, page 285, j'ai admis seulement quatre chaînes parallèles, mais l'examen ultérieur de toute la sierra par mon ami, l'ingénieur P. Moneta m'a montré que j'avais confondu les deux premières lignes de la montagne, laissant s'ouvrir la vallée entre la première et la seconde ligne à Villa Vicencio, au lieu de le faire au ravin de Cañota. C'est la vallée entre la troisième et deuxième ligne qui s'ouvre à Villa Vicencio, et le Paramillo forme partie de la quatrième et non pas de la troisième, comme je l'avais cru auparavant.

51 (322). Les propriétaires des mines, habitant à Mendoza, m'ont offert différents échantillons caractéristiques, que j'ai emportés à Halle, et les ai déposés dans le Musée minéralogique de l'Université. Mon collègue de

cette époque, M. le prof. Girard, m'a donné sur les échantillons déposés les avis suivants : Les mines de cuivre, des puits à côté du chemin à Uspallata, sont en partie des sulfuriques et en partie des oxides. Les sulfuriques sont chalkosine (Cu² S) au Panabase ; (2 (4 Cu² S + Sb. S²) + (4 Fe. S + Sb. S²) les oxydes soit cuivre rouge (ziquéline) ou soit cuivre vert (malachite). Le cuivre rouge se trouve généralement comme cuivre natif, en petite quantité. On ne trouve pas de chalcopyrite. Le cuivre vert est exceptionnellement du véritable malachite, généralement du chrysocole. De cette substance on trouve souvent des quantités considérables, répandues dans la pierre matrice, un micaschite quarzeux, le perforant avec mille petites ramifications et s'étendant entre les feuilles ramellées de la matrice. A côté on trouve aussi galène, blende, mispickel, pyrite et barytine.

52 (346). Quoique les questions économiques et industrielles soient exclues de mon ouvrage, j'ai reproduit ces données d'un auteur instruit, parce qu'elles sont en relation intime avec les faits, qui répandent la lumière sur la structure géognostique de la montagne en question. Mon intention n'était pas de traiter ici les établissements industriels plus en détail ; je peux renvoyer le lecteur qui veut se renseigner sur l'état actuel des minières de la République Argentine, à l'ouvrage de J. Rickard, déjà cité tome 1, note 93, page 388 : *Informe sobre los districtos minerales etc. de la Repúbl. Argent. Buenos Aires* 1869, 8, et principalement à un Mémoire de M. Em. Hüniken sur ceux de la sierra Famatina dans le : *Plata-Monatschr*, 4° année (1876) pages 5, 34, 87, 103 et suiv. Ce mémoire s'étend aussi à la géognosie de la sierra Famatina, aux environs des mines et contient des indications precieuses, que j'ai reçues malheureusement trop tard, pour les prendre en considération dans mon ouvrage.

53 (347). Les communications les plus détaillées de M. Avé-Lallemant sur la sierra de San Luis se trouvent dans le : *La Plata-Monatsschrift*, et principalement dans le deuxième tome ou année 1874. N°° 9, 10, 11 et 12. Une description plus circonscrite, mais plus scientifique, du même auteur existe dans les : *Acta de la Academia Nacional de Cienc. Exactas*, tome I, page 103 et suiv., accompagnée d'une carte géognostique, expliquant mieux que la description verbale antérieure leur configuration et constitution interne.

54 (349) Je regrette beaucoup de n'avoir pu recevoir aucun renseignement plus exact sur la découverte des ossements dans les grottes de la sierra de San Luis; mais je me propose de faire bientôt un voyage à ce même lieu, pour constater l'état des choses. J'ai reçu, il est vrai, les os d'un cheval fossile *(Equus Argentinus)* de la Cañada Honda de la sierra, mais il appartient à une couche évidemment diluvienne, reposant sur le fond de la *Cañada*, et ne me semble pas être de la même époque que les os du Guanaco, qui d'après toute la probabilité sont de l'époque des alluvions préhistoriques.

55 (353). Sur les mines d'or, dans la sierra de San Luis, M. Avé-
Lallemant a écrit plusieurs essais, qui se trouvent dans le journal
La Plata - Monatsschrift, I" année, pages 126, 196, 205, 224, 240.
II° année, page 6 et 148.

56 (365). Les résultats de mes propres études de la sierra de Córdova
sont communiqués dans mon *Voyage*, principalement dans le tome II,
page 69 et suivantes. Des recherches purement géognostiques ont été
exécutées par les docteurs A. Stelzner et Brakebusch, professeurs
de l'*Acad. Nat. de las Ciencias Exactas*, à Córdova, et publiées dans leur
Acta., etc., tome I, page 1 et 42.

57 (368) M. le Dr. Siewert, ancien professeur de l'Acad. Nat. des
sciences exactes à Córdova, a examiné chimiquement ces excréments.
Voyez *La Plata-Monatsschrift*, année III, page 5.

58 (374) Les observations de MM. Ch. Heusser et G. Claraz, ont
paru à Buénos-Ayres en 1864, sous le titre : *Ensayos de un conoci-
miento géognostico-físico de la Provincia de Buenos Aires. I. La Cordillera entre el Cabo Corrientes y Tapalqué*, 8, et dans les *Denkschriften der
schweizerischen naturf. Gesellsch.* tome XXI, sous le titre *Beiträge sur geogn.
und physical. Kentniss der Provinz Buenos Aires*. Zürich, 1864, 4.
— Pour faire mieux comprendre ma description, je dois recommander
l'inspection de la grande carte de la Province de Buénos-Ayres, publiée sous le titre de *Registro gráfico de las propiedades rurales*, par le
département topographique en 1864.

59 (376). Le nom *Volcan* ne doit pas faire croire à un mouvement
volcanique dans cette montagne; il est d'origine indienne et signifie
dans cette langue : *ouverture;* sens du mot *abertura* ou *abra* en langue
espagnole. Entre ce mont *Volcan* et l'autre partie de la montagne avec
le mont *Paulino* se trouve la première grande ouverture des arêtes, par
lequel sort le ruisseau *Arroyo Huncal*.

60 (380). Les auteurs du mémoire sur la montagne du Tandil insis-
tent aussi, page 13, sur la différence du gisement de celle-ci et celui du
système des chaînes de la Bande Orientale et du Brésil. Ces dernières ont
la direction N.-N.-E. à S.-S.-O., et correspondent plus à la direction
semblable des chaînes de montagnes centrales argentines, comme de
la plupart de l'Amérique du Sud en général. Mon opinion est un peu
différente ; je trouve que la direction de notre montagne est en bonne
relation avec les branches internes des chaînes *(cuchillas)* de la
Bande Orientale, qui dirigent, par leur orientation, le cours complétement parallèle de l'estuaire du Rio de la Plata.

APPENDICE

1. Sur les lagunes de la Patagonie

La note sous le texte de la page 220 demande une correction ; j'avais mal compris le colonel MELCHERT, parlant de la position des lagunes, citées dans la note ; elles sont à leur juste place dans la carte de M. PETERMANN, comme le prouve la carte de la Pampa, que mon malheureux ami (*) a publié dernièrement, sur ces terrains, dans le : *La Plata Monatsschrift*, IV° année (1876), page 34. Nous comprenons par cette carte, d'une manière claire et évidente, que mon reproche, fait à M. PETERMANN, d'avoir mis trop au Sud le terrain en question, se réfère seulement à la partie plus occidentale, depuis la lagune amère jusqu'à la lagune Urre Lauquen ; elles se trouvent les deux presque 1° L. plus au Sud que leur situation réelle. La carte du colonel MELCHERT prouve aussi que, à côté des dépôts de chlorure de soude, existent dans la *Pampa* de la Patagonie, deux autres espèces de lagunes, c'est-à-dire des lacs d'eau douce potable et des lacs d'eau salée amère, fournis d'une solution des sulfates, comme sulfate de soude *(Glaubersalz)*, sulfate de magnésie *(Epsomsalz)* et sulfate de chaux *(Gyps)*. Il est important de noter que ces trois différentes espèces de lagunes se trouvent distribuées pêle-mêle, sans ordre fixe. sur toute la surface des plaines patagoniennes, les unes souvent très-voisines des autres, sans indication d'une distribution des différentes classes dans des localités déterminées, ou d'un certain caractère.

En ce qui concerne l'identité des lagunes, nommées sur la carte de M. PETERMANN, je dois corriger ici, d'après les données de la carte du colonel MELCHERT, mes réductions antérieures de la manière suivante :

La *Laguna de S. Lucas*, de la carte PETERMANN, n'est pas située 36° 54' L. S. à 4° 18' ouest de Buénos-Ayres ; ces positions correspondent à la *Laguna del Monte*, que la même carte pose assez justement plus au Nord, presque avec la même détermination. La lagune, que la carte de PETER-

---

(*) Je regrette de dire que cet officier fort instruit et travailleur a été la victime de son zèle, et a succombé aux suites de ses fatigues dans la dernière expédition, dont le but était de reculer plus au Sud les frontières du terrain peuplé de la République.

MANN nomme de S. Lucas, doit être nommée : *Carahué* ou *Carhué* : elle est la même, indiquée dans ma note page 221, sous le point de 37° 10' L. S. à 5° ouest de Buénos-Ayres. De ces deux lagunes, la seconde est amère, l'autre d'eau douce potable. La troisième grande lagune, de la carte de PETERMANN, nommée avec raison *Salinas*, doit être nommée *Salinas Grandes*, elle est en réalité un dépôt de sel commun, comme ceux dont je parle dans le texte, et sa véritable position géographique est à 37° 20' L. S., 5° 50'-55' à l'ouest de Buénos-Ayres. Ce dépôt de sel commun, le plus grand de la Pampa, est jusqu'à présent dans les mains des Indiens ; les dépôts salés utilisés par les colons européens sont près du rio Negro, au N.-N.-E. de *El Cármen*, où la carte du colonel MELCHERT indique sous 40° 31' L. S., à 4° 32' ouest de Buénos-Ayres, le grand dépôt nommé: *Los Algarrobes*. La carte de PETERMANN la pose un peu plus au Nord. Enfin, la lagune *Puan* de la même carte se trouve, sur celle de M. MELCHERT, sous 37° 55' 30" à 4° 40' ouest de Buénos-Ayres; elle est donc placée trop à l'Ouest sur la carte de PETERMANN.

Pour faire mieux connaître les différences déjà indiquées des lagunes patagoniennes, j'ai prié mon jeune ami, M. FRANCISCO MORENO, de me fournir quelques renseignements, parce qu'il a vu plusieurs de ces lagunes, principalement pendant son dernier voyage si pénible, où il a traversé toute la Patagonie depuis *El Cármen* jusqu'au pied des Cordillères, pour visiter les tribus indiennes de *Los Manzanares* (tome I, page 377, note 80), et les terrains aux environs de la grande lagune *Nahuel-Huapi*. Cet ami a bien voulu satisfaire avec promptitude mes demandes, et m'a apporté des communications étendues, dont quelques-unes suivent ici adjointes à mes propres observations.

Examinant les lagunes de la Patagonie sous un point de vue général, on doit distinguer, en premier lieu, deux classes complètement différentes, qui sont :

1. Les grandes lagunes du côté occidental au pied des Cordillères. Ces lagunes sont toutes d'eau douce, alimentées par la fonte des neiges des Cordillères, et unissant généralement leurs cours à celui des grandes rivières patagoniennes. On peut les rapprocher des lacs de même nature de la Suisse et des environs des Alpes, des parties larges et très-profondes du lit des fleuves qui les parcourent, ces lagunes formant de grands réservoirs d'eau, source de fertilité pour la campagne environnante.

2. Les lacs, généralement plus petits et moins profonds au milieu et dans la partie est de la plaine patagonienne, sont tous formés par des pluies, ou quelques-uns par des fleuves sortant, plus au nord de notre territoire, des Cordillères. Ces lacs sont de trois différentes catégories. Beaucoup d'entre eux sont saumâtres, contenant des sulfates, tels que sulfate de soude, sulfate de magnésie et même sulfate de chaux en dissolution. Les indigènes distinguent cette espèce de lagunes par l'épithète *d'amères*. Les plus grandes lagunes de cette dernière qualité sont

produites par les fleuves qui viennent du terrain stérile des salitrales, par exemple: la lagune *Bevedero*, qui reçoit les eaux des rivières de San Juan, de Mendoza, du Tunuyan et de San Luis, toutes parcourant la *Pampa* ou plaine de salitrales. Une autre lagune de la même classe amère un peu plus petite et plus à l'Est, est nommée, d'après la qualité de son eau, *Laguna Amarga* ; elle reçoit les eaux du rio Quinto, et se continue dans un terrain marécageux jusqu'aux sources du rio Salado, rivière qui a le même caractère d'amertume de l'eau (*). Entre ces deux grandes lagunes formées par l'écoulement des rivières, existe une quantité de petits lacs formés seulement par la pluie, dont la plupart sont d'eau douce et quelques-uns d'eau amère. Les deux espèces sont notées sur la carte du colonel MELCHERT, où l'on distingue par la différence du dessin des lacs, que principalement le terrain au sud du rio Quinto est plein des lagunes d'eau douce potable et amère qui prouvent l'existence de deux classes de lacs tout près l'un de l'autre, comme il est dit au commencement de cette note additionnelle.

L'écoulement de la lagune Bevedero se fait à travers un terrain marécageux, qui s'étend jusqu'au grand marais d'Urré Lauquen ; les eaux conservant dans toute leur étendue le caractère amer. Nous voyons assez près de ce district des lacs d'eau douce, mêlés avec d'autres d'eau amère, comme par exemple l'amère *Nahuel Mapu* (36° 50' L. S.) tout près du lac *Chilhue* (37° 15' L. S.) avec de l'eau potable, et à côté de celui-ci les grands dépôts de sel commun, un peu plus à l'Est. Plus près de la côte de l'Océan Atlantique les relations des lacs entre eux sont les mêmes. C'est là que mon jeune ami a fait ses principales recherches, et je reproduis ce qu'il m'écrit sur cette partie de la Patagonie.

« Prenant mon chemin à côté du rio *Sauce Chico*, petite rivière qui
« vient de la sierra Ventana (voyez tome I, page 317), je le suivis jus-
« qu'aux ruines de la *Nueva Roma*, d'où, tournant au Sud-Ouest pour
« arriver au terrain bas des *Salinas Chicas*, je traversai un grand *salitral*,
« contenant dans son sol du sulfate de soude en abondance. Continuant dans
« la même direction, je passai une chaîne de dunes, connues sous le nom
« de *Cabeza del Buey* (tête de bœuf), et de l'autre côté de cette chaîne existe
« la lagune du sel commun, déjà nommée, de *Salinas Chicas (Chasi-có* des
« Indiens). Cette lagune a une longueur de 6 kilomètres, coulant de Sud-
« Est à Nord-Est, et à son extrémité occidentale existe une autre petite
« lagune, nommée par les Indiens *Chapai-có* (eau de paille), alimentée
« par un petit ruisseau, *Marra – có* (eau de lièvre). — Les lacs de
« *Salinas Chicas* sont accompagnés, au Nord, de dunes de 10 mètres de
« hauteur, qui donnent naissance à de petites sources d'eau douce, et ces
» sources, augmentées des eaux des pluies, pendant l'hiver, s'accumulent

---

(*) Lesdites lagunes Bevedero et Amarga sont brièvement notées et décrites, tome I, page 306 et page 293 de cet ouvrage.

« dans la lagune et contribuent à faire sortir le sel commun du fond de
« la lagune, pour le laisser déposé quand l'eau s'évapore pendant l'été.
» En octobre, c'est-à-dire au printemps, quand je la visitai, la lagune
» contenait encore de l'eau au centre.

« De *Salinas Chicas*, à l'Est, on trouve une autre petite saline, nommée
« *Escobas*, située aussi au pied des dunes et alimentée par un ruisseau
« qui sort des dunes. Dans la même direction on arrive, plus au Sud, à
« une autre lagune, nommée *Calaveras*, alimentée de la même manière par
« un ruisseau, mais contenant de l'eau amère. La lagune se trouve au
» milieu d'une chaîne de dunes et de collines basses, parallèle à celle du
« Nord, renfermant divers bas fonds, riches en sulfate de soude, comme
« ceux du *Romero Grande* (*Potrili Huitru* des Indiens).

« Il y a encore beaucoup d'autres endroits avec dépôts de sulfates au
« sud du rio Colorado, généralement sans eau en été, se changeant en
« lacs pendant l'hiver. C'est toujours près des dunes que l'on rencontre
« l'eau dans ces parages stériles; les puits artificiels donnent généralement
« une eau peu potable et une personne qui la boit, sans être accoutumée
« à son usage, ressent bientôt un malaise général. De même que dans le
« sud de la province de Buénos-Ayres, tout le terrain de la plaine pata-
« gonienne abonde en dépôts de ce sel ; j'en ai trouvé jusqu'à *Ranquel-có*.
« près du *Collon-Curd*, à peu de distance de la Cordillère des Andes.

« Les vraies *Salinas*, c'est-à-dire les lacs avec chlorure de soude,
« comme les *Salinas Chicas*, sont toutes situées plus près du rio *Negro*;
« sur les bords du rio *Colorado*; je ne connais l'existence d'aucune. La
« mieux connue est la *Salina Algarrobos*, au nord de *El Carmen* ; je ne
« l'ai vue que de loin ; elle m'a paru très-étendue et d'une grande im-
« portance. Un peu plus au Sud se trouvent deux autres dépôts de sel
« commun : l'un nommé *Salina de Piedra*, l'autre *Salina del Ingles*, et
« ce sont elles qui fournissent la plus grande quantité du sel apporté de
« la Patagonie à Buénos-Ayres. Encore plus près de *El Carmen*, à 25-30
« kilomètres à l'ouest de la ville, se trouve la *Salina de Crispo*, qu'on
« exploite beaucoup. C'est cette saline qui fut visitée par Darwin, et de
« même que ce savant, j'ai vu le sel récemment recueilli, d'une couleur
« rose, qui semble devoir sa couleur à des infusoires contenus dans
« l'eau. Cette couleur du sel se prononce seulement dans cette lagune ;
« le sel de la *Salina Chica* a une couleur absolument blanche, comme
« aussi celui de *las Salinas de la Cruz*, plus au sud de la Patagonie.

« Dans cet endroit, au sud du rio Negro, existent plusieurs autres la-
« gunes salées, mais elles sont très-peu connues. Je fus informé par les
« Indiens de la présence de semblables lagunes à l'est du rio *Limay*
« *Leufú*, où vont les Indiens du côté de la Cordillère, pour faire leurs
« provisions, en même temps que la chasse des guanacos. Près de la
« rive de l'Océan Atlantique, à 200 kilomètres au sud de *El Carmen*,
« on trouve la *Salina de San José*, où, pendant la domination espagnole,
« il y avait un poste militaire ; de même, on en trouve d'autres près de

« la côte jusqu'à Ste Cruz, quoique Darwin leur assigne comme limite aus-
« trale la baie de San Julian.

« Personnellement j'ai vu deux petites lagunes salées sur la rive droite
« du rio Ste Cruz, entre l'île Pavon et le Weddell-Bluff, dans les collines
« qui bordent la rivière. La plus grande a un diamètre de 150 mètres,
« l'autre à peine 100 mètres. Elles sont exploitées quelquefois par les
« pêcheurs qui visitent ces côtes. J'ai pris des échantillons du sel qu'elles
« contiennent. »

2. Sur quelques passes des Cordillères du Sud.

Parlant dans le tome I des passes des Cordillères, j'ai terminé ma
courte relation, page 212, par celle de la lagune *Nahuel Huapi* (*), qui se
trouve tout près ou même sous le 41° L. S., au pied oriental de la montagne, donnant naissance au *rio Limay*, qui court au Nord-Nord-Est, et forme
une des plus grandes sources du rio Negro (voyez tome I, page 204 et page
309, notes 34 et 39). Cette lagune a, d'après les recherches nouvelles,
communiquées dans la *Zeitschr. f. allg. Erdk* (N. F. tome 1, page 185.
1856). une hauteur de 537 mètres au-dessus de l'Océan, et se continue par
une branche allongée très à l'Ouest, entrant dans les Cordillères et touchant même le territoire chilien (voyez la carte de la province de Valdivia,
dans *Petermann's geogr. Mitth.* d'année 1860, planche 6). Un examen, exécuté par les ordres du gouvernement chilien, par les ingénieurs F. Geisse
et Fr. Fonk avec Fr. Hers, a prouvé qu'entre cette branche et ladite lagune
Nahuel-Huapi et celle de *Todos los Santos* de la province de Valdivia au
Chili, il n'existe pas, comme on l'avait soupçonné, de communication directe; que les bassins des deux grandes lagunes sont séparés par une petite
chaîne transversale de montagnes d'une hauteur d'environ 1280 mètres au-
dessus de la mer, où se trouvait une autre petite lagune, celle de *Cau-
quenes*, à une hauteur de 1228 mètres. Le terrain descend des deux
côtés de cette chaîne transversale, mais plus du côté ouest, jusqu'à la
lagune de *Todos los Santos*, qui se trouve seulement à 244 mètres au-dessus de la mer. La rivière *Petrohué*, qui sort de cette lagune, entre dans
le golfe de *Reloncavi*, à l'extrémité sud de la province, assez près de la
ville du *Porto Montt*, la plus considérable de cette partie du Chili. La
communication de cette ville par un chemin bien entretenu avec la lagune
Llanquihue, où se trouvent les colonies agricoles des Allemands, l'a rendue
bientôt florissante, et un autre chemin de la côte est de cette lagune

---

(*) L'orthographe du nom de cette lagune Nahuel-Huapé, qui se trouve souvent,
et que moi-même j'avais adoptée, est fausse; le véritable nom ancien est: Nahuel-Huapi.

à celle de *Todos los Santos* rend aussi facile la communication avec la lagune Nahuel-Huapí du territoire argentin. Les Jésuites avaient fondé, sur les bords sud-est, de cette lagune un couvent qui florissait jusqu'au temps de la suppression de l'ordre et soutenait même avec Buénos-Ayres une communication ouverte, traversant le terrain des Indiens. C'est pour cela que le dictateur Rosas (non Lopez, comme le dit par erreur la traduction du tome premier, page 212), voulant rétablir cette communication, fit examiner la route et les ruines du couvent, qui existent encore; mais lors de sa chute le projet fut abandonné.

Il y a plusieurs dépressions semblables des Cordillères, avec des passages presque complètement ouverts, encore plus au nord et aussi au sud de la lagune Nahuel Huapí, dont je veux faire mention encore une fois, pour rapprocher ici les indications de celles reçues dernièrement sur d'autres localités similaires.

La passe la plus basse et la plus facile à fréquenter est celle de Villarica, à peu près sous 39° 20', dont nous avons parlé, tome I, page 212. Une notice sur sa praticabilité est donnée par le Dr. H. Lange dans *Petermann's geogr. Mitth.*, année 1865, page 210.

Tout près de celle-ci se trouve, sous le 39° 45' L. S., la passe de la lagune *Riñihue*, sur laquelle différents auteurs, et principalement M. Guill. Frick, ont fait des recherches qui leur faisaient croire à la possibilité d'une communication directe par eau entre l'Océan Pacifique et l'Atlantique; mais cette supposition n'est pas vérifiée par l'examen ultérieur. Les lacs sont tous au côté ouest du versant de la montagne, et aucun fleuve ne perfore ce versant, pour prendre son cours au côté d'est. Voyez sur les détails les communications dans *Petermann's geogr. Mitth.*, année 1864, page 47, pl. 3, et dans le *Zeitschr. f. allgem. Erdk.*, N. F., tome XIX, page 70.

Une autre passe, encore très-basse aussi, a été dernièrement signalée comme découverte nouvelle de l'ingénieur Navarrete, dans le journal de Buénos-Ayres: *La Nacion Argentina*, du 20 septembre 1863, répétée dans la *Zeitschr. f. allgem. Erdk.* N. F., tome XV, page 414. Ce passage se trouve vis-à-vis de la ville de San Fernando du Chili (34° 35' L. S.), presque dans le même degré que Buénos-Ayres, où aussi la carte du Chili des frères Black indique un passage ouvert tout près du Planchon, assez longtemps connu et souvent fréquenté, mais sans lui donner une importance remarquable. Comme l'a prouvé l'examen du Prof. E. Rosetti, il n'existe ici aucune ouverture de la chaîne. Voyez son Rapport, note 34 du tome I.

Enfin, nous avons à parler de la passe nouvelle, indiquée et même visitée par le lieutenant Musters, dont il parle dans la relation de son *Voyage*, page 159 de la traduct. allem. Il s'agit d'une halte des Indiens, nommée *Weekel* ou *Chay Kasch*, sur une rivière qui coule au Nord, et appartient probablement au terrain des sources du rio Chubut (à peu près sous 43° 20' L. S.); on se dirigeait à l'Ouest, pénétrant à côté de la rivière, qui vient avec la même direction, coulant à l'Est, et tourne plus tard au Nord, sur le bord d'une plaine concave, ressemblant à un bassin, dans la forêt dense, aux pieds des Cordillères, où le terrain s'élève doucement à l'Ouest. Après quelque temps, on atteignait un ruisseau, coulant à l'Ouest, et cette direction prouvait que l'on avait dépassé la ligne séparative des deux versants des Cordillères. On se trouvait dans une vallée étroite, peu inclinée, couverte d'une magnifique végétation, accompagnée, des deux côtés, de hautes montagnes, également couvertes de forêts. Suivant le lit du petit ruisseau, coulant à l'Ouest, et le traversant plusieurs fois, on entrait dans un terrain couvert de bois, où une élévation du fond formait une petite chaîne de dépôts de cailloux, que le ruisseau avait creusé par son lit profond, formant plusieurs chutes bruyantes, toujours coulant à l'Ouest. Enfin, la forêt cessait; les voyageurs, M. Musters et les Indiens qui l'accompagnaient, parvinrent à une colline d'environ 100 mètres de hauteur, d'où ils apercevaient une plaine allongée, d'une forme triangulaire, parcourue par plusieurs ruisseaux, s'unissant à une rivière plus grande, qui prenait sa route à l'Ouest, pour s'écouler sans doute dans l'Océan Atlantique. On s'arrêta longtemps à contempler cette vue magnifique et l'on retourna enfin, par le même chemin, au campement des Indiens, près de Weekel, d'où le groupe était parti pour chasser des taureaux sauvages, mais sans en avoir rencontré.

Cette narration prouve évidemment que l'endroit décrit est une passe très-basse, complétement ouverte, qui, d'après les indications données, doit se trouver à peu près sous le 43° 35′ L. S., presque vis-à-vis de l'extrémité sud de l'île Chiloé, où la carte du Chili des frères Black indique réellement une ouverture de la montagne, aboutissant au Nord avec le volcan Corcovado, et au Sud avec le mont Yanteles. La rivière indiquée sur cette carte, entre ces deux monts, doit être la même que le lieutenant Musters a vue de la colline, dont nous avons parlé auparavant.

ERRATA

DU TOME SECOND

Page	9, ligne	14,	$2°,04$	lisez $-2°04'$
—	51,	2ᵉ colonne	S.-O.	— S.-E.
—	54,	8ᵉ colonne	2,5	— 762,5
—	114,	ligne 5,	Nord-Est	— Nord-Ouest
—	141,	2ᵉ colonne	983 mm.	— 983 mètr.
—	143,	ligne 25,	*Pettenkafer*	— *Pettenkoffer*
—	144,	— 15,	*Pflauz*	— *Pflanz*.
—	145,	— 17,	dates	— notes
—	155,	— 3,	houillier,	— houiller,
—	155,	— 15,	houilier,	— houiller
—	193,	— 29,	dont il	— qu'il
—	219,	— 3,	et	— est
—	220,	— 1,	au-dessus	— au-dessous
—	240,	— 23,	au-dessus	— au-dessous.
—	255,	— 16,	à la fin de l'alinéa, il manque le numéro de la note 34.	
—	257,	folio	formation,	lisez formation jurassique
—	292,	ligne 35,	con	— con-
—	304,	— 31,	surrplombant	— surplombant
—	320,	— 13,	*Las Manantiales*	— *Los Manantiales*
—	337,	— 4,	sublances	— substances.
—	353,	— 10,	il manque ici, à la fin de l'alinéa, le numéro de la note 55.	
—	383,	— 22,	*Gerellset*	lisez *Gesellsch*.

ERRATA

DU TOME PREMIER

L'impression du tome n'ayant pas été faite sous les yeux de l'auteur, on a commis une grande quantité d'erreurs, dont nous notons ici les plus importantes, priant le lecteur de les corriger pendant la lecture.

Page 1, ligne 8, 1682   lisez 1612.
— 3, — 31, quatre   — quinze
— 4, — 22, Balbao   — Balboa
— 7, — 11, Id.   — Id.
— 9, — 22, Gorba   — Gorda
— 17, — 26, Franz   — François
Cette même faute se répète partout : pages 25, 27, 58, 59, 62, 67, 69, 72, 77, 88, 89, 92, 98, 99, 111, 129, 135, 136, 137, 386, 387.
Page 19, ligne 17, Lugan   lisez Lujan,
— 22, — 6, fer   — pierre
— 22, — 15, couleuvre   — loutre
— 32, — 8, tout que   — tout ceux que
— 32, — 33, Puerte   — Puerto
— 53, — 4, cents   — mille
— 53, — 22, sectateurs   — convertisseurs
— 65, — 7, Xcraguas   — Xaraguas
— 81, — 13, des deux   — de l'un des deux
— 84, — 23, nord   — sud
— 89, — 11, Hyrtado   — Hurtado
Cette même faute se répète page 104, ligne 7 et page 135, ligne 33.
Page 105, ligne 14 et 18 Uspellatta   — Uspallata
— 108, — 24, supprimez le mot dans à la fin.
— 109, — 14, il nommait aussi tous, lisez et celui-ci nommait tous
— 111, — 6, 16 juillet   — 9 juillet
— 115, — 7, 1 vol.   — 4 vol.
— 116, — 6, Behaires   — Behain
— 117, — 3, Pedro arias   — Pedro Arias
— 117, — 32, blanc   — bleu
— 119, — 18, Ursala   — Ursula
La même faute se répète page 136, ligne 25.

ERRATA DU TOME PREMIER

Page	ligne		lisez	
122,	ligne	36, Verlung	lisez	Verlegung
131,	—	12, Vive	—	Vire
131,	—.	13, Yzaguirre	—	Eizaguirre.
133,	—	7, Guzman	—	Iraia.
135,	—	43, 1558	—	1567
136,	—	22, Anna,	—	delez ce nom ici.
144,	—	34, relligio	—	religio
144,	—	37, 1868	—	1865
151,	—	9, plus tard	—	auparavant
158,	—	20, paroisso	—	paraiso
162,	—	16, banados	—	bañados
162,	—	24, canadas	—	cañadas
176,	—	19, mais on ne sait ; voyez sur cette phrase la note 80, page 377, où, d'après les communications du lieutenant Musters, l'existence des forêts de pommes est prouvée.		
176,	—	24, est la de	lisez	de la (sans : est)
210,	—	31, général Martin	—	général Saint-Martin.
212,	—	32, Lopez	—	Rosas
220,	—	17, les roches calcaires	—	la roche calcaire.
220,	—	18, à,	—	près de
253,	—	17, ce fleuve	—	. Ce fleuve
254,	—	17, l'est-nord-ouest	—	l'ouest-nord-ouest.
297,	—	12, Ce dernier	—	Le dernier
306,	—	21, Pensaco	—	Pencoso
359,		dans la troisième colonne du tableau, se trouvent deux faux numéros : 3380	lisez	1380
		764	—	3764
365,	ligne	15, cassatha	—	cassutha.
369,	—	44, Echemique	—	Echenique
371,	—	24, tapirs	—	cabiais
389,	—	41, Armago	—	Amargo

Enfin, il faut noter que le mot *mille*, dans le deuxième livre du premier volume, sans autre indication, signifie toujours des *milles géographiques*, dont 15 font un degré, correspondant chacun à 4 milles anglais, 1 $^2/_5$ lieue argentine et 7,42 kilomètres.

TABLE DES MATIÈRES

DU TOME SECOND

LIVRE III

	Pages.
CLIMATOLOGIE...	1
CHAPITRE I. — Buénos-Ayres...	2
1. Température...	7
2. Humidité...	18
3. Nuages...	25
4. Vents...	28
5. Pluie...	40
6. Pression de l'air...	49
CHAPITRE II. — Mendoza...	59
1. Température...	60
2. Pluie...	67
3. Nuages et orages...	71
4. Vents...	74
5. Pression de l'air...	79
6. Tremblement de terre...	84
CHAPITRE III. — Parana...	87
1. Température...	88
2. Pluie...	94
3. Vents...	97
4. Phénomènes électriques...	99
5. Pression de l'air...	102
CHAPITRE IV. — Cordova...	105
1. Température...	106
2. Humidité...	108
3 et 4. Vents et pluie...	110
5. Pression de l'air...	111
CHAPITRE V. — Tucuman...	113
1. Température...	114
2. Pluie...	120
3. Pression de l'air...	123
4. Vents...	125
5. Phénomènes électriques...	126
CHAPITRE VI. — Pilciao...	128
CHAPITRE VII. — Bahia Blanca...	133

CHAPITRE VIII. — Résumé des Stations........ 138
NOTES.. . 143

LIVRE IV

TABLEAU GÉOGNOSTIQUE DE LA RÉPUBLIQUE ARGENTINE

CHAPITRE I. — Aperçu général de la Géognosie argentine................. 155
CHAPITRE II. — Formation moderne des alluvions......................... 155
CHAPITRE III. — Formation diluvienne, dite quaternaire ou postpliocène..... 172
CHAPITRE IV. — Formation tertiaire supérieure dite patagonienne........... 219
CHAPITRE V. — Formation tertiaire inférieure dite guaranienne 250
CHAPITRE VI. — Formations secondaires........................,.. 255
CHAPITRE VII. — Terrain houiller................................ 261
CHAPITRE VIII. — Formation primaire dite paléozoïque................... 268
CHAPITRE IX. — Rocs métamorphiques................................ 272
CHAPITRE X. — Rocs plutoniques et volcaniques......... 277
CHAPITRE XI. — Vue sur la Géognosie des Cordillères.................... 293
CHAPITRE XII. — Géognosie de quelques autres montagnes du pays......... 314
    1. La Sierra d'Uspallata................................. 314
    2. La Sierra Famatina................................. 335
    3. La Sierra de San Luis................................ 347
    4. La Sierra de Córdova......... 364
    5. La Sierra du Tandil................................ 374
NOTES.. 383
APPENDICE.. 401
    1. Sur les lagunes de la plaine patagonienne............ 401
    2. Sur quelques passes ouvertes des Cordillères 405

FIN DE LA TABLE DES MATIÈRES DU TOME SECOND